中国农业科学院
兰州畜牧与兽药研究所年报
（2018）

张永光　杨志强　陈化琦　主编

U0271818

中国农业科学技术出版社

图书在版编目(CIP)数据

中国农业科学院兰州畜牧与兽药研究所年报. 2018 / 张永光，杨志强，陈化琦主编 . --北京：中国农业科学技术出版社，2022.10

ISBN 978-7-5116-5859-3

Ⅰ.①中…　Ⅱ.①张…②杨…③陈…　Ⅲ.①中国农业科学院-畜牧业-研究所-2018-年报②中国农业科学院-兽用药-研究所-2018-年报　Ⅳ.①S8-242

中国版本图书馆 CIP 数据核字(2022)第 142227 号

责任编辑　金　迪
责任校对　李向荣
责任印制　姜义伟　王思文

出 版 者　中国农业科学技术出版社
　　　　　　北京市中关村南大街 12 号　　邮编：100081
电　　话　(010) 82106625 (编辑室)　　(010) 82109702 (发行部)
　　　　　　(010) 82109709 (读者服务部)
网　　址　https://castp.caas.cn
经 销 者　各地新华书店
印 刷 者　北京建宏印刷有限公司
开　　本　210 mm×297 mm　1/16
印　　张　11.5
字　　数　350 千字
版　　次　2022 年 10 月第 1 版　2022 年 10 月第 1 次印刷
定　　价　86.00 元

《中国农业科学院兰州畜牧与兽药研究所年报（2018）》

编辑委员会

目　录

第一部分　研究所工作报告

——不忘初心　牢记使命　改革创新推动发展

2018 年，研究所坚持以习近平新时代中国特色社会主义思想为指导，深入学习贯彻党的十九大、十九届三中全会和习近平总书记系列重要讲话精神，在中国农业科学院的领导下，对标习近平总书记"三个面向"指示精神，紧紧围绕现代化研究所建设目标任务，以科技创新工程为抓手，全面加强组织建设、学科建设、平台建设和人才队伍建设，积极投身乡村振兴和精准扶贫主战场，圆满完成全年工作任务，各项事业取得了新进展。

科学研究硕果累累。"新型安全畜禽呼吸道感染性疾病防治药物的研究与应用"获甘肃省 2018 年科技进步一等奖。一类新兽药 AEE 和 OBP 研究进展顺利。二类新兽药"五氯柳胺"已通过国家专业委员会二轮评审。阿什旦牦牛新品种取得突破性进展，已通过国家遗传资源委员会牛专业委员会评审。"高山美利奴羊"示范推广取得重要进展，累计推广种羊 9.1 万只，改良细毛羊 700 多万只。航天育种技术填补了行业空白，"中天 1 号紫花苜蓿"和"陇中黄花补血草"顺利通过全国草品种审定委员会审定。国家自然科学基金资助的 11 项兽医药理学面上项目中研究所获得资助 3 项。编制完成的《关于防控非洲猪瘟疫情的几点建议》，得到农业农村部于康震副部长和中国农业科学院院长唐华俊、党组书记张合成的肯定性批示。受农业农村部委托起草《中兽药产业发展指导意见》，为行业主管部门宏观决策提供技术支撑。

科研平台建设取得突破。发起并成立"国家牦牛产业提质增效科技创新联盟"。兽药临床试验质量管理中心（GCP）和兽药非临床试验质量管理中心（GLP）通过农业农村部认证，获批 GCP 项目 15 个、GLP 项目 4 个，成为院属研究所第 1 家通过认证，获批 GCP 项目全国最多的机构。"全国名特优新农产品营养品质鉴定机构""全国农产品质量安全科普示范基地"2 个农业农村部科技平台落户研究所，中泰中兽药技术联合共建实验室和甘肃省草食家畜繁育技术国际合作基地获得甘肃省科技厅批准。申报 OIE"世界传统兽医协同中心"。与深圳市易瑞生物技术股份有限公司签署共建联合实验室协议。

管理效益年活动成效明显。制修订《贯彻落实重大决策部署的实施意见》等 29 个管理办法。建立实施限时办结和督办制度，建成与院智慧农科平台无缝对接的兰州牧药所办公自动化平台。在中国农业科学院对管理效益年活动督查中测评满意度达 96%。获批 4 项国家自然基金面上项目，明显高于 2017 年；SCI 文章单篇影响因子突破 8。获甘肃省科技成果奖励 3 项。人才团队建设进展顺利，2 人入选甘肃省领军人才第一层次，2 人入选甘肃省领军人才第二层次，1 人入选 2018 年度农科英才领军人才 C 类人选，2 人分别入选青海省高端创新人才千人计划杰出人才和拔尖人才。柔性引进 3 名国内外高层次人才。选送 1 名干部挂职内蒙古自治区巴彦淖尔市副市长。

党建与精神文明建设取得好成绩。研究所发展受到甘肃省委省政府重视，省委书记和省长连续来所调研指导。所党委获中国农业科学院"两优一先"先进基层党组织称号。研究所荣获中国农业科学院创新文化建设先进单位、中国农业科学院群众性体育活动先进单位，中国农业科学院第七届职工运动会精神文明奖和中国农业科学院第七届职工运动会京外单位团体总分第二名的好成绩。

精准扶贫获明显成效。研究所贯彻落实乡村振兴战略科技支撑行动，《发挥科技优势支撑畜牧产业发展 助力甘肃脱贫攻坚行动计划》得到甘肃省省长唐仁健和中国农业科学院党组书记张合成肯定性批示，争取到中国农业科学院乡村振兴科技支撑专项——临潭县生态畜牧业试验与示范项目。对口帮扶的 3 个贫困村 39 户 117 人脱贫，贫困率由 2012 年的 62.34% 降为 2018 年的 9.31%。研究所被甘肃省委脱贫攻坚领导小组评为 2017 年度优秀帮扶单位。

成功举办"一带一路"健康养殖学术研讨会与建所 60 周年系列活动。"一带一路"健康养殖学术研讨会暨建所 60 周年表彰大会和"科研精神报告会"等系列活动成功举办，展示了研究所 60 年发展成就，为加快世界一流农业科研院所建设提供了内生动力。

一年来我们主要工作总结如下。

一、科研工作

（一）科技创新工程实施效果明显

2018 年，研究所获得院科技创新工程经费 1 665 万元。签署了高山美利奴羊新品种培育与产业化重大科研选题任务书，承担创新工程国际合作专项、抗生素替代品产业化等协同任务。牵头的协同创新任务"肉羊绿色提质增效技术集成创新"连续 4 年获得地方政府和企业好评，在绿色循环农业经济模式创新方面取得了显著成效。集成优质燕麦绿色丰产栽培、饲料精准配制与加工、微卫星检测多羔基因和预测杂交优势等 15 项技术，形成了"优质牧草种植—肉羊养殖—沼气发酵—有机肥生产"一体化的肉羊绿色循环产业发展技术模式，破解了肉羊产业面临的问题。根据中国农业科学院要求，制定了研究所创新工程中期考核评估工作的中期评估方案，8 个团队全面总结科技创新工程实施情况，顺利通过院考评组的考核。积极发挥创新工程撬动作用，8 个团队发挥各自优势积极争取科研课题，2018 年共承担各级各类科研项目 140 项，合同经费 1.05 亿元，到位经费 3 536 万元。新立项科研项目 70 项，合同经费 3 694 万元。获国家自然科学基金项目 6 项，其中面上项目 4 项、青年基金项目 2 项，与同期相比明显提升。完成农业农村部"中兽药产业发展指导意见"起草工作。承担了"我国兽用生物制品战略研究""我国兽药战略研究"相关任务。

（二）科技成果喜获丰收

研究所获科技成果奖励 3 项，"新型安全畜禽呼吸道感染性疾病防治药物的研究与应用"获甘肃省科技进步奖一等奖，"含芳杂环侧链的截短侧耳素类衍生物的化学合成与构效关系研究"获甘肃省自然科学奖三等奖，"羊寄生虫病综合防控技术体系建立与示范"获甘肃省科技进步奖三等奖。牦牛资源与育种创新团队培育的无角牦牛（阿什旦牦牛）新品种取得重大进展，种牛存栏达到 3 448 头，其中成年种公牛 149 头、成年母牛 2 157 头、育成公牛 609 头、育成母牛 536 头，12 月 16 日通过国家牦牛品种审定委员会初评。国家新品种"高山美利奴羊"示范推广取得重要进展，在内蒙古、甘肃等省区开展科技培训、现场指导等技术服务 13 场，培训农牧民和基层技术人员 988 人，截至 2018 年底，累计推广高山美利奴羊种公羊 4.9 万余只、母羊 4.2 万只，累计改良细毛羊 700 多万只，在甘肃省细毛羊产区的改良率达到 100%，在青海、内蒙古、新疆、吉林等细毛羊产区的改良率达到 15%～20%，已获新增收益 15.90 亿元，获经济效益 10.97 亿元。牧草航天育种工程成效显著，牧草新品种"中天 1 号紫花苜蓿"和"陇中黄花补血草"顺利通过全国草品种审定委员会审定。完成了 7 个科研项目验收，发表论文 110 篇（其中 SCI 收录 26 篇，累计影响因子 59.845）；取得授权专利 186 件（其中美国发明专利 1 件，中国发明专利 32 件），授权软件著作权 32 件，出版著作 25 部，制定的 2 项国家标准获颁布，登记科技成果 8 项。向 OIE 提交了"世界传统兽医协同中心"申请书。研究所当选中国兽医协会中兽医分会会长单位。

（三）学术交流与国际合作深入开展

2018年，研究所选派3名工作人员赴国际家畜研究所、匈牙利布达佩斯兽医大学、荷兰瓦赫宁根大学进行交流培训和合作研究。先后派出14个团40人次，分别赴肯尼亚、荷兰、比利时、意大利、匈牙利、日本、美国、埃塞俄比亚、澳大利亚、新西兰、泰国、巴西、阿根廷、俄罗斯、波兰、捷克等16个国家和中国香港地区，参加国际学术会议，开展合作交流。匈牙利、美国、荷兰、日本、苏丹等国家10位专家学者来所访问，国内知名专家学者来所作学术报告17场次。125人次参加了国内和国际学术会议。成功举办了"2018年发展中国家中兽医药学技术国际培训班"，来自泰国、埃塞俄比亚和巴基斯坦等14个国家的20名学员接受了为期20天的中兽医药学基础理论与临床技术培训。获得甘肃海智计划特色示范项目"中泰传统兽医学防病技术特色示范"、香港大学李嘉诚医学院项目"奶牛乳房炎疫苗有效性和安全性初评价"和科技部重点研发计划国际合作项目课题"畜禽精准用药技术与减少抗生素用量的新型中兽药制剂的研发"4个国际合作项目。获批建设甘肃省草食家畜繁育技术国际合作基地。1人获得2018年度优秀外事专办员。

（四）科技协作与成果转化取得新进展

2018年，研究所与深圳易瑞生物技术股份有限公司签署了共建联合实验室协议；与山东齐发药业有限公司、山东德州神牛药业有限公司、中农华威生物制药（湖北）有限公司、成都中牧生物药业有限公司、青岛动保国家工程技术研究中心有限公司、PreciVax Therapeutics Ltd（HK）、北京生泰尔科技股份有限公司、甘肃省敦煌种业股份有限公司研究院等企业签订16份成果转让和技术服务合同，经费342万元。先后在2018年兰州科技博览会、乳业重点科技成果信息发布暨供需对接会和全国新农民新技术创业创新博览会，宣传和展示研究所科技成果。

二、人才队伍建设

研究所积极落实院人才工作会议精神，创新人才队伍建设机制，制定了《兰州畜牧与兽药研究所科研助理管理办法》等系列制度。2名农科英才领军C类人选和1名培育英才超额完成2018年任务目标。2人入选甘肃省领军人才第一层次，2人入选甘肃省领军人才第二层次，2人分别入选青海省高端创新人才千人计划杰出人才和拔尖人才。1人入选2018年度农科英才领军人才C类人选。选送1名干部挂职内蒙古自治区巴彦淖尔市任职副市长。完成2017年柔性引进人才考核，2人续签聘用协议。2018年柔性引进3名国内外高层次人才。完成甘肃省第三批2名"陇原之光"人才培养和期满考核工作，接收甘肃省第四批"陇原之光"人才培养计划人选3名。2018年新招录科技人员1名。招收博士研究生11名（留学生3名）、硕士研究生20名，目前在所研究生数量达45人。1名同志获得2017年度研究生管理先进个人和"十年特别荣誉奖"。

三、条件建设与科技平台建设

完成2019—2021年第五期修缮购置专项规划；2019年基建项目"大洼山综合试验站基地建设项目"初设，预算经费2 867万元。2016年度修购专项"公共安全项目：农业部兰州黄土高原生态环境重点野外科学观测试验站观测楼修缮"通过预验收。2018年度修购专项"张掖试验基地野外观测实验楼及附属用房修缮项目"通过预验收，"兽医临床诊治新技术协同创新仪器采购项目"进展顺利。

四、管理服务

（一）组织开展管理效益年活动

根据中办发〔2016〕50号文件和中国农业科学院管理效益年活动部署和要求，研究所成立领导小组，强化组织实施，抓好组织发动，出台整改方案和增效台账，加强督导检查，强化规章制度建设，全面梳理优化管理制度和办事流程，制修订了《贯彻落实重大决策部署的实施意见》等29个管理办法，为研究所的创新发展提供科学、规范、健全的制度保障。深入贯彻落实习近平总书记贺信精神，狠抓重大决策部署落实，完善决策机制，强化服务质量和管理队伍建设。建成了可与院智慧农科平台无缝对接的兰州牧药所办公自动化平台，切实提高了工作效率和服务质量。加强督查督办，建立覆盖各领域、各环节限时办结和督办机制，提升了执行力和管理服务效率。在中国农业科学院对研究所管理效益年活动督查中民主测评满意度达96%。

（二）加大科技创新宣传力度

在《中国农业科学院网》《中国农业科学院报》《工作简讯》《中国农业科学院机关党委网》及专栏共刊登研究所稿件43篇；在研究所网站发布稿件105篇；在《农民日报》《经济日报》《甘肃日报》《中国科学报》《中国畜牧兽医报》《兰州日报》《人民网》《科学技术部网站》《甘肃卫视》等主流媒体报道研究所科技创新动态17篇；主办宣传栏13期，编印研究所《工作简报》12期。完成了中国农业科学院保密自查自评工作、网络保密和安全检查工作。

（三）扎实开展深化五个领域专项整治

成立专项整治工作小组，针对研究所涉及的四个领域七个部门，制定工作方案，明确分工责任领导、具体责任人及工作进度时限，确保主体责任、监督责任、把关责任、直接责任到岗、到人、到位。继续外聘专业机构对财务管理进行审计，未发现不符合财务管理有关规定的问题。

（四）加强科研管理工作

制修订了研究所奖励办法、科研项目间接经费管理办法、研究生及导师管理暂行办法、因公临时出国（境）管理办法、科技成果转化管理办法、科研平台管理暂行办法、学术委员会管理办法、科研诚信与信用管理暂行办法、学术道德与学术纠纷问题调查认定办法等规章制度，完善了绩效管理指标体系框架，有力推动了研究所科技创新工作。通过申报动员、交流座谈、实施论证、定期检查和评审验收等多种方式，为科技人员提供服务和支持，确保项目成功立项和顺利实施。

（五）加强开发创收力度

通过扩大对外宣传、加强员工培训、提升服务质量等措施，积极应对市场变化，克服各种困难，实现全年创收目标。强化财务预算，成立信息平台建设工作监督制度，增加入库验货环节，加强项目管理和科研经费使用监督。督促预算执行进度实现常态化，2018年预算执行进度达到95%以上。

（六）加强离退休人员管理服务工作

开展形式多样的活动丰富离退休职工生活。召开迎新春茶话会，开展重阳节参观学习活动，走访慰问39名离退休干部、困难职工和职工遗属，探望慰问生病住院离退休职工20人余次，给67名80岁以上老同志送生日蛋糕或贺卡，改善老干部活动中心基础条件，购置钢琴1架。组织离退休职工开展2018重阳节秋游赏菊活动，为建所以来健在的离退休职工颁发建所60周年纪念章。调整发放退休人员养老金，组织离退休党员赴兰州市榆中县张一悟纪念馆开展主题党日活动。

（七）加强基地管理工作

成功承办了甘肃省科技厅第十七届中国西部实验动物管理与学术研讨会。维护修缮基地水井、灌排设施、道路和林网，更换电力基础设施，升级改造网络设施，维修更换监控设备，及时消除安全隐患，进一步提高了基地设施安全系数。种植侧柏、山杏和国槐100亩（1亩≈667m²）。

（八）加强安全生产管理工作

进一步落实安全生产责任制，调整安全员队伍，层层签订安全生产责任书，制定研究所《危险化学品安全管理办法》等，强化在岗值班制度。开展了安全生产月和消防月系列活动，集中开展专题讲座3场，进行防灾知识宣讲、警示教育和实验室安全管理与职业防护知识培训。召开安全生产专题会16次，坚持每月1次的安全卫生检查评比工作，进行彩钢房、大棚房、天然气使用等专项隐患排查整改 5 次。研究所消防管理系统实现与甘肃省消防总队联网管理。确保了研究所安全稳定发展。

（九）加强后勤服务保障工作

修订了研究所《居民水电供、用管理办法》《供、用热管理办法》。改造升级大院智能停车管理系统和门禁系统，为家属楼安装电梯 4 部。对 13 栋家属楼加装保温层，粉刷电工房、锅炉房、综合楼外墙 2 540 m²、内墙 1 466 m²、屋顶防水 600m²。全年补植草坪 300m²，修剪草坪 25 次 8 万 m²、绿篱 2 500 m² 和树木 400 余株，美化了研究所大院环境。

五、精准扶贫工作

2018 年，研究所积极开展乡村振兴和精准扶贫科技支撑行动，依托科研团队，凝聚特色优势，集成成果资源，完成的《发挥科技优势支撑畜牧产业发展　助力甘肃脱贫攻坚行动计划》获甘肃省省长唐仁健和中国农业科学院党组书记张合成批示，争取到中国农业科学院乡村振兴科技支撑专项——临潭县生态畜牧业试验与示范项目。按照省部院脱贫攻坚工作要求，建立健全驻村帮扶队工作机制，先后派出 7 名干部担任 3 个村的驻村工作队队长，全年驻村时间累积 896 天。研究所专业技术人员现场指导养殖户和合作社运用先进养殖技术和疫病防治技术，帮扶 90 多户，培训群众 1 200 多人，发放种养植技术资料 1 600 余份，牛羊养殖专业书籍 150 多套（册），帮扶价值 9 万元牛羊用矿物质营养舔砖、驱虫药、消毒药、蜂药等物资，出资 3.2 万元为 3 个村委会购置办公家具和用品。所领导 14 次带队深入新城镇 3 个帮扶村，解决群众急事难事 44 件，发展合作社 9 家，争取政府扶助资金 178 万元。年内，3 个贫困村 39 户 117 人脱贫，贫困率由 2012 年的 82.34% 降为 2018 年的 9.31%，为 2019 年临潭县整体脱贫奠定了良好基础。研究所被甘肃省委脱贫攻坚领导小组评为 2017 年度优秀帮扶单位。

六、党建工作

一是加强理论学习。把党的政治建设摆在首位，全面推进党的政治建设、思想建设、组织建设、作风建设、纪律建设。制定研究所《2018 年党建工作和纪检工作要点》《红旗党支部创建方案》。以理论学习中心组、职工大会、部门会议、党支部会议、专题党课、辅导报告、职工自学、研讨交流等形式，开展学习教育活动。认真学习党的十九大精神、党的十九届三中全会精神和习近平总书记系列重要讲话精神。开展庆祝建党 97 周年系列活动，评选表彰 2016—2017 年度优秀共产党员、优秀党务工作者、先进党支部和 2017 年度"两学一做"学习教育常态化制度化优秀论文。党支部先后赴会宁中国工农红军纪念馆、甘肃省八路军驻兰办事处纪念馆、兴隆山革命烈士陵园、腊子口战役纪念馆，开展丰富多彩的主题党日活动。全年召开理论学习中心组集体会议 5 次，所领导上专题党课。组织全体职工集中观看改革开放 40 周年庆祝大会现场直播。邀请中共甘肃省委党校专家作专题形势报告会。承办了中国农科院 2018 年党办主任培训班。所党委获中国农业科学院"两优一先"先进基层党组织称号，1 名同志获优秀共产党员称号，1 名同志获优秀党务工作者称号。1 名党员代表中国农业科学院参加农业农村部直属机关党委组织的"不忘初心，牢记使命"演讲比赛并获得二等奖。

二是加强组织建设和廉政建设。严格按照发展党员的标准和要求，做好组织发展和党员管理工作，发展党员 3 名，转正预备党员 1 名，办理组织关系转出转入手续 18 名。严格党费管理制度。开展标准党支部创建工作，与中共兰州市委宣传部机关党支部开展支部共建活动，在各党支部设立纪检小组。修订了《"三重一大"实施细则》。认真开展党风廉政建设工作。通过职工大会、专题会议、辅导报告等形式开展警示教育，传达中央和国家机关、农业农村部、中国农业科学院工作部署，通报违规违纪典型案例 90 余起。研究所与部门负责人、创新团队首席、重大项目负责人签订党风廉政建设责任书。纪检干部发挥廉政监督作用，参与项目建设招投标等工作20次。按照院巡视组要求，成立巡视整改工作领导小组，编制整改方案措施，确定牵头领导、责任部门、首席责任人和完成时限，督促检查整改工作落实。

三是发挥工青妇和统战作用。举行"庆祝三八妇女节登山比赛"活动，召开研究所第四届职工代表大会第七次会议，继续开展为工会会员庆祝生日活动和全所职工每年一次体检活动。组织青年党员代表围绕学习贯彻《中国共产党纪律处分条例》，在理论学习中心组扩大会议上讲党课。1名青年职工撰写的《农村居民最低生活保障制度可持续性探讨》获农业农村部春节回乡调研征文活动优秀奖。组织青年职工参加"文明交通疏导"志愿服务活动。召开问政问计问策专题民主党派及无党派人士代表座谈会。

四是开展形式多样的文明创建活动。全年涌现出文明处室2个，文明班组5个，文明职工5个。研究所荣获中国农业科学院创新文化建设先进单位、中国农业科学院群众性体育活动先进单位、中国农业科学院第七届职工运动会精神文明奖和中国农业科学院第七届职工运动会京外单位团体总分第二名的好成绩。

七、建所60周年系列活动

为回顾研究所发展历程，展示建设成就，传承优良传统，弘扬牧药人精神，激发全所职工奋发向上、勇于进取的主人翁意识，凝心聚力，加快世界一流农业科研院所建设步伐，研究所开展了建所60周年系列活动。包括征集所庆主题、续写所志、专家题字、"一带一路"健康养殖学术研讨会暨建所60周年表彰大会主题活动和6个专题活动。为了记录和展示研究所60年建设成就，编纂出版《中国农业科学院兰州畜牧与兽药研究所所志2008—2018》《中国农业科学院兰州畜牧与兽药研究所60年》《足印（1999—2011）》和《足印（2012—2016）》，拍摄《回眸六十载 拥抱新时代》纪录片，在研究所中文网站设置60周年所庆专栏，更新所史陈列室——铭苑展示内容。建成大洼山综合试验基地展览室，通过沙盘、展板等形式展示35年来试验基地建设成就。举办"不忘初心 牢记使命"科学家精神报告会，邀请著名兽药专家赵荣材研究员做报告。举办庆祝建所60周年专题学术报告会4次，邀请10名国内外专家作专题学术报告。开展建所60周年和大洼山试验站建站35周年纪念林活动，建成"扎根西部六十载 砥砺筑梦路犹长"纪念碑，组织"喜庆建所60年，重整行装再出发"健步走、庆祝建党97周年暨建所60周年文艺演出、散文诗歌和书画摄影作品展、改革开放40年暨建所60年老干部座谈会等活动。

成功举办了"一带一路"与健康养殖学术研讨会暨建所60周年表彰大会。中国农业科学院党组书记张合成，院党组成员、人事局局长贾广东，甘肃省人民政府副秘书长郭春旺，甘肃省农业农村厅厅长李旺泽等领导出席会议。中国工程院院士沈建忠作了题为《动物养殖与食品安全》的学术报告，中国工程院院士王锐作了《多肽药物的研发》的学术报告，湖北省农业科学院副院长邵华斌作了《新城疫病毒耐热弱毒株研究进展》的学术报告。表彰了2008——2018年科技功臣，颁发了"建所60周年奉献奖"奖章。建所60周年系列活动成功举办，既展示宣传了研究所60年发展成就，又传承了"立足西北、扎根陇原、不畏艰难、勇攀高峰"的牧药人精神，达到了凝心聚力、激发创新活力的目的。

一年来，我们取得了很多成果，但是也面临亟待解决的问题。

一是高层次科研领军人才缺乏。人才是第一资源，是创新发展的核心动力。多年来，研究所在科研人才队伍建设上，坚持培养和引进并重，取得了一定成效。但是，受地域环境、经济条件、科研平台等因素限制，人才队伍建设面临困境，存在人才引不进、留不住现象。研究所8个创新团队首席平均年龄51.5岁，50岁以上首席有5人，科研团队年龄结构、知识结构和专业结构需要尽快优化。

二是承担国家重大项目偏少。研究所承担的"十三五"重点研发项目及任务明显偏少。我们在国家产业需求和创新要求等方面仍存在认识不到位、把握不准确的问题，主导或参与设计重大科研项目的能力不足，一些传统优势学科竞争力正在逐步减弱。

三是科技转化能力不强。研究所积极推进成果转化，拓展技术服务，成果转化能力有了大幅改善，但与其他兄弟院所和自身发展要求相比，还没有搭建出较好的成果转化平台，还没有建立起高效的成果转化机制，成果转化数量少、质量不高、经济效益不显著，影响了研究所综合实力的提升。

四是高层次科研平台缺乏。作为国家级兽药和中兽医研发机构，缺乏国家级化药、中兽药研发平台，缺乏高水平的中试车间。作为国家级牛羊新品种培育重点研究单位，我们缺乏自有种畜繁育场，这在一定程度上限制了研究所的创新发展。

五是学科建设滞后。研究所学科板块化明显，新兴学科、交叉学科建设滞后，临床兽医学科、动物营养学和兽医药理学亟待加强。一些团队学科交叉，定位不清，方向不明，发展潜力挖掘不够，科研投入产出比不高。

八、2019 年工作要点

2019 年是中华人民共和国成立 70 周年，是全面建成小康社会的关键一年。在国家发展的大格局下，研究所面临新问题、新挑战、新机遇。总体判断，我们面临的机遇大于挑战。我们必须坚持以习近平新时代中国特色社会主义思想为指引，在农业农村部和中国农业科学院的坚强领导下，全面贯彻落实党的十九大精神和习近平总书记在庆祝改革开放 40 周年大会上的重要讲话精神，紧紧围绕现代化研究所建设这一核心任务，按照"三个面向""两个一流"和"整体跃升"的目标要求，坚持解放思想、坚持改革创新、坚持团结一致，共同推动研究所各项事业科学健康快速发展。

（一）全面推进学科团队建设

要坚持"三个面向"导向，坚持"顶天立地"学科定位，对学科方向再梳理、再定位。优化资源配置方式，确保优势资源向优势学科、优势团队集聚。要梳理明确各团队的方向目标任务，培育共同的价值观、共同的精神家园，形成相同目标、共同追求下的高效顺畅的分工协作机制。要加大科技成果转化力度，优化协调、保障、分配、考核机制，力争培育大成果、实现大产出。

（二）全面推进人才队伍建设

要坚持引育并举、以育为主的原则，加快干部队伍建设。创造条件吸引更多优秀的人才加入研究所。坚持以用为主，强化柔性引进力度，促进研究所人才队伍建设。坚持放手培养，加大团队首席后备人才和优秀青年人才的培育力度，让想干事、能干事、勇于担当、敢于胜利的年轻干部有机会、有舞台、有发展的空间。

（三）全面推进科研平台建设

要立足优势学科，积极争取国家级平台，谋划建设国际级平台。要用好用足用活省部级平台，积极与创新型企业联合建设产品开发转化应用平台。

（四）全面推进基础保障条件建设

要继续加强后勤保障服务，加大开发力度，研究推进研究所食堂建设和人才公寓建设。要进一步落实科研"放管服"政策，厘清"红线"，明确科研人员的行为边界；划出"斑马线"，明确关键重要事项的流程规则，确保操作方便、易于执行，为科研工作者安心搞科研创造良好条件。

（五）全面推进党的建设

进一步加强党的政治引领、思想引领、组织保障。研究探索党务业务融合发展机制，进一步发挥党支部的战斗堡垒作用和党员的先锋模范作用。继续强化党风廉政建设，努力用好监督执纪

"第一形态"，在"长"和"常"上下功夫，做好科研经费"阳光工程"和"防火墙工程"，为科研工作者保驾护航。持续开展文明创建活动，努力让"主人翁"意识深入人心。抓好工青妇和统战工作，努力让青年人员更有朝气、更有激情、更有创造力。

（六）全面推进重大成果培育

瞄准国家奖励，举全所之力支持培育重大科技成果，力争在牦牛、细毛羊和优势高水平兽药研发等方面取得实质性进展、迈出关键性步伐。

第二部分　科研管理

一、科研工作总结

2018 年，在农业农村部和中国农业科学院的正确领导下，在所领导和各部门的大力支持下，科技管理处紧紧围绕"三个面向""两个一流""一个整体跃升"发展目标，立足"畜、药、病、草"四大学科，坚持实施乡村振兴战略，统筹使用院科技创新工程和基本科研业务费等资源，加大重点项目申报力度，提升重大成果培育水平，加快重大平台建设速度，促进国内外科技合作交流，全面保障各项科研工作的顺利实施，圆满完成了年度目标任务。

（一）2018 年主要工作进展

1. 科研项目实施工作

2018 年，先后组织撰写并推荐科研项目（课题）建议书或申报书 77 项，获得科研资助项目 70 项，合同经费 3694 万元。本年度，研究所共承担各级各类科研项目 140 项，合同经费 10501.7 万元，本年度到位 3536 万元。在研项目包括国家重点研发计划课题及子课题 12 项，总经费 756.87 万元；国家自然科学基金项目 14 项，经费 797 万元；农业农村部现代农业产业技术体系项目 5 项，总经费 1680 万元；国家科技支撑计划课题及子课题 6 项，总经费 2138 万元；科技基础性工作专项项目 7 项，总经费 1034 万元；科技部第八期"中兽医药学技术国际培训班"项目 1 项，经费 40.8438 万元；公益性行业专项项目课题 1 项，经费 159 万元；农业创新人才项目 1 项，经费 100 万元；农产品质量安全监管专项 2 项，经费 110 万元；农业行业标准 1 项，经费 8 万元；院科技创新工程项目经费 8 项，本年度经费 1665 万元；院统筹基本科研业务费项目 5 项，经费 150 万元；所统筹基本科研业务费项目 19 项，总经费 388 万元；甘肃省科技重大专项子课题 1 项，经费 125 万元；甘肃省科技支撑计划课题及子课题 5 项，经费 32 万元；甘肃省重点研发计划——农业类 2 项，经费 80 万元；甘肃省重点研发计划——社发类 1 项，经费 30 万元；甘肃省重点研发计划——国际科技合作项目课题及子课题 3 项，经费 35 万元；甘肃省重点研发计划——创新基地和人才计划 1 项，经费 24 万元；甘肃省基础研究创新群体 1 项，经费 50 万元；甘肃省自然基金 2 项，经费 10 万元；甘肃省青年科技基金 3 项，经费 7 万元；中央引导地方科技发展专项课题 1 项，经费 130 万元；甘肃省国际科技合作基地建设费用 1 项，经费 50 万元；甘肃省农业生物技术研究与应用开发项目 2 项，经费 18 万元；甘肃省现代农业产业技术体系项目 3 项，总经费 150 万元；甘肃省农牧厅科技计划项目 1 项，经费 15 万元；甘肃省农牧厅秸秆饲料化利用技术研究与示范项目 1 项，经费 10 万元；甘肃省农牧厅还草工程科技支撑计划项目 2 项，经费 60 万元；甘肃省农牧厅草业技术创新联盟科技支撑项目 2 项，经费 50.2 万元；兰州市科技重大专项项目 1 项，经费 70 万元；兰州市科技发展计划项目 3 项，经费 40 万元；兰州市创新人才项目 1 项，经费 30 万元；甘肃海智计划特色示范项目 1 项，经费 8 万元；西藏草业重大专项课题 2 项，经费 90 万元；横向委托项目 18 项，合同总经费 360.7879 万元。所有项目均按照年度计划和项目任务的要求有序推进，进展良好。

先后组织召开公益性行业（农业）科研专项"中兽药生产关键技术研究与应用"项目预验收会和国家科技支撑计划项目"新型动物药剂创制与产业化关键技术研究"2017 年度暨中期总结会

（1月）；召开了2018年国家自然基金项目申报动员会，并邀请所内外专家进行专题辅导（1月、2月）；组织召开所长办公会议，研究讨论了2018年度研究所科技创新工程经费和基本科研业务费专项资金分配事宜（3月）；组织召开"国家牦牛产业提质增效科技创新联盟"成立大会（5月）；组织召开"肉羊绿色发展技术集成模式研究与示范"项目2018年工作推进会暨环县示范基地肉羊产业研讨会（6月）；召开中国农业科学院重大产出科研选题"高山美利奴羊新品种培育与产业化"启动会（7月）；组织召开肉羊绿色发展现场观摩暨养殖技术培训会（8月）；组织召开科技创新工程全面推进期团队中期评估会（9月）；组织召开2019年度甘肃省科技计划项目申报推荐会（11月）；组织召开2019年度国家自然科学基金申报动员辅导会（12月）；组织召开研究所创新团队年度工作考核汇报会和科研项目总结汇报会（12月）。

2. 科研项目结题验收工作

根据项目管理要求，先后完成国家自然科学基金"黄土高原苜蓿碳储量年际变化及固碳机制的研究"等项目的结题工作，完成公益性行业专项"中兽药生产关键技术研究与应用""放牧牛羊营养均衡需要研究与示范"及甘肃省科技计划、兰州市科技计划等的结题验收工作，顺利通过项目主管单位组织的专家验收。

8月15日，研究所主持的公益性行业（农业）科研专项"中兽药生产关键技术研究与应用"顺利通过了农业农村部科技发展中心组织的会议验收。12月10日，甘肃省科技厅组织专家对研究所主持完成的甘肃省科技支撑计划项目"抗球虫常山口服液的研制"等4个项目进行了验收。研究所还准备进一步对"防治仔猪腹泻纯中药'止泻散'的研制与应用"等2个兰州市科技计划项目进行验收。

3. 科技创新工程实施工作

2018年全所共获得院科技创新工程经费1 665万元。经过一年实施，严格按照院创新工程管理要求，及时完成2019年度创新工程经费预算申报材料的报送工作；完成高山美利奴羊新品种培育与产业化重大科研选题任务书的签署，并及时召开启动会；完成了创新工程国际合作专项任务书的签署工作；结合院关于开展创新工程考核评估的工作要求，及时安排部署相关工作，制定研究所全面推进期创新团队中期评估方案，并组织召开中期自评估预答辩会议、中期评估会议，确保考核评估工作顺利进行；先后撰写完成了研究所科技创新工程实施情况总结报告、研究所创新工程全面推进中期自评报告、研究所对科研团队中期评估自评报告、研究所2018年上半年评价数据统计表等材料，并及时上报。目前，研究所共有8个团队、93人进入院科技创新工程，其中牦牛资源与育种方向12人、兽用化学药物方向10人、兽用天然药物方向10人、奶牛疾病方向13人、兽药创新与安全评价方向10人、中兽医与临床方向12人、细毛羊资源与育种方向9人、寒生旱生灌草新品种选育方向17人。

4. 科技成果管理工作

截至目前，研究所共发表论文110篇，其中SCI收录26篇，共计影响因子59.845；申请专利220余件，授权专利186件，其中美国发明专利1件，国内发明专利32件；授权软件著作权32项；出版著作25部；颁布国家标准2项；登记科技成果8项；"中天1号紫花苜蓿"和"陇中黄花补血草"通过全国草品种审定委员会审定，品种登记号分别为535和559。组织推荐各级奖励5项，获奖成果3项，其中"新型安全畜禽呼吸道感染性疾病防治药物的研究与应用"获甘肃省科技进步奖一等奖，"含芳杂环侧链的截短侧耳素类衍生物的化学合成与构效关系研究"获甘肃省自然科学奖三等奖，"羊寄生虫病综合防控技术体系建立与示范"获甘肃省科技进步奖三等奖。

（1）新型安全畜禽呼吸道感染性疾病防治药物的研究与应用

本成果研制了1种防治畜禽呼吸道感染性疾病的药物组合物"板黄口服液"，建立了药物的规模化生产工艺路线，生产工艺合理、简单，便于操作；研制了1种防治畜禽温热病的药物组合物

"炎毒热清注射液"，建立了药物的制备工艺，临床使用方便、高效、安全无毒；建立了 1 种西藏雪山及雪层杜鹃挥发油的提取技术，收率显著提高，通过分离鉴定获得 26 种新发现化合物；建立了 1 种超声波辅助法提取杜鹃多糖技术，提取时间缩短，多糖得率显著提高 1% 以上；建立了 1 种同时提取骆驼蓬中骆驼蓬粗多糖、黄酮类和生物碱类化合物的方法，实现了高效提取和综合利用的目的；建立了 1 种骆驼蓬生物碱的微波辅助提取方法，收提率提高了 17% 以上，提取时间短、提取率高，更适合用于工业化生产。

项目通过实施，获得国家新兽药证书 1 项，获国家新兽药生产批文 2 项；建立了 1 项新兽药质量控制标准；建立了 5 个试验示范基地和 2 条中试生产线；获国家授权发明专利 6 件、实用新型专利 4 件；发表论文 19 篇，其中 SCI 收录 8 篇；建立了"中兽医药数据库"1 项；出版著作 3 部。

本成果在甘肃等 28 个省、区推广，应用于畜禽呼吸道疾病防治，应用动物数量 1 500 多万头（只），产生直接经济效益 3.68 亿元，同时产生了显著的社会效益。

（2）含芳杂环侧链的截短侧耳素类衍生物的化学合成与构效关系研究

本项目首先对截短侧耳素 C-14 位侧链设计引入不同类型的芳杂环结构，并用化学合成的方法制备出 61 个的截短侧耳素类衍生物。其次，对制备的衍生物进行了体外抑菌试验研究，并进行了该类衍生物的构效关系（Structure-activity relationship）研究。最后，对于筛选出活性较好的部分化合物进行了杀菌动力学、致病模型小鼠的治疗试验和分子对接等生物活性研究，并筛选出 1 个截短侧耳素类候选药物，可用于进一步的一类新兽药研发。

通过截短侧耳素侧链引入芳杂环结构与其衍生物生物活性之间的构效关系的研究，总结了截短侧耳素类衍生物 C-14 侧链中芳杂环的化学结构对其生物活性的影响，丰富了截短侧耳素类衍生物侧链结构与生物活性之间的构效关系，为该类衍生物的结构设计提供理论依据。通过本项目筛选的截短侧耳素类候选药物若能进一步研发成一类新兽药，用于畜禽革兰氏阳性菌引起的呼吸道疾病的防治，将具有显著的经济效益和社会效益。

近年来，本项目涉及的截短侧耳素类衍生物结构改造方面的研究已经进入了国际前沿，具有较高的学术水平、系统的理论和扎实的基础研究。已筛选出 1 个截短侧耳素类候选药物，并转让给山东齐发药业有限公司，获国家知识产权发明专利 4 件；发表相关 SCI 论文共 18 篇。

（3）中天 1 号紫花苜蓿

该品种是利用航天诱变育种技术选育而成，2018 年通过全国草品种审定委员会审定，品种登记号 535。基本特性是优质、丰产，表现为多叶率高、产草量高和营养含量高。叶以 5 叶为主，多叶率达 41.5%，叶量为总量的 50.36%；干草产量 15529.9 kg/hm²，高于对照 12.8%；粗蛋白质含量 20.08%，高于对照 2.97%；18 种氨基酸总含量为 12.32%，高于对照 1.57%；种子千粒重 2.39g，牧草干鲜比 1：4.68。适宜于黄土高原半干旱区、半湿润区，河西走廊绿洲区及北方类似地区推广种植。

（4）黄花补血草

2018 年通过全国草品种审定委员会审定。该品种登记为野生栽培品种，品种登记号 559。为多年生草本花卉，主要用于园林绿化，植物造景，防风固沙和室内装饰。抗旱性极强，高度耐盐碱、耐贫瘠，耐粗放管理。株丛较低矮，花朵密度大，花色金黄，观赏性强；花期长达 200 天左右，青绿期 210~280 天，花形花色保持力极强，花干后不脱落、不掉色，是理想的干花、插花材料与配材。适宜北方干旱、半干旱地区以及西部荒漠、戈壁地区种植。

5. 成果转化与科技服务工作

2018 年，研究所签订成果技术转让、技术服务等科技合同 16 份，年度到账金额达 342 万元。成果技术转让方面，研究所将"羟哌妙林（APTM）工艺技术开发"技术（含 3 项发明专利）转让给山东齐发药业有限公司，合同经费 90 万元，将新兽药"乌锦颗粒"技术同时转让给山东德州神牛药业有限公司、中农华威生物制药（湖北）有限公司和成都中牧生物药业有限公司，合同总经费 150 万元。与青岛动保国家工程技术研究中心有限公司、PreciVax Therapeutics Ltd（HK）、北京生泰尔科技股份有限公司、甘肃省敦煌种业股份有限公司研究院等企业开展技术服务和交流合作。先后在 2018 年兰州科技博览会、乳业重点科技成果信息发布暨供需对接会和全国新农民新技术创业创新博览会对研究所各学科重点科技成果进行了宣传和展示。

2018 年，杨博辉研究员牵头承担的院科技创新工程协同创新任务"肉羊绿色发展技术集成模式研究与示范"项目在甘肃省永昌县举办现场观摩活动。项目团队聚焦永昌县肉羊绿色循环发展中凸显的重大技术需求，重点开展了肉羊绿色循环发展技术创新，集成了优质燕麦绿色丰产栽培、饲料精准配制与加工、微卫星检测多羔基因和预测杂交优势等 15 项技术，形成了"牧草—肉羊—沼气—有机肥—牧草"肉羊绿色循环发展技术模式，社会经济生态效益非常显著。李金祥副院长指出，"肉羊绿色发展技术集成模式研究与示范"现场观摩活动已经举办了 3 次，一次比一次成效好。项目团队的创新举措取得了巨大成绩，破解了永昌县肉羊产业面临的卡脖子瓶颈问题和重大技术需求，颠覆性创建了肉羊绿色循环发展技术模式，促进了永昌县肉羊一二三产业融合发展，推动了全县脱贫攻坚和农牧民的增收致富。希望项目组再接再厉，砥砺前行，为实施国家绿色发展战略，建设肉羊产业强国做出更大的贡献。

6. 科技平台管理工作

研究所被农业农村部农产品质量安全中心确认为全国名特优农产品营养品质评价鉴定机构和全国农产品质量安全科普示范基地，中泰联合共建实验室和甘肃省草食家畜繁育技术国际合作基地获得甘肃省科技厅认定，完成了研究所科研实施与仪器开放共享自评报告、研究所大型仪器设施开放共享自查报告及 2017 年度评估考核工作。围绕抗寒耐旱优质牧草新品种选育及引进示范和有机羊肉生产加工及品牌打造任务，提交了研究所与昌吉州现代农业科技示范园建设对接工作方案。

7. 国际合作与交流

（1）国际合作项目

2018 年，研究所承担国家自然基金国际（地区）合作与交流项目"青藏高原牦牛与黄牛瘤胃甲烷排放差异的比较宏基因组学研究" 1 项，甘肃省国际合作计划项目"治疗奶牛乳房炎天然药物的研制及应用""中兽医药学技术国际科技特派员"和"中兽医药学技术国际培训" 3 项，执行情况良好。积极组织申报 2018 年度引进境外技术、管理人才项目、2018 年度发展中国家杰出青年科学家来华工作计划项目、2018 年因公出国境外培训计划项目、"科技部重点研发计划国际合作项目"之中欧政府间合作项目。获得甘肃海智计划特色示范项目"中泰传统兽医学防病技术特色示范"、香港 PreciVax 诊断试剂有限公司项目"奶牛乳房炎疫苗有效性和安全性初评价"、香港 PreciVax 诊断试剂有限公司项目"奶牛乳房炎疫苗保护效果评价"和科技部重点研发计划国际合作项目子课题"畜禽精准用药技术与减少抗生素用量的新型中兽药制剂的研发"共 4 项。

（2）国际合作平台、协议及伙伴

2018 年，在甘肃省科技厅大力支持下，研究所被确认为甘肃省草食家畜繁育技术国际合作基地。研究所以中兽医药学技术国际培训班为纽带，积极与参加培训的学员拓展国际合作关系，与印度 Nanaji Deshmukh 兽医科技大学等院校签订了 5 项合作协议，内容涉及联合申请项目、开展合作研究、人员交流互访等。

（3）国际培训班

7 月 9—28 日举办了"2018 年发展中国家中兽医药学技术国际培训班"，来自泰国、埃塞俄比亚、巴基斯坦、印度、科特迪瓦、波黑、埃及、冈比亚、蒙古国、孟加拉国、尼日利亚、塞内加尔、苏丹、伊拉克等 14 个国家的 20 位学员参加了为期 20 天中兽医和中兽药学基础理论和临床技术的培训学习，培训班按照计划任务的要求，紧张、有序地开展了内容丰富的中兽医药技术理论培训，参加培训的学员经过努力学习与实践，初步掌握了中兽医药学的基础理论及其在畜禽健康养殖中的疾病预防等知识，考核合格，达到了培训的目标。通过培训，使广大发展中国家的学员对中兽医药学理论有了感性的认知，增强了使用推广天然中草药和中兽医技术的信念。学员领会到中草药对一些疾病的防治不仅有神奇的功效，而且具有低毒、无残留等优点，为广大发展中国家生态畜牧业安全生产提供新的思路，学员普遍反映，如果中兽医药技术能够大面积推广和应用，将对动物源性食品地出口创汇和提高农牧民收入产生深远的意义。

（4）国际合作访问

2018 年研究所共 18 项出访计划，根据中国农业科学院国际合作局要求缩减 5 项，申请新增计划 1 项，实际执行 14 项。

2018 年研究所共请进来自匈牙利、美国、荷兰、日本、苏丹等国家的专家学者 10 人，派出 14 个团组，40 人（次）赴肯尼亚、荷兰、比利时、意大利、匈牙利、日本、美国、埃塞俄比亚、澳大利亚、新西兰、泰国、巴西、阿根廷、俄罗斯、波兰、捷克等 16 个国家和中国香港地区参加国际学术会议、开展合作交流与技术培训。通过与多个国家建立广泛的合作关系，提高了我所科学研究水平和科技攻关的综合能力，使我所科研人员获得了新的知识、新技术和新方法，锻炼和培养了科研队伍，增强了研究实力。

（5）国际合作能力建设与人才培养

2018 年，吴晓云助理研究员赴国际农业研究磋商组织下属研究机构国际家畜研究所进行了为期 3 个月的培训，武小虎助理研究员赴匈牙利进行为期 1 个月的合作研究，张景艳助理研究员赴荷兰瓦赫宁根大学开展为期一年的访问学者研究工作。

8. 研究生培养工作

（1）招生、毕业

2018 年，共招收中国农科院硕士研究生 16 名和博士研究生 8 名（3 名博士留学生），甘肃农业大学硕士研究生 2 名和博士研究生 2 名，西北民族大学硕士研究生 2 名，兰州大学博士研究生 1 名。有 7 名博士研究生和 15 名硕士研究生（1 名博士留学生）顺利通过论文答辩并毕业，10 名博士研究生和 23 名硕士研究生完成了开题报告和中期考核。目前在所研究生总计 45 人。加强研究生招生宣传工作，召开 2 次研究生招生宣传会，5 月 20 日赴兰州理工大学招生宣传、7 月 9 日参加兽医学院夏令营招生宣传会，宣传人数达 150 名。10 月 12 日，召开 2019 年推免硕士研究生复试会，拟招收来自南京农业大学的申涵露同学为 2019 年硕士研究生。

（2）日常管理

组织导师对 2016 级研究生开展了试验记录自查工作，针对检查结果提出了改进意见并上报研究生院。在所的 2016 级和 2017 级 29 名研究生进行了学业奖学金和国家奖学金评审。为提高研究生科研水平，研究所举办研究生学术研讨会。为增强研究生社会责任感，研究所组织研究生参加中国红十字会救护员培训班，参加培训的 36 名研究生全部通过考试并获得救护员证书。为丰富校园文化，增强团队协作意识，增进同学情谊，研究所组织研究生成立了研究生篮球队。组织研究生参加建所 60 周年文艺演出，并获得特等奖。研究所组织研究生召开科研道德和以"生命至上，安全发展"为主题安全教育会。同时，研究所以开展安全生产月活动为契机，对研究生宿舍进行安全大检查，对安全隐患进行了进一步排查摸底和集中处理。

9. 期刊杂志与图书馆工作

《中国草食动物科学》编辑部全年共编辑出版正刊 6 期，刊登文章 130 篇，文字 120 余万字，校对文字 360 余万字，为甘肃省实验动物管理与学术委员会编辑出版专辑《第十七届中国西部实验动物管理与学术研讨会议论文集》1 部，刊登文章 92 篇，文字 46 万余字。编纂、校对《中国农业科学院兰州畜牧与兽药研究所所志》（2008—2018 年）1 部，共计 50 万字。共有 3 人参加了甘肃省新闻出版广电局举办的出版专业技术人员继续教育面授培训和国家新闻出版广电局研修学院（培训中心）举办的网络课程学习，3人参加了甘肃省科技厅与甘肃省新闻出版广电局联合举办的科技期刊创新与发展培训研讨班的学习。杂志影响因子从2016年0.437上升到2017年0.546，在行业内排名25/66。

《中兽医医药杂志》编辑部本年度顺利完成了6期杂志的编辑、出版、发行工作，期刊页码由88页增加到96页。共收到来稿600余篇，刊用稿件200篇，共计载文约200万字。参与"建所60周年"研究所所志的编撰工作。积极配合甘肃省新闻出版广电局完成了《中华人民共和国期刊出版许可证》（甘期出证字第061号，含正、副本）的年审、换证工作，并提交2017年度核验报告。2人次参加了甘肃省新闻出版广电局主办的甘肃省2018年出版专业技术人员继续教育（面授）培训班，修满学分并顺利取得继续教育证书；2人次参加了国家新闻出版广电总局主办的出版专业技术人员网络远程教育学习，修满学分并顺利完成责任编辑证书续展登记，责编人员实现了持证上岗。王华东同志去临潭县参加扶贫工作，王旭荣加入编辑队伍，王贵兰同志3月份光荣退休。

图书馆完成了图书的借阅、归还、上架及破损图书的修补；过往的期刊整理、登记和入库；新购图书的审核和登记入库；与有业务关系的单位保持联系，免费获赠有关期刊。完成毕业研究生和调离研究所职工借阅图书的查验等工作，对遗失图书进行了赔付，保证图书不破损、不遗失。帮助离退休干部查阅资料，并免费帮助打印。

10. 科技管理制度制修订工作

先后修订了研究所奖励办法、研究所科研项目间接经费管理办法、研究所研究生及导师管理暂行办法、研究所因公临时出国（境）管理办法，起草了研究所科技成果转化管理办法、研究所科研平台管理暂行办法、研究所学术委员会管理办法、研究所科研诚信与信用管理暂行办法、研究所学术道德与学术纠纷问题调查认定办法等管理制度。

11. 其他工作

先后撰写了研究所落实习近平总书记贺信精神实施方案、研究所支援甘肃省农业发展报告、科技管理处管理效益年实施方案等报告，参与撰写了《中国农业科学院兰州畜牧与兽药研究所所志（2008—2018年）》，完成了《中国草食动物科学》和《中兽医医药杂志》两个编辑部的管理专项整治自查报告，完成了11期科研工作简报的编写工作，参与筹建了国家牦牛产业提质增效科技创新联盟，审核推荐了国家科技基础资源调查专项专家和甘肃省科技专家，举办了所庆60周年"一带一路"健康养殖学术研讨会，完成了研究所1~4季度科技成果奖励工作。科技管理处王学智获得2017年度研究生管理先进个人和研究生管理工作十年特别荣誉奖、周磊获得2018年度优秀外事专办员。

（二）2018年工作亮点

1. 基金立项再创新高

2018年度，研究所自然基金立项资助取得良好成绩，共有4项面上项目、2项青年基金获得资助，总直接经费254万元，立项资助率达33.3%。

2. 国际合作工作取得良好进展

本年度甘肃省草食家畜繁育技术国际合作基地获批，科技部重点研发计划中欧政府间合作项目课题和甘肃省海智计划特色示范项目立项、香港横向合作项目顺利实施，2018年发展中国家中兽医药学技术国际培训班成功举办，3位科研人员赴国外进行合作研究，凸显出研究所国际合作逐渐向多元化发展。

3. 创新工程顺利推进

本年度成功组织了院重大选题启动会和肉羊协同创新项目现场观摩会，并结合院科技创新工程考核评估工作要求及时召开自评会议，完成了研究所创新工程实施情况总结报告、全面推进中期自评报告、科研团队中期评估自评报告等材料的撰写上报工作，并积极准备院评估汇报材料，确保各项工作顺利进行。

4. 研究生管理日趋完善

2018年先后在哈尔滨和兰州理工大学举办招生宣讲会，扩大研究所影响力；举办研究生专场学术研讨会，提高研究生科研水平；组织研究生参加中国红十字会救护员培训班，增强研究生社会责任感；成立研究生篮球队，增强团队协作意识；参加研究所建所60周年文艺演出，丰富业余生活。

（三）存在主要问题

1. 部门人员力量不足

随着科研管理工作逐渐向精细化和过程化管理发展及研究所科技活动的日益增加，科技管理处工作任务与日俱增，再加之部门人员抽调请假等，面临着岗位紧张、人手不足、疲于应付的工作局面，使得一些工作不能认真谋划、提前准备，存在完成质量不高的现象。

2. 原始创新力度不够

科研工作存在严重的跟踪研究、重复研究及碎片化研究现象，对一些基础理论和方法的研究不够系统深入，使得应用于指导生产实践的技术和产品不能充分发挥作用，不能解决制约产业发展的关键性、瓶颈性问题。具体表现在标志性原创性重大成果缺乏、论文发表总数和SCI收录数量及总影响因子有所减少、国家自然科学基金项目申报积极性不高等方面。

（四）2019年主要工作安排

（1）积极组织申报国家、省部级等科研项目，加大国际合作和横向合作力度，拓宽项目来源渠道。组织撰写项目建议书或申报书65份以上。

（2）深入实施院科技创新工程工作，加强对承担的协同创新任务和重大科研选题任务的管理工作，完善绩效考评制度。计划完成创新团队人员调整工作，完成创新工程年度总结工作。

（3）积极组织申报各级各类科技奖励，加大力度支持"高山美利奴羊新品种培育及应用"等重大成果的国家奖培育工作。计划申报各类科技奖励3项以上。

（4）加强对重点实验室、质检中心、工程中心、野外台站等科技平台的运行管理，提升共享服务水平。

（5）联合申报2~3项国际合作项目，组织学术报告10场次以上，举办研究所中青年学术论坛，积极开展研究生课外实践活动。

（6）修订完善科技管理制度，提高科技管理能力，做好"放管服"落地工作。

二、科研项目执行情况

耐药菌防控新制剂和投药新技术研究

课题类别：国家重点研发计划专项子课题

项目编号：2016YFD0501306-01　　　　**起止年限：**2016.7—2020.12

资助经费：55.25万元

主持人及职称：李剑勇　研究员

参加人：孔晓军　秦　哲　刘希望　杨亚军　李世宏　焦增华

计划执行情况：①建立了制剂中有效成分EPR的HPLC测定法，并开展了制剂的质量标准研究，完成了其性状、鉴别、含量测定、pH值、密度项的质量标准制定工作，初步完成了其质量标准草案。②建立了血浆中EPR含量的LC-MS测定法，开展了制剂在家兔体内的药代动力学研究。③开展了抗寄生虫原位凝胶制剂对小鼠的急性毒性研究。④发表中文科技论文4篇，授权发明专利1件，申请发明专利1件，培养硕士研究生1名。

耐药菌防控新制剂的临床试验研究

课题类别：国家重点研发计划专项子课题

项目编号：2016YFD0501306-02　　　　　　　　　**起止年限**：2016.7—2020.12

资助经费：32.50万元

主持人及职称：蒲万霞　研究员

参加人：王学红　郭文柱　武中庸　徐　结　侯　晓

计划执行情况：①在新疆呼图壁种牛场、新疆中广核、张掖前进牧业、石岗墩牧场张掖下寨牧业、庄园牧业青海圣亚高原牧场采集养殖场粪土样、污水、粪污处理过程样品、植物样品及奶样320份。②利用16S rRNA高通量测序的方法，考察了奶牛养殖环境及粪便处理过程中微生物多样性组成。③分离筛选出耐药菌株323株。④发表科技论文5篇，其中SCI收录1篇。

牛羊主要养殖区微量元素调查及缺乏病精准防控技术与产品研究

课题类别：国家重点研发计划专项子课题

项目编号：2016YFD0501203　　　　　　　　　　**起止年限**：2016.7—2020.12

资助经费：67.50万元

主持人及职称：刘永明　研究员

参加人：王　慧　王胜义　崔东安

计划执行情况：①采集各类样品200余份。②应用原子吸收光谱检测样品中铜、锰、铁、锌、硒的含量。③在甘肃榆中县等地的肉羊养殖场开展添加剂饲喂试验试验。④发表SCI文章1篇；授权发明专利2件；培育国家自然科学基金青年基金1项；培养博士研究生1名。

家畜围产期群发普通病诊断与防控技术研究

课题类别：国家重点研发计划专项课题

项目编号：2017YFD0502201　　　　　　　　　　**起止年限**：2017.7—2020.2

资助经费：328.00万元

主持人及职称：严作廷　研究员

计划执行情况：①对甘肃、新疆、陕西等地主要奶牛养殖省区的奶牛围产期主要群发普通病进行了疾病调查，进行了病原菌对抗生素的耐药性研究。②在甘肃、青海开展了羊围产期群发普通病的流行病学调查，对感染病原体进行了分离和鉴定。③研究约氏乳杆菌防治大肠杆菌性乳房炎相关致病机理和奶牛子宫内膜炎的发病机理。④开展了防治奶牛乳房炎的疫苗中药制剂和抗菌肽研究。⑤向农业农村部提交了防治奶牛胎衣不下中兽药"归芎益母散"的新兽药申报材料，通过第一次技术评审。⑥开展了防治羊子宫内膜炎中药复方筛选和作用机理研究。⑦进行了奶牛子宫内膜炎主要病原菌可视化诊断芯片试制，建立了快速检测奶牛乳房炎5种主要病原菌及羊子宫内膜炎、乳房炎常见菌的多重PCR检测方法。⑧发表科技论文31篇；申请发明专利4件、实用新型专利1件，授权实用新型专利2件；培养研究生15名。

奶牛围产期群发普通病诊断与防控技术研究

课题类别：国家重点研发计划专项课题

项目编号：2017YFD0502201-1　　　　　　　　　**起止年限**：2017.7—2020.2

资助经费：88.00万元

主持人及职称：严作廷　研究员

参加人：王东升　张世栋　武小虎　董书伟　吴培星

计划执行情况：①在甘肃、陕西、黑龙江等8个主要奶牛养殖省区的奶牛围产期主要群发普通病开展了疾病调查。②开展了钙结合蛋白A100A4在奶牛子宫内膜炎症反应过程中的作用机制和奶牛子宫内膜炎相关miRNA分子筛选及功能研究。③进行了奶牛子宫内微生物多样性研究，为阐明奶牛围产期子宫疾病发病机理提供了依据。④向农业农村部提交了防治奶牛胎衣不下中兽药"归芎益母散"的新兽药申报材料，通过第一次技术评审，正在根据意见进行材料补充。⑤进行了奶牛子宫内膜炎主要病原菌可视化诊断芯片试制。⑥申报新兽药1项，申请发明专利1件，获得其他专利1件，发表论文8篇，培养研究生3名。

奶牛乳房炎诊断与高效疫苗研发

课题类别：国家重点研发计划专项课题

项目编号：2017YFD0502201-2　　　　　　　　**起止年限**：2017.7—2020.2

资助经费：50.00万元

主持人及职称：李宏胜　研究员

参加人：杨　峰　李新圃　罗金印

计划执行情况：①从甘肃、内蒙古、河北等地部分奶牛场采集乳房炎奶样326份，进行了细菌分离和鉴定，分离病原菌418株。②对分离出的部分无乳链球菌、金黄色葡萄球菌、乳房链球菌和大肠杆菌4种主要病原菌进行了药敏试验。③成功建立了乳房炎人工感染模型，达到了菌株毒力复壮的目的。④表明乳清对增加细菌数量及荚膜多糖产量有一定的促进作用。⑤制苗菌株无乳链球菌M19和A20、金黄色葡萄球菌J58三种菌对小白鼠的致病性试验。⑥对81株无乳链球菌进行了PCR分型研究。⑦小鼠免疫后抗体测定。⑧发表科技论文8篇，其中SCI文章3篇；授权实用新型专利2件；出版著作1部。

发酵黄芪多糖基于树突状细胞TLR信号通路的肠黏膜免疫增强作用机制研究

课题类别：国家自然科学基金面上项目

项目编号：31472233　　　　　　　　　　　**起止年限**：2015.1—2018.12

资助经费：85.00万元

主持人及职称：李建喜　研究员

参加人：王学智　杨志强　张景艳　王　磊　王旭荣　张　凯　张　康　秦　哲

计划执行情况：通过单因素试验和Box-benhnken设计对发酵黄芪多糖超声波法提取条件进行了响应面优化。利用环磷酰胺诱导建立了小鼠免疫抑制模型。发表科技论文3篇，授权发明专利1件，培养硕士研究生1名。

青藏高原牦牛与黄牛瘤胃甲烷排放差异的比较宏基因组学研究

课题类别：国家自然科学基金国际（地区）合作与交流

项目编号：31461143020　　　　　　　　　　**起止年限**：2015.1—2019.12

资助经费：200.00万元

主持人及职称：丁学智　副研究员

参加人：刘永明　曾玉峰　王宏博　褚　敏　王胜义　吴晓云　赵娟花　张建一　龚　雪

计划执行情况：①牦牛瘤胃细菌/产甲烷菌来源分析。②不同生理状态下牦牛及牦牛与黄牛放牧行为差异研究。③应邀参加了由国家自然科学基金委员会（NSFC）与国际农业研究磋商组织（CGIAR）联合举办的"NSFC-CGIAR Livestock Research Meeting 2018"家畜领域（包括畜牧、兽医及牧草/饲料）项目研讨。④发表科技论文2篇，其中会议论文1篇。

阿司匹林丁香酚酯预防血栓的调控机制研究

课题类别：国家自然科学基金面上项目

项目编号：31572573　　　　　　　　　　　　**起止年限：**2016.1—2019.12

资助经费：76.80万元

主持人及职称：李剑勇　研究员

参加人：李世宏　孔晓军　杨亚军　刘希望　秦哲　董书伟　马　宁　刘光荣　赵晓乐

计划执行情况：以人脐内静脉内皮细胞（HUVECs）为对象，建立起了血管内皮氧化损伤模型。采用western blotting，RT-qPCR，细胞免疫组织化学，流式细胞术和基因干预等技术和手段，从细胞的不同层面揭示了AEE抗细胞氧化损伤的调控机制。发表科技论文1篇，培养硕士研究生2名。

发酵黄芪多糖对鸡肠道乳酸菌FGM表面黏附蛋白的表达调控研究

课题类别：国家自然科学基金青年基金

项目编号：31502113　　　　　　　　　　　　**起止年限：**2017.1—2019.12

资助经费：20.00万元

主持人及职称：张景艳　副研究员

参加人：李建喜　张　凯　苏贵龙　边亚斌　邹　璐

计划执行情况：①FGM细菌表面黏附蛋白的鉴定与结构分析。②成功在大肠杆菌中表达FGM表面蛋白并制备兔抗多克隆抗体。③APS、FAPS对非解乳糖链球FGM菌株生长、体外抑菌能力及表面蛋白EF-Tu表达影响的研究。④同分子量段APS、FAPS对非解乳糖链球FGM菌株生长、体外抑菌能力及表面蛋白EF-Tu表达影响的研究。

基于双靶点的藏药蓝花侧金盏杀螨活性成分分离、结构优化及构效关系研究

课题类别：国家自然科学基金面上项目

项目编号：31772790　　　　　　　　　　　　**起止年限：**2018.1—2021.12

资助经费：72.00万元

主持人及职称：尚小飞　助理研究员

参加人：潘　虎　尚若锋　董书伟　刘利利　董　朕　白玉彬

计划执行情况：本年度主要在蓝花侧金盏杀螨作用机理研究基础上，制备蓝花侧金盏醇提取物，并以Na+-K+-ATP酶为靶点蛋白，利用表面等离子共振技术捕捉其中活性成分，采用质谱等色谱方法进行鉴定，初步发现地高辛等强心苷类化合物和数十个与靶点蛋白具有高度亲和性的酚酸类化合物，后续将进行进一步结构表征和杀螨活性评价。撰写SCI论文1篇。

SeXTH1在盐生植物盐角草组织肉质化形成中的功能研究

课题类别：国家自然科学基金青年基金

项目编号：31700338　　　　　　　　　　　　**起止年限：**2018.1—2020.12

资助经费：31.20万元

主持人及职称：段慧荣　助理研究员

参加人：张　茜　王春梅　杨红善　周学辉　崔光欣

计划执行情况：①完成盐处理下盐角草地上部肉质化程度的测定工作。②完成盐处理下盐角草

地上部解剖结构的观察。③筛选出受盐诱导最强烈的 XTH 基因成员并完成表达模式分析。④发表 SCI 论文 1 篇。

五味子醇对犬慢性心力衰竭 JAK2-STAT3 信号通路的调控机制

课题类别：国家自然科学基金青年基金

项目编号：31702288　　　　　　　　　　**起止年限：**2018.1—2020.12

资助经费：30.00 万元

主持人及职称：张凯 助理研究员

参加人：王学智　王　磊　张　康　侯艳华

计划执行情况：主要开展了筛选 DMSO 对 H9C2 心肌细胞的毒性试验最大体积分数，五味子醇甲的 MTT 试验，细胞损伤模型建造，五味子醇甲、五味子醇乙对心肌细胞 JAK2、STAT3、gp130 的影响、对心肌细胞 JAK2-STAT3 信号通路正向调控因子的影响及对心肌细胞凋亡的影响。SCI 论文投稿 1 篇，中文核心期刊论文投稿 2 篇，申请专利 1 件。

奶牛产业技术体系——疾病控制研究室

课题类别：农业农村部现代农业产业技术体系

项目编号：CARS-37-06　　　　　　　　　**起止年限：**2016.1—2020.12

资助经费：350.00 万元

主持人及职称：李建喜 研究员

参加人：王旭荣　仇正英　张　康　王贵波　王　磊　张　凯

计划执行情况：①体系重点任务：与兰州周边牛场、天津试验站、西安试验站、石家庄试验站、保定试验站等牛场与试验站协作，完成了 2018 年重要普通病与疾病发病调研。②研究室重点任务：示范推广奶牛隐性乳房炎新型中兽药"蒲行淫羊散"和奶牛胎衣不下药物"益母凤仙酊"，并提交新兽药申报材料。③研究室基础性工作：完成 2018 年奶牛乳房炎、子宫内膜炎、胎衣不下、不孕症等疾病的流行病学数据；补充更新了国家奶牛产业技术体系疾病防控技术资源共享数据库。④前瞻性研究：开展 TLRs 在奶牛卵巢颗粒细胞中表达情况及 FSH、LH 对 TLRs 表达的影响研究。⑤应急性工作：2018 年完成应急性病例处置近 60 起，检测样品 200 余份，免费发放中兽药 1000kg，发放药品 40 余箱。⑥发表科技论文 5 篇，出版著作 2 部。

肉牛牦牛产业技术体系——牦牛选育

课题类别：农业农村部现代农业产业技术体系

项目编号：CARS-37-06　　　　　　　　　**起止年限：**2016.1—2020.12

资助经费：350.00 万元

主持人及职称：阎萍 研究员

参加人：郭　宪　包鹏甲　裴　杰　褚　敏

计划执行情况：①重点任务：肉牛牦牛全产业链生产技术模式研发与示范。②研究室重点任务：肉牛联合育种技术体系建立与改良方案制定。③基础性工作：补充更新国内肉牛牦牛研发机构 1 家、研发人员 12 人、设备 1 台。补充完善牦牛种质资源、育种数据库信息，提供可用育种数据记录 7120 余条。④前瞻性任务：无角牦牛选育技术。完成了无角牦牛新品种申报工作。⑤应急性任务：及时完成了农业农村部、体系及功能研究室交办的应急性任务。⑥发表科技论文 18 篇，其中 SCI 收录 6 篇。授权专利 33 件，其中发明专利 4 件。开展技术培训、技术服务共 5 场次，培训人员 386 人次。

绒毛用羊产业技术体系——分子育种

课题类别：农业农村部现代农业产业技术体系

项目编号：CARS-40-03　　　　　　　　　　　　起止年限：2016.1—2020.12

资助经费：350.00 万元

主持人及职称：杨博辉　研究员

参加人：岳耀敬　袁　超　郭婷婷　牛春娥　孙晓萍

计划执行情况：①2018 年肃南县、天祝县、永昌县等鉴定符合新品种标准的细毛羊 68 880 只。②截至 2018 年底，累计培育高山美利奴羊超细品系 7 627 只，培育高山美利奴羊肉用品系 1 302 只，累计培育高山美利奴羊多胎品系 930 只。③与北京维斯恩思软件有限责任公司联合开发细毛羊联合育种网络平台和细毛羊数据库建设，平台正在进行试运行。④研究高山美利奴羊高山美利奴羊成年种公羊和羔羊蛋白、能量代谢营养需要量和高山美利奴羊育成种公羊放牧营养监测。⑤完善绵羊手工克隆体系，为开展胚胎植入前的分子调控机制奠定基础，成功将 SKP 细胞诱导卵母细胞前体细胞。⑥研究高山美利奴羊多胎性状候选基因 *BMPR-IB*、*BMP15*、*GDF9*、*BMP4*、*FSHB*、*FSHR*、*GNRH1*、*GNRHR*、*INHA*、*INHBA*、*LHB* 基因外显子多态性及其与产羔数的相关性。⑦利用第二代全基因组高通量测序技术，对 5 个细毛羊品种进行基因组变异图谱及目标性状形成机制研究。⑧发表科技论文 3 篇，其中 SCI 收录 1 篇；授权实用专利 7 件；出版著作 2 部，参编外文著作 1 部。

肉牛牦牛产业技术体系——药物与临床用药

课题类别：农业农村部现代农业产业技术体系

项目编号：CARS-38　　　　　　　　　　　　　起止年限：2016.1—2020.12

资助经费：350.00 万元

主持人及职称：张继瑜　研究员

参加人：李　冰　牛建荣　魏小娟　刘希望

计划执行情况：①新型抗菌药物 MLP（咔哒唑啉及咔哒诺啉）的开发。②新型抗吸虫药物"五氯柳胺"的研制。③开展抗梨形虫病新制剂"蒿甲醚注射剂"的开发。④中药制剂"板黄口服液"的扩大生产和推广应用。⑤牛肠道菌群耐药性研究。⑥肉牛牦牛腹泻病综合防控技术研究。⑦发表科技论文 13 篇，其中 SCI 收录 6 篇；出版著作 2 部。

肉牛牦牛产业技术体系——牦牛繁殖技术

课题类别：农业农村部现代农业产业技术体系

项目编号：CARS-37　　　　　　　　　　　　　起止年限：2017.1—2020.12

资助经费：280.00 万元

主持人及职称：郭宪　研究员

参加人：裴　杰　包鹏甲　阎　萍　褚　敏　丁学智　熊　琳　吴晓云

计划执行情况：①体系重点任务：在大通、海北、甘南综合试验站实施牦牛繁殖管理技术，提升牦牛繁殖效率。②基础性工作：完成了 2018 年度数据库建设任务。③前瞻性研究：参照黄牛的 71 对微卫星位点，成功选择 17 个具有高度多态信息含量，处于 Hardy-Weinberg 平衡状态，没有连锁不平衡的微卫星位点，作为牦牛亲子和个体识别的标记位点，并成功应用于无角牦牛家系的建立，确保了牦牛选种选配准确性。④应急性任务：在西藏及四省藏区积极开展肉牛牦牛产业技术扶贫工作，年度技术培训 7 次，培训技术人员和农牧民 350 人次，并对 2 个畜牧兽医工作站的人工授精配种点进行技术指导。⑤发表科技论文 13 篇，其中 SCI 收录 2 篇；授权国家专利 27 件，其中发明专利 4 件。

新型动物专用化学药物的创制及产业化关键技术研究

课题类别：国家科技支撑计划课题

项目编号：2015BAD11B01　　　　　　　　　　　　　　**起止年限：**2015.4—2019.12

资助经费：783.00 万元

主持人及职称：张继瑜 研究员

计划执行情况：对五氯柳胺原料药及其制剂五氯柳胺混悬液申报了国家二类新兽药，完成了一审、二审意见答复资料的上报，正在完善三审补充材料。完成了维他西布原料药及其制剂的 GMP 工艺放大。完成了匹莫苯丹制剂处方筛选、GMP 生产、质量研究、稳定性研究等工作，完成生物等效性试验，结果显示和原研产品生物等效。完成了匹莫苯丹、加米霉素原料药及其制剂的质量复核工作，建立匹莫苯丹咀嚼片、加米霉素和加米霉素注射液质量标准 3 套，并于 2018 年 12 月分别取得了农业农村部批准的二类新兽药证书，目前正在进行批准文号申报。贝那普利片取得了新兽药生产批文 1 项。获得国家二类新兽药证书 3 项；获得发明专利 2 个；发表文章 8 篇，其中 SCI 收录 3 篇；建立生产线 2 条；建立宠物用药示范基地 1 个；获得兽药生产批文 1 个；培养研究生 4 名，其中博士研究生 3 名，硕士研究生 1 名。

新兽药五氯柳胺的创制及产业化

课题类别：国家科技支撑计划课题

项目编号：2015BAD11B01-01　　　　　　　　　　　　**起止年限：**2015.4—2019.12

资助经费：203.00 万元

主持人及职称：张继瑜 研究员

参加人：李　冰　周旭正　魏小娟　程富胜　王玮玮　白玉彬

计划执行情况：联合常州齐晖药业有限公司，按照农业农村部 442 公告《化学药品注册分类及注册资料要求》相关规定，完成对五氯柳胺原料药及其制剂申报资料的整理，并提交至农业农村部兽药评审中心进行评审，现已通过第二次评审。发表科技论文 3 篇，授权发明专利 1 件。

噻唑类抗寄生虫化合物的筛选

课题类别：国家科技支撑计划课题

项目编号：2015BAD11B01-08　　　　　　　　　　　　**起止年限：**2015.4—2019.12

资助经费：20.00 万元

主持人及职称：刘希望 助理研究员

参加人：李剑勇　杨亚军　李世宏　孔晓军　秦　哲

计划执行情况：本年度围绕任务书要求，根据前期噻唑基团与查尔酮结构拼合产物具有显著的体外抗艰难梭菌活性，开展了相关化合物抗厌氧菌艰难梭菌的购销关系研究，研究表明：①含有硝基噻唑基团化合物与查尔酮结构化合物抗厌氧菌艰难梭菌定量构效关系研究（3D-QSAR）。以活性查尔酮类化合物为依据，构建了基于配体的 3D-QSAR 模型。模型的非交叉验证相关系数大于 0.8（$R^2 = 0.973$），有较强的预测能力。②对预测具有较好活性的天然来源的查尔酮进行体外抑菌活性筛选，发现 2 个天然查尔酮类化合物对艰难梭菌具有较好的体外抑菌活性，对艰难梭菌 ATCC43255 和 CICC22951 的 MIC 值介于 2~4μg/mL，MBC 均为 8μg/mL。③申请发明专利 1 件。

妙林类兽用药物及其制剂的研制与应用

课题类别：国家科技支撑计划子课题

项目编号：2015BAD11B02-01　　　　　　　　　　　　　　**起止年限**：2015.4—2019.12

资助经费：140.00 万元

主持人及职称：梁剑平 研究员

参加人：尚若锋　刘　宇　杨　珍　郭志廷　郝宝成　郭文柱　王学红

计划执行情况：本年度根据任务书要求进行了以下工作：①完成了候选药物（APTM）的药效学研究，包括体外抑菌试验（最小抑菌浓度测定）与皮肤创伤模型的小鼠治疗效果试验。②完成了候选药物的临床前药代动力学研究，包括静脉、肌肉和口服的药物代谢与生物利用度研究、血浆蛋白结合率、组织分布与排泄等。③完成了候选药物的小鼠的急性毒性和大鼠的亚慢性毒性试验研究。28 天的亚慢性毒性试验，从体重的变化看，在试验剂量的范围内，ATTM 对体重无明显的影响。从血液生化和饲料消耗量的变化来看，药物对动物机体不会造成炎症、病毒感染和贫血等影响。从脏器系数和病理检查来看，ATTM 对动物机体有一定的作用，推断药物 ATTM 毒性靶器官可能是肝脏、脾、肾脏。④发表 SCI 论文 3 篇；申报国家发明专利 3 件，其中授权 1 件（截短侧耳素类衍生物及其应用，专利号：ZL 201610168016.2）；培养硕士研究生 2 名，博士研究生 2 名。

畜产品质量安全风险评估

课题性质：农产品质量安全监管（风险评估）项目

起止年限：2016.1—2019.12

资助经费：195.00 万元

主持人及职称：高雅琴 研究员

参加人：李维红　熊　琳　杨晓玲　杜天庆　郭天芬　王宏博

计划执行情况：本年度主要进行了以下工作：①畜产品抗寄生虫类药物使用调查与产品安全性评估。②畜禽产品特质性营养品质评价与关键控制点评估。③发表科技论文 7 篇，发表科普文章 3 篇；授权国家专利 11 件，其中发明专利 1 件，实用新型专利 7 件，外观专利 3 件；出版著作 1 部。

农产品质量安全监管

课题性质：农产品质量安全监管（风险评估）项目

起止年限：2018.1—2018.12

资助经费：50.00 万元

主持人及职称：孙研 助理研究员

参加人：崔东安　杨　峰　张世栋　辛蕊华

计划执行情况：本年度主要进行了以下工作：①开展奶牛子宫内膜炎病原菌的分离与鉴定工作。②开展了西北区奶牛乳房炎病原菌的分离鉴定与耐药监测工作。③开展了西北区犊牛腹泻的流行病学调查及耐药性检测。

高山美利奴羊选育提高及扩繁推广技术研究示范

课题性质：甘肃省重点研发计划——农业类

项目编号：17YF1NA069　　　　　　　　　　　　　　**起止年限**：2017.8—2019.7

资助经费：50.00 万元

主持人及职称：袁超　助理研究员

参加人：杨博辉　牛春娥　孙晓萍　刘建斌　郭婷婷

项目执行情况：本年度主要进行了以下工作：①在肃南县、天祝县、永昌县等鉴定符合新品种标准的细毛羊 68 880 只。②截至 2018 年底，累计培育高山美利奴羊超细品系 7 627 只，培育高山美利奴羊肉用品系 1 302 只，累计培育高山美利奴羊多胎品系 930 只。③研究高山美利奴羊多胎性状候选基因外显子多态性及其与产羔数的相关性。④开展高山美利奴羊 2 年 3 胎试验研究。⑤科技论文投稿 3 篇；授权实用新型专利 7 件；出版著作 2 部；培养硕士研究生 1 名。

治疗奶牛乳房炎天然药物的研制及专业人才中兽药技术培训

课题性质：甘肃省重点研发计划——国际科技合作

项目编号：17YF1WA169　　　　　　　　　　　**起止年限**：2017.8—2019.7

资助经费：35.00 万元

主持人及职称：李宏胜　研究员

参加人：李新圃　罗金印　杨　峰　王　丹　周磊　刘丽娟

项目执行情况：本年度主要进行了以下工作：①研制出了治疗奶牛临床型乳房炎的口服制剂乳黄消散。②开办"2018 年发展中国家中兽医药学技术国际培训班"。③发表科技论文 6 篇，其中 SCI 收录 3 篇；出版著作 1 部；授权实用新型专利 2 件。

中兽医药学技术国际科技特派员

课题性质：甘肃省重点研发计划——创新基地和人才计划

项目编号：17RJ7WA029　　　　　　　　　　　**起止年限**：2017.9—2018.12

资助经费：24.00 万元

主持人及职称：王学智　研究员

参加人：张继瑜　李建喜　曾玉峰　周　磊　杨　晓　刘丽娟　张　凯

项目执行情况：本年度主要进行了以下工作：①项目主持人应匈牙利布达佩斯大学、波兰华沙中央农村经济学院和捷克布拉格兽医与兽药大学的邀请赴匈牙利、波兰和捷克出访执行合作研究任务。②项目主持人应我国香港渔农自然护理主管部门等主办单位的邀请，参加由香港卫生主管部门、渔农自然护理主管部门等单位举办的"抗生素耐药性区域研讨会"。

以 FabI 为靶点的抑制剂设计、合成及抑菌活性研究

课题性质：甘肃省青年科技基金

项目编号：17JR5RA322　　　　　　　　　　　**起止年限**：2017.9—2019.9

资助经费：3.00 万元

主持人及职称：刘希望　助理研究员

参加人：李剑勇　杨亚军　李　琼

项目执行情况：本年度主要开展了以下工作：①继续开展了 FabI 抑制剂的合成，合成新化合物 9 个。②对化合物的结构进行了核磁共振氢谱、碳谱及高分辨质谱结构确认，相关结果正在整理中。

高效双机制抗菌药物的筛选与成药性研究

课题性质：甘肃省基础研究创新群体

项目编号：18JR3RA397　　　　　　　　　　　**起止年限**：2018.8—2021.8

资助经费：50.00 万元

主持人及职称：张继瑜 研究员

参加人：李 冰 周绪正 程富胜 王玮玮 魏小娟 尚小飞 邵丽萍

项目执行情况：采用微量肉汤稀释法测定 OBP-1 和 OBP-2 的最小抑菌浓度（MIC），对其抗菌活性进行评价。

实验动物垫料粪便废弃物无害化处理与利用研究

课题性质：中央引导地方科技发展专项课题

起止年限：2018.8—2019.7

资助经费：130.00 万元

主持人及职称：董鹏程 副研究员

参加人：杨博辉 牛春娥 孙晓萍 刘建斌 郭婷婷

项目执行情况：本年度主要进行了以下工作：利用正交实验设计精选了实验动物垫料粪便废弃物厌氧发酵所需环境条件参数，完善了厌氧发酵处理过程所需的注意事项，完成了制定实验动物垫料粪便废弃物无害化处理与利用技术体系 1 个的考核目标。为节省资金和整合能源，将兰州牧药所实验动物房现有的化肥池改造成实验动物垫料粪便废弃物处理池，改造建设成高 1.8m，宽 4.5m，长 15m，体积达到 121.5m³ 的实验动物垫料粪便废弃物处理池。在改造完成的实验动物垫料粪便废弃物处理池内，按照实验动物垫料粪便废弃物无害化处理与利用技术体系安装设计了厌氧发酵系统，根据购置的污水处理系统和脱水干燥系统仪器设备完成了污水处理系统和脱水干燥系统安装任务。授权实用新型专利 5 件。

藏羊高寒低氧适应 INCRNA 鉴定及遗传机制研究

课题性质：甘肃省农业生物技术研究与应用开发

项目编号：GNSW-2016-13 **起止年限**：2016.1—2018.12

资助经费：8.00 万元

主持人及职称：孙晓萍 副研究员

参加人：刘建斌 丁学智 杨树猛

项目执行情况：项目进行缺氧状态下藏羊肝脏细胞中低氧相关 lncRNA 的表达，对低氧相关 lncRNA 在缺氧状态下藏羊肝脏细胞生物学性状的影响进行探讨，分析低氧相关 lncRNA 靶基因 mRNA 和蛋白的表达情况。发表科技论文 2 篇，其中 SCI 文章 1 篇；授权国家发明专利 1 件，国家实用新型专利 5 件。

秸秆饲料化利用技术研究与示范推广

课题性质：甘肃省农牧厅项目

起止年限：2016.6—2019.6

资助经费：10.00 万元

主持人及职称：贺洞杰 助理研究员

参加人：胡 宇 王春梅 朱新强

项目执行情况：项目本年度以 7 种青贮用微生物菌剂处理后的玉米秸秆为材料，分析了秸秆饲用品质性状的变化特点，初步发现各处理间秸秆 ADF、NDF、WSC 和 CF 含量存在极显著差异，WSC 与 ADF、NDF 和 CF 含量呈极显著负相关。授权专利 13 件。

天祝牧区养羊业生产发展模式研究

课题性质：甘肃省农牧厅项目

起止年限：2016.6—2019.12

资助经费：20.00万元

主持人及职称：贺洞杰　助理研究员

参加人：胡　宇　王春梅　朱新强

项目执行情况：本年度主要进行了以下工作：①对天祝县天然草地资源类型、分布规律和特点及生产力进行了调查分析。②根据不同类型的草地资源特点及草地生产力情况，把天祝县的养羊生产模式分为三类，研究确定牧区放牧加补饲的方式是适合该地的养羊业发展模式。③不断完善良种繁育体系，以高山细毛羊为载体，积极推进经济杂交，正在筛选出适合本地生态的肉用绵羊最佳杂交组合。发表科技论文2篇，授权专利2件。

甘南州高寒草甸黑土滩分布和生态修复研究

课题性质：甘肃省退牧还草工程项目

起止年限：2017.7—2019.12

资助经费：40.00万元

主持人及职称：崔光欣　助理研究员

参加人：高雅琴　路　远　王　瑜　田福平　胡　宇

项目执行情况：本年度建立了甘南州高寒草甸"黑土滩"分级治理体系，将秃斑地盖度和可食牧草比例两个指标作为黑土滩退化草地评价指标和黑土滩退化草地类型划分主要依据，并结合退化草地所处地理位置（主要为坡度）对其进行划分，将黑土滩型退化草地分成9个等级，并针对不同等级提出了不同的治理方案。授权软件著作权1项。

甘肃省草品种区域试验站（点）考核评价及建设布局提升优化对策研究

课题性质：草业技术创新联盟科技支撑项目

起止年限：2017.9—2018.12

资助经费：29.00万元

主持人及职称：高雅琴　研究员

参加人：董鹏程　王　瑜　路　远　席　斌　杨晓玲

项目执行情况：确定了河西灌区高台点、中部黄土高原西端兰州点、东部黄土高原雨养区庆阳点和青藏高原区甘南点4个不同类型的国家草品种区域试验站。

甘肃省优良牧草种质资源收集与评价

课题性质：草业技术创新联盟科技支撑项目

起止年限：2017.9—2018.12

资助经费：21.20万元

主持人及职称：路远　副研究员

参加人：田福平　张　茜　胡　宇　崔光欣　王春梅　高雅琴

项目执行情况：项目执行以来，进行了项目实验地点的确定，并引进和收集国内外苜蓿种质15个，进行苜蓿种质资源圃的建立与综合性状鉴定。

中兽药银翘蓝芩口服液的产业化

课题类别： 兰州市科技重大专项

项目编号： 2017-2-13　　　　　　　　　　　　**起止年限：** 2017.1—2019.12

资助经费： 70.00万元

主持人及职称： 李剑勇　研究员

参加人： 刘希望　孔晓军　杨亚军　秦　哲　李世宏

项目执行情况：本年度开展的研究内容如下：①银翘蓝芩口服液新兽药申报材料于2017年12月提交至农业农村部兽药评审中心，2018年5月评审中心组织专家进行会评。②在湖北回盛生物科技有限公司建立了银翘蓝芩口服液生产线1条。生产口服液1 000L，产品质量符合质量标准草案。③在中国农科院哈尔滨兽医研究所开展银翘蓝芩口服液防治鸡传染性支气管炎感染试验。④在兰州市及周边地区养殖场推广银翘蓝芩口服液防治鸡呼吸道感染疾病，对以咳嗽、流涕、啰音为典型症状的呼吸道疾病具有显著的预防和治疗作用，在4个养殖场推广1.63万羽。在兰州市及周边区、县举办鸡健康养殖、疾病防治相关讲座3场，服务和培训相关鸡养殖技术人员256人/次。

苦苣菜引种驯化及新品种选育

课题类别： 兰州市人才创新创业项目

项目编号： 2017-RC-55　　　　　　　　　　　**起止年限：** 2017.1—2019.12

资助经费： 30.00万元

主持人及职称： 胡宇　助理研究员

参加人： 田福平　路　远　贺洞杰　崔光欣　张小甫

项目执行情况：本年度开展如下研究工作：项目组调查、收集了我国不同地域、不同生境的部分苦苣菜种质资源，引种驯化2个苦苣菜新品系，试验种植苦苣菜10亩。发表SCI文章1篇，授权实用新型专利6件。

防治奶牛子宫内膜炎新型微生态制剂的研究

课题类别： 兰州市科技发展计划项目

项目编号： 2018-1-100　　　　　　　　　　　**起止年限：** 2018.1—2019.12

资助经费： 15.00万元

主持人及职称： 严作廷　研究员

参加人： 武小虎　王东升　张世栋　宋鹏杰

项目执行情况：本年度开展如下研究工作：①细菌的分离鉴定。②乳酸菌功能特性的研究。

茶树精油消毒剂的研究与开发

课题类别： 兰州市科技发展计划项目

项目编号： 2018-1-114　　　　　　　　　　　**起止年限：** 2018.1—2020.12

资助经费： 15.00万元

主持人及职称： 刘宇　助理研究员

参加人： 梁剑平　郝宝成　尚若锋　王学红　郭文柱　杨　珍

项目执行情况：本年度开展如下研究工作：①采用气质联用技术，分析茶树精油的化学成分及其含量。②完成茶树精油新制剂的研制，测定茶树精油新制剂的pH值。③对日本大耳白兔进行一次完整皮肤刺激、一次破损皮肤刺激、多次完整皮肤刺激和眼刺激试验，采用同体对照法，测定茶树精油兽用消毒剂对白兔的局部刺激性。④对豚鼠进行皮肤变态反应试验，将豚鼠随机分为试验组、阴性对照组和阳性对照组，研究茶树精油兽用消毒剂对豚鼠产生皮肤变态反应的可能性及其强度。⑤委托西北农林科技大学，完成茶树精油兽用消毒剂的临床试验。⑥发表科技论文2篇。

中泰传统兽医学防病技术特色示范

课题类别：甘肃海智计划特色示范项目

起止年限：2018.1—2018.12

资助经费：8.00万元

主持人及职称：李建喜 研究员

参加人：王贵波　王旭荣　仇正英　李锦宇　罗超应　罗永江

项目执行情况：本年度开展如下研究工作：在中泰联合共建中兽医学实验室的基础上，与泰国清迈大学兽医学院、药学院合作，以中国目前未开发或资源缺乏的植物药为研究对象，开展以中泰有效防治犊牛腹泻疾病等的植物药有效成分研究。发表科技论文3篇；授权发明专利2件；出版著作2部。

西藏苜蓿选育与种繁研究和示范

课题类别：西藏草业重大专项课题

项目编号：XZ201801NA02　　　　　　　　　　　**起止年限：**2018.1—2019.12

资助经费：40.00万元

主持人及职称：朱新强 助理研究员

参加人：李锦华　张　茜　王春梅　王晓力

项目执行情况：本年度开展如下研究工作：①苜蓿优良品种的推广和繁种技术的示范工作。②达孜试验点持续进行140余份引进国内外苜蓿种质的常规鉴定工作，全年刈草3次，每次测定指标有鲜草产量、干草产量、株高、茎叶比、干鲜比等，选出10个高产苜蓿品种和种质。③山南开展了苜蓿繁种技术的试验示范。④开展苜蓿新品系品比与区域试验。区域试验点设在日喀则艾玛岗、拉萨达孜、山南扎囊和甘肃兰州。本年度测定了种植第二年的各项指标。⑤开展了西藏优良野生牧草异地驯化繁种的相关研究，在兰州大洼山进行了部分野生牧草的种植。

茶树纯露消毒剂的研究开发

课题类别：横向合作

起止年限：2016.5—2019.12

资助经费：40.00万元

主持人及职称：刘宇 助理研究员

参加人：梁剑平　尚若锋　郝宝成　王学红　杨　珍　郭文柱

课题执行情况：本年度主要进行了以下工作：①完成茶树精油新制剂的研制，测定茶树精油新制剂的pH值为6.8；②进行了微生物杀灭试验的预实验，包括牛津杯试验、MIC测定试验和时间杀灭试验；③在微生物杀灭试验的预实验的基础上，采用悬液定量法进行了消毒剂微生物杀灭试验；④对研制的茶树精油兽用消毒剂进行了刺激性试验；⑤发表科技论文1篇；授权发明专利1件；培养硕士研究生1名。

奶牛疾病创新工程

课题类别：中国农业科学院科技创新工程

项目编号：CAAS-ASTIP-2014-LIHPS　　　　　　**起止年限：**2018.1—2018.12

资助经费：118.00 万元

主持人及职称：杨志强 研究员

参加人：严作廷 李宏胜 罗金印 王东升 董书伟 张世栋 王胜义 李新圃 杨 峰
　　　　王 慧 崔东安 武小虎

计划执行情况：重点开展了以下工作：①奶牛疾病调查。②奶牛子宫内膜炎发病机制的研究。③开展了奶牛子宫内膜炎主要病原菌可视化诊断芯片研究。④奶牛乳房炎主要病原菌快速检测技术研究。⑤奶牛乳房炎大肠杆菌耐药性研究。⑥犊牛腹泻中兽医证候本质的代谢组学研究。⑦牛羊主要养殖区微量元素调查与富硒产品研制。⑧奶牛主要疾病高效防治药物及疫苗的研究。⑨本年度发表科技论文 23 篇，其中 SCI 收录 5 篇；出版著作 3 部；授权国家发明专利 5 件，实用新型专利 2 件。

牦牛资源与育种创新工程

课题类别：中国农业科学院科技创新工程

项目编号：CAAS-ASTIP-2014-LIHPS　　　　　　　　起止年限：2018.1—2018.12

资助经费：268.28 万元

主持人及职称：阎萍 研究员

参加人：高雅琴 梁春年 郭 宪 丁学智 包鹏甲 王宏博 裴 杰 褚 敏 吴晓云
　　　　熊 琳 杨晓玲 席 斌 李维红 郭天芬 杜天庆

计划执行情况：重点开展了以下工作：①无角牦牛群体扩繁。②比较蛋白组学揭示牦牛角部发育差异基因。③牦牛全基因组拷贝数变异图谱的构建。④无角牦牛基因多态性及其与生长性状的关联分析。⑤长毛型白牦牛群体选育。⑥长毛型白牦牛皮肤转录组测序。⑦牦牛骨骼肌发育相关 miRNA 的筛选。⑧牦牛 miR-381 的靶基因预测及生物信息学分析。⑨牦牛脂肪细胞分化过程中环状 RNA 的鉴定与筛选。⑩牦牛瘤胃液及血清非靶向代谢组学的研究。⑪畜产品质量安全风险评估研究。⑫发表学术论文 27 篇，其中 SCI 论文 6 篇，出版著作 2 部，授权专利 77 项，创收 97.0 万元，培养博士研究生 1 名、硕士研究生 2 名；获得甘肃省科技进步奖二等奖 1 项。派出 6 人次进行短期学术交流。

兽用化学药物创新工程

课题类别：中国农业科学院科技创新工程

项目编号：CAAS-ASTIP-2014-LIHPS　　　　　　　　起止年限：2018.1—2018.12

资助经费：131.00 万元

主持人及职称：李剑勇 研究员

参加人：杨亚军 刘希望 李世宏 秦 哲 孔晓军 焦增华

计划执行情况：主要开展了阿司匹林丁香酚酯（AEE）抗细胞氧化损伤分子机制探究、EPR 抗寄生虫原位凝胶注射剂的研制、AEE 原料药及制剂的制备工艺、质量标准研究、双氯芬酸钠注射剂的研究、复方中兽药口服液"银翘蓝芩"的研究、分子印迹聚合物-LC/MS-MS 技术筛选中药有效成分的高通量筛选平台构建和兽药活性分子的设计、合成、结构鉴定及体外筛选 7 个方面工作。

兽用天然药物创新工程

课题类别：中国农业科学院科技创新工程

项目编号：CAAS-ASTIP-2014-LIHPS　　　　　　　　起止年限：2018.1—2018.12

资助经费：155.00 万元

主持人及职称：梁剑平 研究员

参加人：蒲万霞 尚若锋 王学红 王 玲 刘 宇 郭文柱 郭志廷 郝宝成 杨 珍

计划执行情况：本年度主要开展了以下工作：①羟啶妙林实验室小试工艺的优化与中试放大研究，并建立了建立中试生产线 1 条。②完成了羟啶妙林的药效学研究。③完成了羟啶妙林的临床前药代动力学研究。④开展茶树精油兽用消毒剂的影响因素试验。⑤开展茶树精油兽用消毒剂的刺激性试验。⑥开展茶树精油兽用消毒剂的皮肤变态反应试验。⑦开展常山口服液质量标准及系统适用性研究。⑧开展藏药筛选组方对牛羊创伤、脓创、传染性结膜炎角膜炎 3 个普通疾病的藏药的实验室小试制备工艺、药理药效、毒理学试验研究。⑨发表科技论文 15 篇，其中 SCI 收录 4 篇；授权发明专利 4 件、实用新型专利 7 件，外观设计专利 3 件。

兽药创新与安全评价创新工程

课题类别：中国农业科学院科技创新工程

项目编号：CAAS-ASTIP-2015-LIHPS　　　　　　　　**起止年限：**2018.1—2018.12

资助经费：203.00 万元

主持人及职称：张继瑜 研究员

参加人：潘 虎 周绪正 程富胜 牛建荣 魏小娟 李 冰 尚小飞 苗小楼 王玮玮

计划执行情况：主要开展了以下工作：①新型抗菌药物 MLP（咔哒唑啉及咔哒诺啉）的开发。②建立了测定各组织和排泄物中 OBP-1 含量的 LC-MS/MS 分析方法。③广谱抗吸虫、蛔虫、绦虫药物"五氯柳胺"的研制。④开展了 3 种兽药新制剂的研制。⑤防治仔猪腹泻纯中药"止泻散"已取得新兽药临床批件，临床试验已经完成，正在组织编写新药申报资料。⑥抗球虫中药的筛选及有效物质基础研究。⑦农业纳米材料关键制备技术与新产品创制。

中兽医与临床创新工程

项目编号：CAAS-ASTIP-2015-LIHPS　　　　　　　　**起止年限：**2018.1—2018.12

资助经费：157.00 万元

主持人及职称：李建喜 研究员

参加人：罗超应 罗永江 王学智 李锦宇 王旭荣 王贵波 张景艳 辛蕊华 王 磊
　　　　张 凯 张 康 仇正英

计划执行情况：主要开展了以下工作：①开展中兽医药免疫调节研究。②开展中兽药药理学作用机制研究。③开展中药效应物质体外识别体系研究。④开展兽医针灸作用物质基础研究。⑤开展中兽医药资源收集与整理。⑥开展中兽药临床开发与应用研究。

细毛羊资源与育种创新工程

课题类别：中国农业科学院科技创新工程

项目编号：CAAS-ASTIP-2015-LIHPS　　　　　　　　**起止年限：**2018.1—2018.12

资助经费：390.00 万元

主持人及职称：杨博辉 研究员

参加人：郭 健 孙晓萍 牛春娥 刘建斌 岳耀敬 郭婷婷 袁 超 冯瑞林

计划执行情况：主要开展了高山美利奴羊选育提高及新品系培育、细毛羊重要性状分子遗传机制与分子育种技术研究、羊绿色提质增效技术集成创新和高山美利奴羊营养代谢及营养需要研究等工作。发表科技论文 13 篇，其中 SCI 收录 3 篇。

寒生、旱生灌草新品种选育创新团队

课题类别：中国农业科学院科技创新工程

项目编号：CAAS-ASTIP-2015-LIHPS　　　　　　　　　**起止年限**：2018.1—2018.12

资助经费：142.00 万元

主持人及职称：田福平　副研究员

参加人：李锦华　王晓力　路　远　杨红善　张　茜　王春梅　张怀山　朱新强　胡　宇
　　　　　周学辉　贺泂杰　段慧荣　崔光欣

计划执行情况：主要开展了以下工作：①沙拐枣遗传变异研究及抗旱基因的发掘。②基于 SSR 和 cpDNA 分子标记的蒙古韭居群进化历史研究。③野大麦耐盐机理研究。④紫花苜蓿抗逆性研究。⑤黄花补血草的抗性适应机制。⑥盐角草的耐盐适应机制研究。⑦盐胁迫下苦苣菜生理指标及转录组分析。⑧黄土高原苜蓿碳储量年际变化及固碳机制的研究。⑨寒生、旱生优质灌草资源发掘与种质创新研究。⑩抗旱耐寒灌草新品种（系）选育。⑪完成 2 个国家牧草品种的申报，培育 4 个牧草新品系（其中 1 个为野生牧草驯化）；形成与育种有关的关键技术 2 项；获国家审定品种证书 2 个；获甘肃省发明奖二等奖 1 项；出版著作 3 部，发表科技论文 2 篇。

家畜寄生虫病药物防控技术研究与应用

课题类别：中央级公益性科研院所基本科研业务费院级统筹项目

项目编号：Y2017CG20　　　　　　　　　　　　　　　**起止年限**：2017.1—2018.12

资助经费：60.00 万元

主持人及职称：张继瑜　研究员

参加人：周绪正　李　冰　程富胜　魏小娟　王玮玮

计划执行情况：主要开展了以下工作：①完成了五氯柳胺原料药的合成以及其混悬液制剂的制备。②五氯柳胺混悬液生产过程中产生的废水及其他废液完全作到净化处理。③蒿甲醚注射制备方法优化实验研究表明，蒿甲醚注射实验室液制备工艺完全符合要求，在接下来的工作中将进行中试生产试验并进一步完善。④五氯柳胺口服混悬剂药代动力学试验。⑤结合临床应用实际，对塞拉菌素滴剂的包装规格进行完善和改进。⑥建立动物包虫病综合防控技术规范 1 个，并在牧区广泛推广应用；在屠宰场、养殖基地调查牛羊包虫病及家牧犬绦虫病的感染情况，举办培训班 3 次，培训农牧民 450 人次，投放驱虫药物 10 000 头次，制作发放包虫病防治宣传画及综合防治手册（汉语、藏语）。

寒生旱生灌草资源引种驯化及新品种示范

课题类别：中央级公益性科研院所基本科研业务费院级统筹项目

项目编号：Y2018PT77　　　　　　　　　　　　　　　**起止年限**：2018.1—2020.12

资助经费：30.00 万元

主持人及职称：田福平　副研究员

参加人：胡　宇　路　远　贺泂杰　崔光欣　段慧荣　贾鹏燕

计划执行情况：主要开展了以下工作：①寒生旱生优异灌草资源的引种驯化、评价及筛选。②饲草育种区域试验点的建立及新品系选育。③优质牧草新品种示范。④寒生旱生优质灌草资源的收集整理与种质创新。⑤对新疆昌吉地区灌草种质资源进行搜集和分析研究，完成大部分昌吉地区草牧业生产的野外调研。⑥发表 SCI 论文 1 篇，授权实用新型专利 4 件，撰写专著 1 部；建立 10 亩的优质牧草新品种品比、区试及示范地。

甘肃兰州大洼山野外科学观测研究站预研储备项目

课题类别： 中央级公益性科研院所基本科研业务费院级统筹项目

项目编号： Y2017CG20　　　　　　　　　　　　**起止年限：** 2018.1—2018.12

资助经费： 10.00万元

主持人及职称： 王学智　研究员

参加人： 董鹏程　曾玉峰　周　磊　杨　晓　刘丽娟　李润林

计划执行情况：主要开展了以下工作：①项目以中国农业科学院的农业科研试验基地为例，从"十二五"基地的数量、面积、类型和对农业科研事业发展方面分析了试验基地的支撑作用。②分析大洼山试验基地内部条件。③利用试验基地现有的条件，保障入驻试验基地的科研团队顺利完成工作。④形成试验站申报材料并申报甘肃省野外科学观测研究站项目1项，授权软件著作权2件。

特色畜禽肉中脂肪酸快速检测技术及营养品质评价

课题类别： 中央级公益性科研院所基本科研业务费院级统筹项目

项目编号： Y2018PT32　　　　　　　　　　　　**起止年限：** 2018.1—2018.12

资助经费： 20.00万元

主持人及职称： 高雅琴　研究员

参加人： 席　斌　李维红　杨晓玲

计划执行情况：主要开展了以下工作：项目采集甘肃甘南牦牛肉20份、青海大通牦牛肉20份、青海八眉猪猪肉20份、鸡肉20份。经过实验比对，对《食品安全国家标准　食品中脂肪酸的测定》（GB/T5009.168—1016）方法前处理进行了优化改进。对《食品安全国家标准　食品中脂肪酸的测定》（GB/T5009.168—1016）提出了修改建议。发表科技论文3篇，发表科普文章2篇，授权实用新型专利3件，出版著作1部，培养青年骨干1名，培养检测技术员1名。

兰州畜牧与兽药研究所综合试验基地仪器设施共享服务研究

课题类别： 中央级公益性科研院所基本科研业务费院级统筹项目

项目编号： Y2018PT44　　　　　　　　　　　　**起止年限：** 2018.1—2018.12

资助经费： 30.00万元

主持人及职称： 董鹏程　研究员

参加人： 李润林　王　瑜　毛锦超　樊　堃　李志宏

计划执行情况：主要开展了以下工作：①SPF级实验动物房满足研究所5个创新团队使用。②兽药中试满足8种相关新兽药的研发生产。③实验动物粪便垫料废弃物无害化处理系统满足甘肃省内实验动物粪便垫料废弃物无害化要求。④充分发挥张掖试验基地大动物试验场的优势，实现多批次，各种牛羊动物使用，最大规模可达到牛160头，羊240只的试验规模。⑤发表科技论文1篇，获得软件著作权2项，实用新型专利5件，培训试验操作人员8名，初步形成平台运行服务团队。

穴位埋植剂防治奶牛卵巢囊肿的研究

课题类别： 中央级公益性科研院所基本科研业务费所级统筹项目

项目编号： 1610322016003　　　　　　　　　　**起止年限：** 2016.1—2018.12

资助经费： 30.00万元

主持人及职称： 仇正英　助理研究员

参加人：王贵波　辛蕊华　罗超应　李锦宇　张　康　李建喜　郑继方

计划执行情况：主要开展了以下工作：①搜集针灸治疗卵巢囊肿（不孕症）选用穴位资料。②设计奶牛后海穴单穴位环形电极，开展单穴位电针对奶牛卵巢调节机制的研究，以确定后海穴穴位效应。③牛场 37 头不孕症奶牛的采样调查。④建立了大鼠卵巢囊肿动物模型。⑤初步设计制作了不同剂量浓度的丹参酮ⅡA、川芎嗪与盐酸益母草碱的凝胶缓释药丸，用于大鼠后海穴的穴位埋植实验；⑥申请发明专利 2 件。

航苜 2 号紫花苜蓿新品种选育

课题类别：中央级公益性科研院所基本科研业务费所级统筹项目

项目编号：1610322016008　　　　　　　　　　**起止年限**：2016. 1—2018. 12

资助经费：20. 00 万元

主持人及职称：杨红善 助理研究员

参加人：周学辉　段慧荣

计划执行情况：主要开展了以下工作：①中天 1 号紫花苜蓿国家品种的审定及推广。②中天 2 号新品系选育研究。③"牧草航天育种资源圃"标准化管理研究。④中天 3 号杂花苜蓿选育研究。⑤授权实用新型专利 7 项；授权软件著作权 3 件；育成国家牧草品种 1 个。

治疗犬慢性心力衰竭新型中兽药创制及应用

课题类别：中央级公益性科研院所基本科研业务费所级统筹项目

项目编号：1610322016013　　　　　　　　　　**起止年限**：2016. 1—2018. 12

资助经费：20. 00 万元

主持人及职称：张凯 助理研究员

参加人：张景艳　王旭荣　王　磊　张　康　李建喜

计划执行情况：主要开展了 H9C2（2-1）大鼠心肌细胞慢性心力衰竭模型筛选药物、5 种中药活性成分对心肌细胞 JAK2、STAT3、gp130 的影响、5 种中药活性成分对心肌细胞 JAK2-STAT3 信号通路正向负向调控因子的影响、5 种中药活性成分对心肌细胞凋亡的影响、5 种中药活性成分对心肌细胞其他信号通路的影响和 5 种中药活性成分对心肌营养代谢的影响等研究。投稿 SCI 论文 1 篇，投稿中文核心期刊 2 篇，申请专利 1 件。

白牦牛长毛性状功能基因挖掘及分子机理研究

课题类别：中央级公益性科研院所基本科研业务费所级统筹项目

项目编号：1610322017003　　　　　　　　　　**起止年限**：2017. 1—2018. 12

资助经费：20. 00 万元

主持人及职称：包鹏甲 助理研究员

参加人：梁春年　裴　杰　吴晓云　李明娜　高泽成

计划执行情况：项目通过对天祝白牦牛周年毛绒生长规律观察，活体采集体侧皮肤 400 余份，颈静脉血样 240 份，对皮肤样品进行了组织切片观察和转录组基因测序，血液样品进行了血清激素水平测定。发表科技论文 2 篇。

牦牛共轭亚油酸沉积规律及其瘤胃微生物调控机理研究

课题类别：中央级公益性科研院所基本科研业务费所级统筹项目

项目编号：1610322017005　　　　　　　　　　**起止年限**：2017. 1—2018. 12

资助经费：20.00 万元

主持人及职称：王宏博 副研究员

参加人：阎 萍 梁春年 王宏博 褚 敏 包鹏甲 凌笑笑

计划执行情况：主要进行了以下工作：①牦牛瘤胃液及血清非靶向代谢组学的研究。②生物信息学分析表明，季节对牦牛脂肪酸的代谢影响较大，说明不同季节牧草的营养价值对牦牛的代谢影响较大。③为了提高牦牛犊牛早期断奶（2.5～3.5 月龄）成活率及其生长发育，项目初步采用代乳粉进行 60 天补饲试验，检测代乳粉对牦牛犊牛血清生化指标的影响。发表科技论文 1 篇。

细毛羊联合育种网络平台开发与应用

课题类别：中央级公益性科研院所基本科研业务费所级统筹项目

项目编号：1610322017007   **起止年限：**2017.1—2018.12

资助经费：20.00 万元

主持人及职称：袁超 助理研究员

参加人：杨博辉 岳耀敬 郭婷婷 张剑博 陈来运

计划执行情况：主要开展了以下工作：①细毛羊联合育种网络平台开发。②利用 ASReml 软件采用单性状动物模型和平均信息最大似然法分析各性状方差组分。③构建高山美利奴羊的 BLUP 混合线性模型和综合育种值方程，对高山美利奴羊重要经济性状育种值及综合育种值进行估计。④对高山美利奴羊 7 个家系 117 个样本进行全基因组测序，通过分析高山美利奴羊群体的遗传多态性，研究基因组内基因和表型性状之间的关系，进行数量性状位点（QTL）定位。⑤筛选出细毛羊肌肉发育过程中起重要生物学作用的新型调节因子差异基因和差异表达 miRNA。⑥发表 SCI 文章 2 篇；培养研究生 2 名。

N-乙酰半胱氨酸介导的牛源金黄色葡萄球菌青霉素敏感性的调节机制

课题类别：中央级公益性科研院所基本科研业务费所级统筹项目

项目编号：1610322017013   **起止年限：**2017.1—2018.12

资助经费：20.00 万元

主持人及职称：杨峰 助理研究员

参加人：王旭荣 李宏胜 张世栋 罗金印 李新圃

计划执行情况：项目通过纸片扩散法从本课题组常年来保存的菌种中筛选了耐甲氧西林金黄色葡萄球菌 20 株，采用 Etest 试条法测定了 NAC 干预下 β-内酰胺酶类抗生素对菌株最低抑菌浓度的影响，同时采用酶标法检测了 NAC 对耐甲氧西林金黄色葡萄球菌生物被膜形成的影响，以及通过流式细胞仪检测了 NAC 对耐甲氧西林金黄色葡萄球菌细胞膜的影响。发表 SCI 文章 2 篇。

抗球虫中药的筛选及有效物质基础研究

课题类别：中央级公益性科研院所基本科研业务费所级统筹项目

项目编号：1610322017015   **起止年限：**2017.1—2018.12

资助经费：20.00 万元

主持人及职称：苗小楼 副研究员

参加人：尚小飞 潘 虎 程富胜 李 冰

计划执行情况：主要开展了以下工作：①采集购买中药材陵水暗罗、巴豆，经甘肃中医药大学魏舒畅教授鉴定为番荔枝科暗罗属陵水暗罗的根、大戟科巴豆属植物巴豆树的干燥成熟果实。②提取了松萝的脂溶性成分和水溶性成分，进行了松萝活性部位和 6 个化合物的抗球虫试验，采用磺胺氯吡嗪钠作为对照。

非甾体抗炎药物 AEE 的片剂创制及评价

课题类别：中央级公益性科研院所基本科研业务费所级统筹项目

项目编号：1610322017016 　　　　　　　　　　　　**起止年限**：2017.1—2018.12

资助经费：20.00 万元

主持人及职称：焦增华 助理研究员

参加人：秦　哲　杨亚军　李剑勇　焦钰婷

计划执行情况：主要开展了以下工作：①对 AEE 进行了溶解度、熔点、重金属、氯化物、硫酸盐、有关物质、干燥失重、炽灼残渣以及含量测定考察。②对 AEE 进行了酸碱破坏实验。③将已筛选好 AEE 片剂的处方通过正交试验进行处方优化，选定了最终处方，与具有生产资质的四川鼎尖动物药业有限公司合作，进行了中试扩大再生产。④对中试生产的三批产品进行了外观、片重差异、脆碎度、硬度、溶出度、有关物质及含量测定考察，对含量测定进行了方法学研究。

茶树油化学成分及微生物杀灭研究

课题类别：中央级公益性科研院所基本科研业务费所级统筹项目

项目编号：1610322017017 　　　　　　　　　　　　**起止年限**：2017.1—2018.12

资助经费：20.00 万元

主持人及职称：刘　宇 助理研究员

参加人：郝宝成　尚若锋　王学红　秦文文　牛　彪

计划执行情况：主要开展了以下工作：①对茶树精油兽用消毒剂进行了微生物杀灭活性研究。②通过悬液定量杀灭法来研究温度、pH 值和有机物对茶树精油兽用消毒剂消毒效果影响试验。③对研制的茶树精油兽用消毒剂进行了刺激性试验。④对豚鼠进行皮肤变态反应试验，将豚鼠随机分为试验组、阴性对照组和阳性对照组，研究茶树精油兽用消毒剂对豚鼠产生皮肤变态反应的可能性及其强度。⑤发表科技论文 2 篇。

抗球虫中兽药常山口服液的研制

课题类别：中央级公益性科研院所基本科研业务费所级统筹项目

项目编号：1610322017018 　　　　　　　　　　　　**起止年限**：2017.1—2018.12

资助经费：20.00 万元

主持人及职称：郭志廷 助理研究员

参加人：杨　珍　郭文柱　王　玲　张艳艳　郭爱民

计划执行情况：本年度完成了常山口服液的人工感染药效学试验和质量标准的研究工作。主要包括：①抗球虫效果。②系统适用性试验，为制定常山口服液的国家质量标准和指导临床科学用药，进行了高效液相色谱法测定常山碱含量的系统适用性研究。③质量标准制定。④发表科技论文 2 篇，授权发明专利 1 件。

旱生牧草种质资源收集、评价、保护及开发利用研究

课题类别：中央级公益性科研院所基本科研业务费所级统筹项目

项目编号：1610322017022 　　　　　　　　　　　　**起止年限**：2017.1—2018.12

资助经费：20 万元

主持人及职称：胡宇 助理研究员

参加人：田福平　路　远　贺洞杰　崔光欣　时永杰

计划执行情况：主要完成了以下工作：①地方旱生牧草资源的搜集。②珍稀濒危旱生牧草资源的收集。③旱生牧草资源引种驯化研究。④建立黄土高原区旱生牧草资源基地，在大洼山综合试验站建立黄土高原区旱生牧草繁育保护基地 1 000 m²，主要对黄土高原地区优质的旱生牧草资源进行异地引种驯化和保护。⑤建立高寒区旱生牧草资源保护基地。⑥发表科技论文 1 篇，授权实用新型专利 6 项，获得兰州市人才创新创业项目 1 项［苦苣菜引种驯化及新品种选育（2017-RC-55），经费 30 万元］。

分子印迹聚合物在药物筛选应用中的关键作用机理研究
课题类别：中央级公益性科研院所基本科研业务费所级统筹项目
项目编号：1610322018001　　　　　　　　**起止年限：**2018. 1—2018. 12
资助经费：20 万元
主持人及职称：杨亚军 副研究员
参加人：刘希望　李剑勇
计划执行情况：主要完成了以下工作：在球形多孔硅胶表面制备了奥司他韦分子印迹聚合物（OSMIP@硅胶），采用扫描电镜、N2 吸附等手段对其进行了表征；开展了吸附动力学和静态吸附试验；体外条件下，考察了不同化合物对神经氨酸酶（NA）的抑制活性。发表 SCI 论文 1 篇，参加国内学术会议 1 次。

广谱抗菌药物的合成与筛选
课题类别：中央级公益性科研院所基本科研业务费所级统筹项目
项目编号：1610322018002　　　　　　　　**起止年限：**2018. 1—2018. 12
资助经费：20 万元
主持人及职称：李冰 副研究员
参加人：周绪正　魏小娟　程富胜　王玮玮　刘利利
计划执行情况：针对新型抗菌药物 MLP 的开发主要完成了以下工作：①进行了 OBP-1 和 OBP-2 小鼠口服急性毒性实验，完成了 OBP-1 在大鼠体内的组织分布研究。②建立了测定各组织和排泄物中 OBP-1 含量的 LC-MS/MS 分析方法。③发表科技论文 2 篇。

产后奶牛子宫微生态及其与子宫复旧关系研究
课题类别：中央级公益性科研院所基本科研业务费所级统筹项目
项目编号：1610322018003　　　　　　　　**起止年限：**2018. 1—2018. 12
资助经费：20 万元
主持人及职称：武小虎 助理研究员
参加人：严作廷　王东升　张世栋　董书伟　宋鹏杰　桑梦琪
计划执行情况：主要完成了以下工作：①奶牛子宫内膜炎病原菌的分离和鉴定。②16S 宏基因组分析。③耐药性检测。④益生性乳酸菌的筛选。

三、结题科研项目

发酵黄芪多糖基于树突状细胞 TLR 信号通路的肠黏膜免疫增强作用机制研究
课题类别：国家自然科学基金面上项目
项目编号：31472233　　　　　　　　　　　**起止年限：**2015. 1—2018. 12

资助经费：85.00 万元

主持人及职称：李建喜 研究员

参加人：王学智 杨志强 张景艳 王 磊 王旭荣 张 凯 张 康 秦 哲 孟嘉仁

摘要：肠黏膜免疫是机体抗病首道防线，起专职抗原递呈的树突状细胞（DCs）在其中发挥着重要作用。针对发酵黄芪多糖得率低和提取时间长等问题，通过对超声提取的温度、提取时间、料液比和提取功率 4 个因素响应面分析，发现在保证多糖提取率不减少的前提下，利用超声波提取法能够使得发酵黄芪多糖提取更为省时高效。细菌发酵会破坏黄芪细胞壁结构，降解纤维素增加多糖，还可通过相关酶作用将小分子转化为多糖，最终致发酵产物中粗多糖含量比生药黄芪有明显升高。理化特性分析结果提示，发酵黄芪多糖的单糖组成发生了一定变化，含结合蛋白而无游离蛋白，分子量分布趋向降低，红外光谱检测多糖特征峰明显，不含三股螺旋结构，抗氧化活性比发酵前更好，多糖的变化与糖代谢通路有关。发酵的黄芪中提取的多糖比未发酵和菌种中提取的多糖能更大程度地促进小鼠 BMDCs 成熟，发酵黄芪多糖刺激小鼠 BMDC 增殖的最佳剂量和时间分别为 100μg/mL 和 24h，抗原呈递和促进 T 细胞活化的阳性结果明显。发酵黄芪多糖也能促进小鼠骨髓源 CD11c DC 和 CD103$^+$DC 的成熟及其促进 T 细胞增殖，可能是通过 TLR2 和 TLR4 信号通路促进 DC 成熟，下游相关信号通路为 NF-κB、JNK 和 P38。发酵黄芪多糖对环磷酰胺诱导的小鼠肠黏膜免疫抑制具有改善作用，可能与调节 SIgA 的分泌、上调小鼠肠上皮细胞黏附蛋白 E-cadherin、紧密连接蛋白 Claudin-2 和 Claudin-7、ZO 家族和 Cingulin 的表达相关，表明黄芪多糖调节肠黏膜免疫损伤与修复肠上皮紧密连接有关。发表论文 9 篇，正在审稿的 SCI 论文 3 篇；申报发明专利 5 件，授权发明专利 4 件。

基于 LC/MS、NMR 分析方法的犊牛腹泻中兽医证候本质的代谢组学研究

课题类别：国家自然科学基金资助项目

项目编号：31502113 　　　　　　　　　　　　　　　**起止年限**：2016.1—2018.12

资助经费：20.00 万元

主持人及职称：王胜义 副研究员

参加人：崔东安 王 慧 李胜坤 黄美洲

摘要：本项目利用代谢组学的理论及方法和系统生物学观点，为中兽医证候本质的认识进行方法探索。项目组对犊牛腹泻感染的病原学进行了研究，结果发现西北奶业主产区内的犊牛腹泻病原主要是细菌性病原；而在东北和华北奶业主产区则分别是轮状病毒和寄生虫，其中寄生虫病原主要包括隐孢子球虫和肠兰伯氏鞭毛虫。建立了湿热型犊牛腹泻诊断标准和虚寒型犊牛腹泻诊断标准，并利用基于 HILIC UHPLC-Q-TOF MS 技术的非靶向代谢组学方法分别对湿热型犊牛腹泻和虚寒型犊牛腹泻样本进行了代谢轮廓变化分析。共检测到虚寒型犊牛腹泻和湿热型犊牛腹泻差异代谢物 26 个，共涉及 16 个代谢通路，尤其对蛋白质消化和吸收（Protein digestion and absorption），肿瘤中的中心碳代谢（Central carbon metabolism in cancer），ABC 转运体（ABC transporters），氨酰 tRNA 的生物合成（Aminoacyl-tRNA biosynthesis）和矿物质吸收（Mineral absorption）代谢通路影响较大。发表科技论文 4 篇，获得兰州市科技进步奖一等奖 1 项，甘肃省农牧渔业丰收奖一等奖 1 项，培养研究生 1 名。

优质安全畜产品质量保障及品牌创新模式研究与应用

课题类别：国家科技支撑计划课题

项目编号：2015BAD29B02 　　　　　　　　　　　　**起止年限**：2016.1—2018.12

资助经费：50.00 万元

主持人及职称：牛春娥 副研究员

参加人：郭 健 孙晓萍 杨博辉 郭婷婷 袁 超 冯瑞林

摘要：针对新丝路经济带民族特色畜产品，结合少数民族文化特点、少数民族地区的生态、优质安全畜产品资源以及畜产品产业链特点等，通过现场调研、测试等手段，对新丝路经济带民族地区牛羊肉质量安全风险因子进行了排查分析，比对研究国内外牛、羊肉质量安全限量指标，对羊肉中重金属检测方法进行研究及条件优化，建立了"畜禽肉中汞的测定原子荧光法""畜禽肉中砷的测定原子荧光法""畜禽肉中铅的测定原子荧光法""畜禽肉中镉的测定原子荧光法""畜禽肉中铬的测定原子荧光法"标准草案 5 项；采集不同地区不同养殖方式的牛、羊肉样品进行了品质风味及安全风险因子检测，结果检测区域牛羊肉汞、砷、铅、镉和铬等重金属含量远远低于国家标准，牛羊肉国家标准限量的农、兽药残留及致病性微生物均未检出，该区域牛羊肉安全风险低。基于市场上使用其他肉（鸭肉、猪肉等）及普通牛肉假冒牦牛肉的现象，研究建立了基于 RFLP 和 HRM 技术的牦牛肉掺假快速鉴别方法，并采集典型样本验证，鉴别效果良好。通过项目实施，建立羊肉检测定标准 5 项，鉴别方法 2 项；建立羊屠宰加工安全控制保障体系 1 套；发表科技论文 5 篇，申报发明专利 2 件，授权实用新型专利 4 件，出版著作 3 部；培训技术人员 300 人次；指导企业完成 HACCP 认证 1 次，复审 1 次。

传统中兽医药资源抢救和整理

课题性质：科技基础性工作专项

项目编号：2013FY110600   **起止年限**：2013.6—2018.5

资助经费：1034.00 万元

主持人及职称：杨志强 研究员

参加人：张继瑜 郑继方 王学智 李建喜 罗超应

摘要：本年度针对我国的江苏、湖南、河南、陕西及重庆等主要省份开展了中兽医药资源的搜集与整理，并形成了各省区的中兽医药资源现状调查报告。对已经完成的传统中兽医药古籍、著作、传统方剂等进行扫描，形成《世济牛马经》《新刊图像黄牛经全书》《猪经大全》《牛医金鉴》《痊骥通玄论注释》《相牛心镜要览今释》《新编集成马医方牛医方校释》《养耕集校注》等 10 部电子文集；对收集的中兽医药模型、标本、器械、器具的信息采集和实物进行了数字化处理，初步形成了图片文集 1 套；制作传统中兽医针灸技术、诊治技术、中药加工炮制技术等影像各 1 套；完成 1 部《古籍注解》、4 部《中兽医药技术资源》汇编和 1 部图文集的汇编；完成了炼丹术、中药炮制法、针灸术、阉割术、修蹄术等内容的影像材料 5 套；进一步完善传统中兽医药资源共享平台的电子信息化平台的构建。

传统中兽医药标本展示平台建设及特色中兽医药资源抢救与整理

课题性质：科技基础性工作专项子课题

项目编号：2013FY110600-01   **起止年限**：2013.6—2018.5

资助经费：334.00 万元

主持人及职称：杨志强 研究员

参加人：张 康 王 磊 王旭荣 张景艳 孟嘉仁 李建喜 张 凯 孔晓军

摘要：本年度主要开展了以下工作：对甘肃、内蒙古、西藏通过文献查阅、野外调查、人物访谈、博物（陈列）馆调研，完成两省区中兽药资源、器械现存量调查报告 1 份；在甘肃调研中药陈列馆和中药生产基地；收集到标本 50 份；在西藏、甘肃等地走访民间老中兽医、兽医局（站），收集中兽医民间经方、验方 65 个，采集到器械信息 66 条，收集相关书籍专著 100 部；通过对甘肃、西藏等地各地教学、科研和动物医院等部门，了解中兽医针灸技术在动物疾病防治中的应用情况，获得其技术传播所需的条件；继续将收集的古籍著作等文献资料、兽医针灸手法与特色诊疗技术、兽用中药标本、针灸模型和针具数字化，进一步完善中兽医药资源共享数据网络平台。

东北区传统中兽医药资源抢救和整理

课题性质： 科技基础性工作专项子课题

项目编号： 2013FY110600-04　　　　　　　　　　　**起止年限：** 2013.6—2018.5

资助经费： 100.00 万元

主持人及职称： 张继瑜 研究员

参加人： 周绪正　李　冰　吴培星　牛建荣　魏小娟

摘要： 本年度主要开展了以下工作：①收集经方、验方 350 余个。对于经方，主要从经验处方名称、所属类别、方剂组成、主治功效、处方用量、方剂来源、处方歌诀、临床用法、方剂释解、配伍原则、注意事项、病症分析、文献摘要、临床应用、现代研究等方面进行了归纳整理；对于民间验方，主要从方剂名称、方剂组成、方剂献方人及其地址、方剂的主治功效等方面进行了归纳总结。②收集 40 余种中药生长期、成品药材以及相关中药信息。主要从药材的采集地点、鉴定单位及鉴定人、产地地理状况、药物性味、主治功效、采集时间、采集人姓名、药物用量、入药部位、炮制方法、配伍药解、用法禁忌、组方局里、临床应用、现代药理学研究等方面进行了材料收集与整理归纳。③出版著作 1 部；授权实用新型专利 1 件，发表科技论文 1 篇。

华中区传统中兽医药资源抢救和整理

课题性质： 科技基础性工作专项子课题

项目编号： 2013FY110600-05　　　　　　　　　　　**起止年限：** 2013.6—2018.5

资助经费： 100.00 万元

主持人及职称： 郑继方 研究员

参加人： 王贵波　罗永江　辛蕊华　李锦宇　谢家声

摘要： 本年度主要去了传统中兽医药资源相对丰厚的河南新密、江西庐山、湖南湘西等地进行了实地调研。从兽医管理机构、民间兽医生活状况、管理政策、乡镇兽医人员培训情况、中兽医古方秘方验方的收集整理、中草药的加工、中兽医针灸的应用、中兽医科技成果和中草药资源等情况进行了实地考察。①河南新密市的凤凰山，发现珍稀中草药野生元胡，连片野生元胡面积达到 2000 亩，成为目前国内面积最大的野生基地。②庐山众多的野生和栽培植物中共有药用植物 242 科 803 属 1859 种，应加大科研力度对野生药用植物有计划地进行人工引种、驯化及实施 GAP 栽培，保证市场需求，达到可持续发展的目的。③通过对湘西兽医中草药的实地考察，兽用中草药达 1052 种，为 196 科，资源非常丰富，是一个取之不尽、用之不竭的天然宝库。兽医中草药的应用虽然普遍，但目前仍是"一大捆、一大盆"，用药全凭经验，辨证论治水平不高，科技含量很低。应加强科研，注重教学、培养人才，才能与我国的畜牧业科技发展相适应。

华南区传统中兽医药资源抢救和整理

课题性质： 科技基础性工作专项子课题

项目编号： 2013FY110600-06　　　　　　　　　　　**起止年限：** 2013.6—2018.5

资助经费： 100.00 万元

主持人及职称： 王学智 研究员

参加人： 王　磊　孟嘉仁　张景艳　王旭荣　张　凯　尚小飞　秦　哲

摘要：本年度主要开展了以下工作：①中兽医药书籍的搜集整理。搜集中兽医药书籍 7 本，如《简明实用中兽医手册》《兽医本草应用指南》《海南常见兽医中草药方剂选》《中国热带饲用植物资源》《海南饲用植物志》《动物疾病防治 200 例》《广西壮族自治区水产畜牧兽医事业发展 50 年》等。完成 7 本中兽医古籍的全部电子化；完成 136 本中兽医现代书籍的电子化；整理书籍登录信息 139 份，统计中兽医书籍信息 506 条。②整理中兽医文献信息 140 条。③整理中兽医专家电子化信息 12 份。④完成 50 份中草药标本的电子化信息整理。⑤正在修订《中药材产地加工》和《武夷山兽医常用中草药》等著作。

华北区传统中兽医药资源抢救和整理

课题性质：科技基础性工作专项子课题

项目编号：2013FY110600-07　　　　　　　　　　起止年限：2013.6—2018.5

资助经费：100.00 万元

主持人及职称：李建喜　研究员

参加人：王旭荣　张景艳　张　凯　秦　哲　孟嘉仁

摘要：本年度主要开展了以下工作：收集撰写华北地区 20 世纪中兽医发展情况，对华北地区现有中草药栽培情况进行了资料收集。收集验方 100 个，搜集《晶珠本草》《中兽医验方妙用》《实用中兽医学》《中兽医临证心语》《中兽医方剂精华》5 部书稿，搜集标本 15 份，对马吉飞、张建国等名人进行了采风，获得软件著作权 3 个，分别为"马穴位查询系统 V1.0""犬穴位查询系统 V1.0"和"牛穴位查询系统 V1.0"，正在录制影像资料 1 份，正在整理编写《华北中兽医传统加工技术》。

华东区传统中兽医药资源抢救和整理

课题性质：科技基础性工作专项子课题

项目编号：2013FY110600-08　　　　　　　　　　起止年限：2013.6—2018.5

资助经费：100.00 万元

主持人及职称：罗超应　研究员

参加人：李锦宇　谢家声　王贵波　罗永江　辛蕊华

摘要：本年度根据任务书要求年度开展的工作有：①本年度赴江苏农林职业技术学院、扬州大学动物医学院、泰州江苏农牧学院与培康药业与公安部南京警犬研究所，通过实地考察与专家拜访，对有关地区的中兽医药学情况进行了座谈与了解，并收集到了相关的文献与人员资料。②举办第七届发展中国家国际中兽医培训班，维护与更新中兽医药陈列馆中兽药标本与相关设备，接待国内外各级参观人员 300 余人次，维护中兽医药学资源网站，上传有关资料与信息近 30 条。③发表科技论文 4 篇，出版著作 1 部；授权发明专利 3 件。

牛重大瘟病辨证施治关键技术研究与示范

课题性质：公益性行业专项子课题

项目编号：201403051-06　　　　　　　　　　起止年限：2014.1—2018.12

资助经费：159.00 万元

主持人及职称：郑继方　研究员

参加人：罗永江　辛蕊华　王贵波　罗超应　李锦宇　谢家声

摘要：通过本项目的实施，制定了口蹄疫等病证的中兽医辨证施治实用新技术 1 项，筛选研制了效果较好的提高口蹄疫疫苗抗体效价的免疫中药组方偶蹄康 1 个，并获得甘肃省兽医局核发的批准文号（甘饲预字〔2017〕008019），提高牛口蹄疫疫苗效价20%以上；筛选出预防牛口蹄疫的中药组方1项（清瘟扶正颗粒）。申报发明专利1项，"一种用于提高口蹄疫O型疫苗抗体效价的药物组合物"，已进入实审阶段（申请号CN201510655732.9，公开号CN105287797A）。在甘肃、四川、内蒙古等地区示范应用中兽医辨证施治实用新技术，并编写了《牛口蹄疫中兽医辨证施治技术》手册1部，培养专业技术人员100余名，培养研究生1名，已发表文章3篇。

NY1658-2008 大通牦牛

课题性质：农业行业标准制修订项目

起止年限：2018.1—2018.12

资助经费：8.00万元

主持人及职称：阎萍 研究员

参加人：梁春年　马金寿　王宏博　郭　宪　吴晓云　裴　杰　包鹏甲　张伟模　褚　敏　丁学智　武甫德　殷满财

摘要：《大通牦牛》行业标准修订任务下达后，项目承担单位成立中国农业科学院兰州畜牧与兽药研究所、青海省大通种牛场等单位组织成立了标准修订协调小组和专家小组。为了使标准各项内容能够真实反映大通牦牛现有牛群的性状和性能指标，标准制定专家小组先后在青海省大通种牛场开展了大量的普查、测试工作。2017—2018年分别在青海省大通种牛场完成了1200头次各月龄公、母牦牛的体尺、体重测定，500余头牦牛的外貌评定，300余头牦牛繁殖性能调查，12头牦牛的产肉性能测定。

饲用高粱品质分析及肉牛安全高效利用技术研究与示范

课题性质：甘肃省科技重大专项

项目编号：2015GS05915-4　　　　　　　　　　**起止年限**：2015.7—2018.7

资助经费：125.00万元

主持人及职称：王晓力 副研究员

参加人：王春梅　张　茜　朱新强

摘要：项目围绕任务书要求，主要开展了饲用高粱营养价值评定及饲用产品标准研究、饲用高粱青饲技术研究及技术规程制定、青贮饲用高粱饲喂技术研究及技术规程制定和青饲、青贮饲用高粱的加工、推广与示范等研究。项目实施所形成的以青饲、青贮利用方式等为主体的饲用高粱种植及利用技术体系，使甘肃省饲用高粱种植及利用水平快速提高，相比玉米等其他主要饲草，单位土地面积饲养草食动物数量将提高10%以上，年亩增收200元以上。本项目的技术集成与实施减轻了环境污染，符合发展农业循环经济的要求，经济效益、社会效益、生态效益显著。发表科技论文4篇；申请国家专利20余项，授权发明专利2项，实用新型专利13项；出版著作2部；授权软件著作权3项；颁布实施甘肃省地方标准《裹包青贮饲料》1项；制定了饲用高粱适时刈割技术规程1套、裹包青贮工艺1套和替代青贮玉米日粮配方2个，编撰了饲用高粱饲喂肉牛技术规程1套；科技成果转化1项；获2018年甘肃省专利发明奖二等奖1项；获甘肃省科技情报学会科学技术一等奖和二等奖各1项。

抗球虫常山口服液、抗动物血液原虫病药物的研制及黄芪茎叶高效利用新技术研究与应用

课题性质：甘肃省科技支撑计划

项目编号：1604NKCA069　　　　　　　　　　**起止年限**：2016.7—2018.7

资助经费：30.00万元

主持人及职称： 郭志廷 助理研究员　李冰 副研究员　张景艳 助理研究员

参加人： 张继瑜　李建喜　王学智　周绪正　牛建荣　程富胜　王 磊　王旭荣　张 凯　魏小娟　杨 珍　孟嘉仁　王嗣涵　苏贵龙

摘要： 主要进行了以下工作：①抗抗球虫常山口服液的研制：针对国家兽药减抗、限抗行动的逐步实施和严重危害养禽业的鸡球虫病，研制出抗球虫中兽药"常山口服液"。②抗动物血液原虫病药物的研制：针对严重为害畜牧养殖业健康的动物血液原虫病，开发出国内高效、安全的驱虫药物蒿甲醚注射液，并完成注射液制备、毒理学、药效学和质量控制研究。③黄芪茎叶高效利用新技术研究与应用：建立了非解乳糖链球菌 FGM 发酵黄芪茎叶的工艺，明确了发酵前后黄芪茎、叶中有效成分的含量变化。

藏药蓝花侧金盏杀螨物质基础及驯化栽培研究

课题性质： 甘肃省科技支撑计划

项目编号： 1604FKCA106　　　　　　　　　　**起止年限：** 2016.7—2018.7

资助经费： 10.00 万元

主持人及职称： 潘虎 研究员

参加人： 尚小飞　苗小楼　王东升　李 冰　王 瑜　周绪正

摘要： 主要进行了以下工作：①项目采用蛋白组学和表面等离子共振技术研究藏药蓝花侧金盏杀螨物质基础，使所需药材的量从传统研究方法的公斤级降至现研究的毫克级，节省了药材资源，属于国内首次通过上述研究方法研究药物的活性成分，对于传统药物的研究具有一定的借鉴意义。②项目首次明确了藏药蓝花侧金盏杀螨物质基础为强心苷类化合物，为蓝花侧金盏的利用和药用研究奠定基础。③藏药蓝花侧金盏的驯化栽培和人工繁育对于濒危藏药的合理应用和生态环境的保护具有一定借鉴意义。本项目虽已开展了藏药蓝花侧金盏驯化栽培试验，但未形成一整套成熟的药材驯化栽培技术，仍需进一步研究，建议给予继续支持。④发表 SCI 论文 1 篇，接收 SCI 论文 1 篇；获得发明专利 1 件，申报发明专利 1 件。

锰离子对小肠上皮细胞金属转运蛋白 FPN1、DMT1 表达的影响及调控机制

课题性质： 甘肃省青年科技基金

项目编号： 1606RJYA224　　　　　　　　　　**起止年限：** 2016.9—2018.8

资助经费： 2.00 万元

主持人及职称： 王慧 助理研究员

参加人： 王胜义　崔东安　黄美洲　妥 鑫

摘要： 项目运用分子生物学、免疫组织化学等技术方法，研究小肠上皮细胞 FPN1 和 DMT1 等 Mn 转运相关蛋白的表达及 Mn 在细胞中的转运机制，研究表明：绝大多数差异蛋白与结合（45.7%）、催化活性（41.7%）、转运活性（3.5%）、结构分子活性（3.5%）等相关。结合功能主要包括核酸和核苷酸结合（Nucleic acid and nucleotide binding）、离子结合（Ion binding）、蛋白结合（Protein binding）；催化活性包括水解酶活性（Hydrolase activities）和转移酶活性（Transferase activities）。细胞组分包括位置、亚细胞结构和大分子复合物（如端粒、细胞核和起始识别复合体）。鉴定到的肠黏膜差异蛋白质广泛参与信号传导、受体激活、酶调节、转运等功能，说明锰暴露后，肠道处于动员状态；超过 90% 的功能具有转运活性、催化活性和结合功能，从而加强各种功能蛋白的结合和催化活性，以缓解锰暴露后产生的应激反应。

基于代谢组学的西马特罗在肉羊体内代谢残留机制研究

课题性质： 甘肃省青年科技基金

项目编号： 1606RJYA285　　　　　　　　　　　　**起止年限：** 2016.9—2018.8

资助经费： 2.00万元

主持人及职称： 熊琳　助理研究员

参加人： 严作廷　尚若锋　高雅琴　杨亚军　郭志廷　李维红　郝宝成

摘要： 项目从代谢组学的水平对"瘦肉精"西马特罗在肉羊体内的代谢途径和主要生物标志物进行研究，研究表明在各种不同组织和体液样本中，西马特罗在肉羊体内主要代谢途径为以下6种：泛酸与辅酶a生物合成、酮体合成与降解、原发性胆汁酸生物合成、鞘脂代谢、维生素 B_6 代谢、亚油酸代谢和花生四烯酸代谢。主要代谢生物标志物为以下9种：2-吲哚乙酸，1,2-二油基PC，黄嘌呤，PC［14：0/20：1（11z）］，十六烷二酸，PE［22：4（7Z，10Z，13Z，16Z）/14：0］，LysoPE［0：0/18：2（9Z，12Z）］，氟甲基乙酸乙酯,，甘氨鹅脱氧胆酸和乙松香酸盐。从系统和整体的角度阐明肉羊体内西马特罗代谢残留的途径和过程。以本研究为基础，在后续实验中可以基于生物标志物建立起更加准确可靠的方法，加强对"瘦肉精"的监管力度。这可以为肉品质量与安全研究提供有用的信息和数据，以用来鉴定和控制肉品安全中的潜在危害，也可以为监管部门提供一定的参考依据，保证广大民众的食品安全，符合广大居民的根本利益。

藏羊高寒低氧适应INCRNA鉴定及遗传机制研究

课题性质： 甘肃省农业生物技术研究与应用开发

项目编号： GNSW-2016-13　　　　　　　　　　**起止年限：** 2016.1—2018.12

资助经费： 8.00万元

主持人及职称： 孙晓萍　副研究员

参加人： 刘建斌　丁学智　杨树猛

摘要： 项目获得藏羊低氧相关lncRNAs及其靶基因，阐明其组织特异性表达机制，明确在缺氧条件下高表达lncRNAs的基因调控通路及互作网络，以及影响细胞增殖和凋亡的代谢途径。以筛选的lncRNAs为靶点，通过上调或下调lncRNAs进行相关遗传机制研究，为高寒低氧环境lncRNA遗传机制的研究提供理论依据和技术支撑。主要完成以下工作：①完成15个样品的长链非编码测序，共获得187.90Gb Clean Data，各样品Clean Data均达到10Gb，Q30碱基百分比在85%及以上。②分别将各样品的Clean Reads与指定的参考基因组进行序列比对，比对效率从80.02%到82.98%不等。③基于比对结果，进行可变剪接预测分析、基因结构优化分析以及新基因的发掘，发掘新基因2 728个，其中1 153个得到功能注释。④基于比对结果，进行基因表达量分析。根据基因在不同样品中的表达量，识别差异表达基因495个，并对其进行功能注释和富集分析。⑤鉴定得到6 249个lncRNA，差异表达lncRNA共79个。⑥发表科技论文2篇，其中SCI文章1篇；授权国家发明专利1件，国家实用新型专利5件。

防治奶牛胎衣不下中兽药制剂"归芎益母散"的创制

课题类别： 兰州市科技发展计划项目

项目编号： 2016-3-99　　　　　　　　　　　　　**起止年限：** 2016.1—2018.12

资助经费： 10.00万元

主持人及职称： 崔东安　助理研究员

参加人： 刘希望　孔晓军　杨亚军　秦哲　李世宏

摘要： 开展相关的研究内容如下：①归芎益母散治疗奶牛胎衣不下的临床治疗剂量和用药疗程

的优选，研究发现临床推荐剂量为中剂量组的剂量，即 400g/头。用药方案为：奶牛，灌服，一次量 400g/头，每天 1 次，用药 1~3 天。②研制出防治奶牛胎衣不下中兽药制剂归芎益母散 1 项，治愈率达 85% 以上，临床试验亦表明，归芎益母散作为产后预防保健用，可有效降低胎衣不下发生率，达到牧场奶牛胎衣不下防控目标（≤5%），且具有无毒副作用、无残留、不污染环境、安全可靠等特点，为生产无公害、放心奶，提供绿色兽药产品。③完成生产工艺、质量标准、药理毒理及临床评价等，获得新兽药受理通知书（07050020180731-1）。④发表科技论文 4 篇；授权发明专利 2 件；联合西北农林科技大学培养硕士研究生 1 名。

甘肃兰州大洼山野外科学观测研究站预研储备项目

课题类别：院统筹基本科研业务费重大平台提质升级——预研储备

项目编号：Y2018PT07　　　　　　　　　　**起止年限：**2018.1—2018.12

资助经费：10 万元

主持人及职称：王学智 研究员

参加人：董鹏程　曾玉峰　周　磊　杨　晓　刘丽娟　李润林

摘要：开展的相关研究内容如下：项目通过调查分析了以中国农业科学院为主的农业科研试验基地从"十二五"基地的数量、面积、类型和对农业科研事业发展所起的支撑作用。数据表明，"十二五"以来，全院试验基地工作取得明显成效。基地面积呈现逐年扩增的态势，基地功能和类型也逐渐明晰系统化，构建了较为完善的"国家级、省部级、院级和创新、支撑和服务"三级三类科技平台体系。但还存在诸如基地分散、不成体系，基地管理人才匮乏，基地运转经费不足的问题。利用试验基地现有的条件，保障入驻试验基地的科研团队顺利完成工作。在做好支撑功能的基础上，为适应现代农业的发展，更好地服务三农工作，大洼山基地在目前现有的结构框架上，不断调整和优化，综合考虑试验基地现状，将基地划分为五大功能分区，使基地功能分区更加明确。同时积极探索共享机制，通过外单位科研项目和人员的入驻，做好平台服务西部地区科研事业的发展。并和甘肃张掖综合基地的功能区分开来，发挥基地自身特点的同时和张掖基地相辅相成。形成试验站申报材料并申报甘肃省野外科学观测研究站项目 1 项：甘肃省黄土高原生态环境重点野外科学观测试验站；授权软件著作权 2 件。

特色畜禽肉中脂肪酸快速检测技术及营养品质评价

课题类别：院统筹基本科研业务费重大平台提质升级——开放交流

项目编号：Y2018PT32　　　　　　　　　　**起止年限：**2018.1—2018.12

资助经费：20.00 万元

主持人及职称：高雅琴 研究员

参加人：席　斌　李维红　杨晓玲

摘要：本年度开展的相关研究内容如下：①样品采集。采集甘南牦牛肉、青海大通牦牛肉、八眉猪猪肉、鸡肉等样品共 100 余份。②优化前处理方法。对脂肪酸的甲酯化、提取时间、提取溶剂等条件进行优化，找出了最简便、快速、安全、准确的检测方法。③优化仪器方法。优化了色谱条件，包括检测器类型、温度、进样量、流速及升温程序等参数。④方法精确度、准确度、回收率以及灵敏度的评估。通过加标回收日间和日内实验，测定新方法的回收率、变异系数、最低检出限以及最低定量限等数据，评估精确度、准确度、回收率以及灵敏度。⑤特色畜禽肉中脂肪酸的差异性及变化规律研究。对大通牦牛肉、甘南牦牛肉、八眉猪肉及珍珠鸡肉中棕榈酸、硬脂酸、油酸、亚油酸、亚麻酸、花生四烯酸等 37 种脂肪酸含量进行测定，分别与本地黄牛肉、羊肉、鸡肉进行比较分析，研究脂肪酸的差异性及其变化规律。⑥对《食品安全国家标准　食品中脂肪酸的测定》

（GB/T5009.168—1016）方法前处理进行了优化改进。⑦出版著作1部；发表科技论文3篇；授权专利3件；撰写科普文章2篇。

寒生旱生灌草资源引种驯化及新品种示范

课题类别： 院统筹基本科研业务费西部中心创新能力提升

项目编号： Y2018PT77　　　　　　　　　　　　**起止年限：** 2018.1—2018.12

资助经费： 20.00万元

主持人及职称： 田福平 副研究员

参加人： 胡　宇　路　远　贺泂杰　崔光欣　段慧荣　贾鹏燕

摘要： 本年度开展了的相关的研究内容如下：①寒生旱生优质灌草资源的引种驯化、评价及筛选。②饲草育种区域试验点的建立及新品系选育。③优质牧草新品种示范。④寒生旱生优质灌草资源的收集整理与种质创新。⑤完成昌吉州部分天然草原资料的收集及调查。⑥出版著作1部。

兰州畜牧与兽药研究所综合试验基地仪器设施共享服务研究

课题类别： 院统筹基本科研业务费重大平台提质升级——开放共享

项目编号： Y2018PT44　　　　　　　　　　　　**起止年限：** 2018.1—2018.12

资助经费： 30.00万元

主持人及职称： 董鹏程 副研究员

参加人： 李润林　王　瑜　毛锦超　樊　堃　李志宏

摘要： 本年度开展了的相关研究内容如下：①SPF级实验动物房满足研究所3~5个创新团队的动物试验使用。提升实验动物饲养环境基础设施条件。对实验动物饲养环境进行环境监测，保障实验动物在科学化、规范化的环境中生存。已获得普通环境中猪、鸡、牛、羊、犬和豚鼠使用许可证。向农业农村部申报的15个兽药临床试验项目（兽药GCP）和4个非临床试验项目（兽药GLP）全部通过现场检查验收；为7个创新团队提供实验动物，共使用大鼠720只，昆明小鼠2 620只。②兽药中试满足院所8~15种相关新兽药的研发生产。兽药GMP中试车间拥有粉剂、散剂、预混剂、片剂、固体消毒剂五条生产线，生产车间2 100平方米。通过状态维护、基本运行和功能保障三种方式保障共享平台正常运行，服务科研兽药中试生产工作。兽药GMP中试车间与研究所各创新团队以及省内外企事业单位签订共享服务协议，完成消毒剂、阿维菌素片、阿苯达唑等10余种新兽药的中试生产条件。③实验动物粪便垫料废弃物无害化处理系统满足甘肃省内实验动物粪便垫料废弃物无害化要求。④张掖试验基地大动物实验场满足3~5个创新团队和国内相关高校和研究院所2~3个动物育种和健康养殖项目的开展。

新兽药"常山碱"成果转让与服务

课题类别： 横向合作

起止年限： 2015.1—2018.12

资助经费： 40.00万元

主持人及职称： 郭志廷 助理研究员

摘要： 完成了常山口服液生产工艺的优化工作，主要包括从助溶剂、防腐剂、pH以及口服液澄清度和常山碱含量等方面综合评价，确定常山口服液的最佳生产工艺条件。完成了常山口服液的毒理学试验，急性毒性试验结果表明常山口服液按常规剂量使用是安全的，临床用于抗球虫病安全性较高，但大剂量、长疗程的用药会出现毒性反应；亚急性毒理学试验表明常山口服液高剂量、长期给药，其毒性损伤的靶器官主要为肝脏、肾脏和脾脏，呈现"时—毒"和"量—毒"的关系。

发表科技论文 5 篇。

青蒿提取物药理学实验和临床实验

课题类别：横向合作

起止年限：2015.9—2018.09

资助经费：20.00 万元

主持人及职称：郭文柱 助理研究员

摘要：本年度根据任务书要求主要完成了以下工作：青蒿提取物剂型的制备，靶动物体内抗球虫药理学实验和急性毒性实验、长期毒性实验等毒理学实验的研究，评价其毒性和用药安全性问题，并通过临床预实验确定了其抗球虫病的剂型剂量和给药方式等。研究结果表明：①给药小鼠未出现明显的中毒症状，自由活动，饮食饮水正常，最大给药剂量为 10 100 mg/kg 体重仍然未出现死亡，因此可以判定青蒿提取物为无毒物质。②给药后分别于 1 天、4 天和 7 天观察雌雄昆明小鼠体重变化，结果表明青蒿散对雌雄昆明小鼠体重均无产生显著影响。③亚慢性试验各剂量组大鼠雌雄的体重与空白对照组间差异不显著（$P>0.05$），给药后 3 个剂量组的大鼠体重增加幅度与对照组间差异不显著（$P>0.05$），并对生理指标、血清学指标和身体组织无显著性影响。④临床疗效预实验结果表明青蒿散具有一定的抗球虫效果，且青蒿散中剂量组的抗球虫效果最好，ACI 值达 140.2。

新兽药"土霉素季铵盐"的研究开发

课题类别：横向合作

起止年限：2015.9—2018.12

资助经费：35.00 万元

主持人及职称：郝宝成 助理研究员

参加人：梁剑平 王学红 刘 宇 续文君

摘要：本项目严格按照任务书的研究内容完成了土霉素季铵盐-烷基三甲胺钙土霉素的药效、毒理、药代动力学和残留消除实验，制定了最佳休药期，研究结果表明：①烷基三甲胺钙土霉素对金黄色葡萄球菌、表皮葡萄球菌、枯草芽孢杆菌、溶血性链球菌、铜绿假单胞菌、肠沙门氏菌、福氏志贺菌和多杀性巴氏杆菌都具有明显的抑菌效果。②通过研究烷基三甲胺钙土霉素在鸡体内的药物代谢特征情况，结果表明烷基三甲胺钙土霉素低剂量组符合一室模型，中、高剂量组符合二室模型。③毒性实验结果表明，烷基三甲胺钙土霉素属于低毒化合物，各脏器指数、血生化指标以及病理学组织基本无明显改变，说明烷基三甲胺钙土霉素在动物体内具有较好的安全性，有安全使用的可能性。④通过烷基三甲胺钙土霉素在鸡组织中的残留情况分析，发现该药在肉鸡中吸收迅速、分布广泛、消除也较快。⑤发表科技论文 2 篇，其中 SCI 收录 1 篇；授权实用新型专利 2 件。

穴位埋植剂防治奶牛卵巢囊肿的研究

课题类别：中央公益性科研院所基本科研业务费所级统筹项目

项目编号：1610322016003　　　　　　**起止年限：**2016.1—2018.12

资助经费：50.00 万元

主持人及职称：仇正英 助理研究员

参加人：王贵波 辛蕊华 罗超应 李锦宇 张 康 李建喜 郑继方

摘要：项目研制可用于治疗奶牛卵巢囊肿的中药成分穴位注射型埋植剂；建立大鼠卵巢囊肿模

型，探讨中药治疗效果、剂量使用以及作用机制；进一步探讨中药成分穴位注射型埋植剂在模型动物与奶牛的体内治疗效果和作用机制。投稿 SCI 论文 1 篇；申请发明专利 2 件。

奶牛胎衣不下的血浆 LC-MS/MS 代谢组学研究

课题类别：中央级公益性科研院所基本科研业务费所级统筹项目

项目编号：1610322016004　　　　　　　　　　　　**起止年限**：2016.1—2018.12

资助经费：30 万元

主持人及职称：崔东安 助理研究员

参加人：王胜义　王　慧　刘永明

摘要：主要开展了以下工作：①归芎益母散治疗奶牛胎衣不下的临床治疗剂量和用药疗程的优选，临床推荐剂量为中剂量组的剂量，即 400g/头。用药方案为：奶牛，灌服，一次量 400g/头，每天 1 次，用药 1~3 天。②开展生产工艺和中试生产研究，开展归芎益母散质量标注研究、稳定性研究、制定标准草案 1 份，开展药理毒理研究，委托西北农林科技大学，进行归芎益母散的靶动物奶牛安全性试验、实验性临床试验以及扩大临床试验研究。于 2018 年，完成归芎益母散新兽药注册申报材料，递交申报注册材料，获得新兽药注册受理通知书（07050020180731-1）。③示范与推广，项目实施期间，在西安草滩牧业有限公司、甘肃省兰州牧工商有限公司甘肃荷斯坦奶牛繁育示范中心、甘肃省天辰牧业有限公司、甘肃燎原乳业集团丰源养殖基地、甘肃燎原乳业集团盛源养殖基地、宁夏瑞飞牧场有限公司、银川市西夏区万林达奶牛养殖场，开展临床应用扩大试验，其中治疗奶牛胎衣不下共计 429 头，治愈率为 85.9%~91.7%；产后预防性干预给药共计 2 200 余头，预防干预可达到牧场防控目标，即胎衣不下发生率低于 5%。④发表科技论文 9 篇，其中 SCI 文章 4 篇，授权发明专利 3 件。

基于转录组测序的藏羊低氧适应性候选基因和 LncRNA 功能分析

课题类别：中央级公益性科研院所基本科研业务费所级统筹项目

项目编号：1610322016016　　　　　　　　　　　　**起止年限**：2016.1—2018.12

资助经费：20.00 万元

主持人及职称：刘建斌 副研究员

参加人：冯瑞林　岳耀敬　郭婷婷　袁　超　杨博辉　郭　健　孙晓萍　牛春娥

摘要：项目基于转录组测序的藏羊高寒低氧适应性候选基因和 lncRNA 筛选，阐明其组织特异性表达机制，明确在高寒低氧条件下高表达候选基因和 lncRNAs 的基因调控通路及互作网络，以及影响细胞增殖和凋亡的代谢途径。研究内容如下：①以高海拔霍巴藏绵羊（海拔 4 468 m）群体、阿旺藏绵羊（海拔 4 452 m）群体、中海拔祁连白藏绵羊（海拔 3 620 m）群体、甘加藏绵羊（海拔 3 851 m）群体、低海拔湖羊（海拔-67m）群体为研究对象，对不同海拔梯度和同一海拔梯度藏绵羊群体体重体尺、血液生理指标、血液生化指标、组织代谢指标和肺组织指标进行测定，探讨了青藏高原藏绵羊对适应低氧环境相关体重体尺、血液呼吸、生理生化和肺组织指标的变化趋势，提出藏绵羊对高海拔低氧的适应并不是通过增加血红蛋白浓度来实现的，可能是提高了血红蛋白输送氧气的能力和效率；在低氧环境中，肺脏组织通过增加肺泡个数而增大肺泡面积，组织水平的适应是机体对低氧适应的重要环节，机体能够最大限度地摄取和利用有限的氧，完成正常的生理功能，是低氧生理性的适应机制。②完成 15 个样品的长链非编码测序，共获得 187.90Gb Clean Data，各样品 Clean Data 均达到 10Gb，Q30 碱基百分比在 85% 及以上。③分别将各样品的 Clean Reads 与指定的参考基因组进行序列比对，比对效率从 80.02% 到 82.98% 不等。④基于比对结果，进行可变剪接预测分析、基因结构优化分析以及新基因的发掘，发掘新基因 2 728 个，其中 1 153 个得到功能注释。⑤基于比对结果，进行基因表达量分析。根据基因在不同样品中的表达量，识别差异表达基因 495 个，并对其进行功能注释和富集分析。⑥鉴定得到 6 249 个 lncRNA，差异表达 lncRNA 共 79 个。⑦获得国家自然基金面上项目 1 项；申报发明专利 2 件；发表 SCI 论文 1 篇。

四、科研成果（获奖成果、鉴定成果、专利、论著）

（一）获奖成果

新型安全畜禽呼吸道感染性疾病防治药物的研究与应用

主要完成单位：中国农业科学院兰州畜牧与兽药研究所，湖北武当动物药业有限责任公司，成都中牧生物药业有限公司

主要完成人员：张继瑜　周绪正　李　冰　魏小娟　程富胜　李剑勇　牛建荣　尚小飞　陈国明　廖成斌　刘希望　杨亚军

起止时间：1996 年 1 月至 2017 年 12 月

获奖情况：2018 年度甘肃省科技进步奖一等奖

内容提要：成果研制了 1 种防治畜禽呼吸道感染性疾病的药物组合物"板黄口服液"，建立了药物的规模化生产工艺路线，生产工艺合理、简单，便于操作；研制了 1 种防治畜禽温热病的药物组合物"炎毒热清注射液"，建立了药物的制备工艺，临床使用方便、高效、安全无毒；建立了 1 种西藏雪山及雪层杜鹃挥发油的提取技术，收率显著提高，通过分离鉴定获得 26 种新发现化合物；建立了 1 种超声波辅助法提取杜鹃多糖技术，提取时间缩短，多糖得率显著提高 1% 以上；建立了 1 种同时提取骆驼蓬中骆驼蓬粗多糖、黄酮类和生物碱类化合物的方法，实现了高效提取和综合利用的目的；建立了 1 种骆驼蓬生物碱的微波辅助提取方法，收率提高了 17% 以上，提取时间短、提取率高，更适合用于工业化生产。项目通过实施，成果获得国家新兽药证书 1 项，获国家新兽药生产批文 2 项；建立了 1 项新兽药质量控制标准；建立了 5 个试验示范基地和 2 条中试生产线；获国家授权发明专利 6 件、实用新型专利 4 件；发表论文 19 篇，其中 SCI 收录 8 篇；建立了"中兽医药数据库"1 项；出版著作 3 部。本成果在甘肃等 28 个省、区推广，应用于畜禽呼吸道疾病防治，应用动物数量 1 500 多万头（只），产生直接经济效益 3.68 亿元，同时产生了显著的社会效益。

含芳杂环侧链的截短侧耳素类衍生物的化学合成与构效关系研究

主要完成单位：中国农业科学院兰州畜牧与兽药研究所

主要完成人员：尚若锋　梁剑平　衣云鹏　刘　宇　郭文柱

起止时间：2011 年 1 月至 2017 年 8 月

获奖情况：2018 年度甘肃省自然科学奖三等奖

内容提要：通过本项目的研究，已筛选出 1 个截短侧耳素类候选药物，并转让给山东齐发药业有限公司；获国家知识产权发明专利 4 件；发表相关 SCI 论文共 18 篇。本项目首先对截短侧耳素 C-14 位侧链设计引入不同类型的芳杂环结构，并用化学合成的方法制备出 61 个截短侧耳素类衍生物。其次，对制备的衍生物进行了体外抑菌试验研究，并进行了该类衍生物的构效关系（Structure-activity relationship）研究。最后，对于筛选出活性较好的部分化合物进行了杀菌动力学、致病模型小鼠的治疗试验和分子对接等生物活性研究，并筛选出 1 个截短侧耳素类候选药物，可用于进一步的一类新兽药研发。通过截短侧耳素侧链引入芳杂环结构与其衍生物生物活性之间的构效关系研究，总结了截短侧耳素类衍生物 C-14 侧链中芳杂环的化学结构对其生物活性的影响，丰富了截短侧耳素类衍生物侧链结构与生物活性之间的构效关系，为该类衍生物的结构设计提供理论依据。

羊寄生虫病综合防控技术体系建立与示范

主要完成单位：永靖县动物疫病预防控制中心、中国农业科学院兰州畜牧与兽药研究所、甘肃省动物疫病预防控制中心、中国农业科学院兰州兽医研究所

主要完成人员：吴志仓　张俊文　史万贵　周绪正　闫鸿斌　林学仕　陈金苹　金淑霞　王烈花　姚学梅　徐万祥　张元峰　孔红平　孔德强　韩正红

起止时间：2013 年 1 月至 2017 年 12 月

获奖情况：2018 年度甘肃省科技进步奖三等奖

内容提要：项目通过羊寄生虫病感染情况调查，查明为害最严重的羊寄生虫为胃肠道线虫、血液原虫和体外寄生虫，解析了多种常见寄生虫虫种分子分类与种系演化关系，发现了绵羊斯克亚宾线虫；开展了"多拉菌素等 4 种药物驱治羊胃肠道线虫对比试验"等 5 个试验和高效低毒新型抗寄生虫药物制剂研究，筛选出了驱治羊胃肠道线虫、血液原虫、体外寄生虫和包虫的最佳药物；建立了羊寄生虫病防控"3342"技术体系和扩展莫尼茨绦虫和贝氏莫尼茨绦虫分子生物学虫种鉴别方法；发布了《家畜棘球蚴病防治技术规程》和《棘球绦虫（蚴）病害动物和动物产品生物安全操作规程》地方标准 2 项；制定了《羊寄生虫病防治技术规范》；获得了"一种以水为基质的多拉菌素 O/W 型注射液及其制备方法""一种青蒿琥酯纳米乳药物组合物及其制备方法""一种伊维菌素纳米乳药物组合物及其制备方法"3 件发明专利和"一种活动淋浴式药浴车""豚鼠专用注射固定器""一种自然通风暖棚圈舍""一种圆盘式羔羊补饲槽""移动式羔羊哺乳车""一种采食槽"6 件实用新型专利；出版《包虫病（虫癌）防治技术指南》专著 1 部，发表论文 15 篇，其中 SCI 收录 2 篇；培训人员 3.46 万人。

（二）授权专利及软件著作权

1. 发明专利

专利名称：Hypericin albumin nanoparticle-*Escherichia coli* serum antibody complex and preparation method and application thereof

专利号：US9808536B2

发明人：梁剑平　郭文柱　郝宝成　陶　蕾　刘　宇　王雪红　尚若锋　郭志廷　杨　珍

授权公告日：2017.11.07

摘要：The present invention discloses a hypericin albumin nanoparticle-*Escherichia coli* serum antibody complex, which is obtained through adding mixed hypericin albumin nanoparticles and rabbit anti-*Escherichia coli* into ethanediol, irradiating them with carbon ion, setting them at a low temperature for 2 hours after irradiation, centrifuging them at a low temperature, and freezing and dying the precipitates. Its preparation method and application are also provided. The beneficial effects of the present invention are as follows: the present invention provides a hypericin albumin nanoparticle-*Escherichia coli* serum antibody complex and its preparation method and application, wherein through bacteriostatic test and clinical pharmacodynamic test, it is proved that the effects of target complex is greatly improved compared with that of the prior drug, because the *Escherichia coli* serum antibodies seek and capture *Escherichia coli* and the hypericin albumin nanoparticles inhibit and kill *Escherichia coli*, which precisely attacks *Escherichia coli* and strengthen the antibacterial effect of hypericin albumin nanoparticle on chicken focus location.

专利名称：一种中草药绿色杀虫剂及其制备方法

专利号：ZL201410720083.1

发明人：周学辉　杨红善　常根柱　王晓力　路　远

授权公告日：2018.01.05

摘要：本发明公开了一种中草药绿色杀虫剂，按照质量份包括以下组分：川楝子 2~4 份，苦楝子 2~4 份，闹羊花 1~3 份，芫荑 1~3 份，榧子 2~4 份，贯众 2~4 份，鹤虱 1~3 份，杏仁 1~3 份，槟榔 1~3 份。本发明还公开一种中草药绿色杀虫剂的制备方法，包括称量，粉碎混合，搅拌，浸泡，过滤，装瓶制备得到中草药绿色杀虫剂。该杀虫剂属绿色、环保、安全、高性能纯中草药广谱杀虫剂，对人体无刺激和过敏等，可在牧草、果蔬生产及草坪、城市园林绿化中广泛使用。本发明具有极其广阔的应用前景，能够很好地对人类健康和生态环境保护作出贡献。

专利名称：一种检测牛 *MSTN* 基因 mRNA 表达水平的特异性引物和荧光定量检测试剂盒

专利号：ZL201510306853.2

发明人：裴　杰　郭　宪　包鹏甲　褚　敏　梁春年　丁学智　阎　萍　冯瑞林　王宏博　朱新书

授权公告日：2018.03.06

摘要：本发明提供一种检测牛 *MSTN* 基因 mRNA 表达水平的特异性引物，所述特异性引物的核苷酸序列的上游引物序列为：5'-AACCAGGAGAAGATGGAC-3'；下游引物序列为：5'-TTA-GAGGGTAACGACAGC-3'。本发明还提供相应的荧光定量 PCR 检测试剂盒。本发明实现了方便快捷的定量检测 *MSTN* 基因 mRNA 转录水平的目的，可以监测不同牛种（包括奶牛、黄牛和牦牛）、不同组织、不同时期的肌肉生长发育状态，同时可以鉴定牛肌肉发育异常相关的疾病。本发明在检测基因转录水平方面具有灵敏度高、稳定性好、实验成本低的优点。

专利名称：牛 *HIF-1A* 基因转录水平荧光定量 PCR 检测试剂盒

专利号：ZL201510489280.1

发明人：裴　杰　阎　萍　郭　宪　包鹏甲　褚　敏　梁春年　丁学智　冯瑞林　王宏博　朱新书

授权公告日：2018.04.16

摘要：本发明公开了牛 *HIF-1A* 基因转录水平荧光定量 PCR 检测试剂盒，并提供了具体检测方法，试剂盒包括有以下试剂：2×SYBR？GREEN？MIX、标准 *HIF-1A* 基因模板、超纯水和由引物 1 和引物 2 组成引物对，引物 1 如序列表中序列 1 所示，引物 2 如序列表中序列 2 所示。本发明的有益效果为：本发明提供的试剂盒，可以有效检测不同牛种、不同组织、不同时期的 *HIF-1A* 基因的 mRNA 表达状态和表达量，同时可以鉴定该基因与动物低氧适应能力的相关性，以满足生命科学、动物医学和动物科学研究者的检测需要。与现有技术相比，本发明的优点在于：①本发明实现了方便快捷的检测 *HIF-1A* 基因转录水平的目的；②本发明在检测基因转录水平方面具有灵敏度高、稳定性好、实验成本低的优势。

专利名称：牦牛肌纤维类型组成的荧光定量 PCR 检测引物及检测方法

专利号：ZL201510301614.8

发明人：吴晓云　褚　敏　梁春年　郭　宪　阎　萍

授权公告日：2018.04.20

摘要：本发明公开了牦牛肌纤维类型组成的荧光定量 PCR 检测方法，是取牦牛肌组织进行总 RNA 提取并检测 RNA 纯度和浓度后，将总 RNA 反转录成 cDNA 并以牦牛 *GAPDH* 基因为内参基因进行质量检测，再以专用的检测引物进行荧光定量 PCR 反应，同样以牦牛 *GAPDH* 基因为内参基因进行统计分析即可。本发明的有益效果为：本发明提供的检测引物及检测方法比组织化学评定更为准确、可靠，采用这种分子定量分型的方法可以对牦牛不同部位肌肉中不同类型肌纤维类型组成进行准确的定量测定及分析，为进一步研究牦牛的肌纤维与肉质性状的相关性奠定了技术基础，同时，本方法相比较其他方法而言，具有工作量小、成本低、效率高的优势。

专利名称：一种牦牛骨粉加工器

专利号：ZL201710128965.2

发明人：熊　琳　褚　敏　阎　萍　高雅琴　梁春年　郭　宪　丁学智　郭天芬　李维红

　　　　吴晓云　杨晓玲　裴　杰　包鹏甲

授权公告日：2018.08.28

摘要：本发明公开了一种牦牛骨粉加工器，包括破碎台、破碎机、电机Ⅰ、电机底座、电机固定板、皮带、出料口、电动筛、固定架、筛网、骨粉盘、悬挂转轴、电机Ⅱ、骨片出口和骨粉出口，所述破碎台上设有破碎机，所述破碎机包括加料口、切割刀、刀盘、转轴、转轴支架，所述电机Ⅰ固定在电机底座上和电机固定板上，加料梯固定在破碎台后部，正对着加料口；出料口位于破碎机底部；所述出料口下面设有电动筛，所述电动筛下面设有骨粉盘，筛网末端连接在骨片出口上，骨粉盘末端连接在骨粉出口上。本发明牦牛骨粉加工器结构简单，操作简单，造价低，可以加工得到粗牦牛骨粉，方便在牦牛产区推广使用。

专利名称：一种测定牛奶中4,4′-硫代二苯酚含量的方法

专利号：ZL201610656224.7

发明人：熊　琳　阎　萍　李维红　高雅琴　杨晓玲

授权公告日：2018.12.04

摘要：本发明公开一种测定牛奶中4,4′-硫代二苯酚含量的方法，该方法包括如下步骤：①牛奶用乙腈-盐-水混合体系振荡萃取，萃取后分离得到乙腈相；②步骤①得到的乙腈相用乙腈饱和的正己烷进行脱脂，脱脂后的乙腈相挥干；③将步骤②挥干后得到样品用乙腈水溶液溶解，膜过滤，滤液上高效液相色谱仪进行检测，色谱条件为：C18柱，检测波长220~260nm，流动相为乙腈和水。本发明方法具有提取效果好，耗时短，灵敏度、精密度和准确度好等优点，适合用于奶中样品中4,4′-硫代二苯酚的快速检测和筛选工作，能够满足牛奶中4,4′-硫代二苯酚质量安全监测工作的需要，保证广大消费者的食品安全和身体健康。

专利名称：一种测定牛奶中八氯苯乙烯的方法

专利号：ZL201611003613.6

发明人：熊　琳　阎　萍　高雅琴　李维红　杨晓玲

授权公告日：2018.10.12

摘要：本发明公开一种测定牛奶中八氯苯乙烯的方法，该方法包括如下步骤：①样品的预处理：先用乙腈振荡提取牛奶样品，然后向混合液中加入盐进行盐析，离心，取上层乙腈提取液；②步骤①的乙腈提取液用膜过滤后，上高效液相色谱仪进行检测，检测波长为220~260nm，色谱柱为C18柱，流动相为三氟乙酸的水溶液和乙腈。该方法样品处理简单，有机溶剂使用量少，符合绿色化学的理念，仪器设备要求相对较低，适合在基层检测部门推广应用，用于大量牛奶样品中八氯苯乙烯样品的筛选工作。

专利名称：一种通过母猪服药防治新生仔猪腹泻的中药组合物

专利号：ZL201510189857.7

发明人：崔东安　王胜义　王　磊　王　慧　刘治岐　荔　霞　刘永明

授权公告日：2018.05.08

摘要：本发明公开一种通过母猪服药防治新生仔猪腹泻的中药组合物，本发明药物组成为：当归 27~43 份，红花 18~32 份，连翘 26~44 份，昆布 24~36 份，青皮 23~37 份，陈皮 28~44 份，丹皮 25~45 份，知母 29~45 份，赤茯苓 16~24 份，甘草 21~35 份。本发明的中药组合物采用新生母猪服药的给药途径，达到防治新生仔猪腹泻的目的，并具有应激小、省时省工、适合规模化养猪场流水线生产模式防治新生仔猪腹泻的用药需求，并可有效防治由多种原因引起的新生仔猪腹泻。

专利名称：一种用于提高奶牛乳蛋白含量的药物组合物及其制备工艺

专利号：ZL201510457342.0

发明人：崔东安　王胜义　王孝武　王　慧　王　磊　荔　霞　刘治岐　李胜坤　黄美州
　　　　　刘永明　齐志明

授权公告日：2018.05.08

摘要：本发明公开了一种用于提高奶牛乳蛋白含量的药物组合物，各原料药组分按重量份计为：鸡内金 37~43 份、生麦芽 56~66 份、焦山楂 72~86 份、槟榔 38~44 份、莱菔子 70~88 份、青皮 28~38 份、陈皮 37~45 份、广木香 34~38 份、瘤胃生态调节剂 38~46 份。发明的药物组合物用于奶牛泌乳期使用，可显著提高奶牛的产奶量以及牛奶乳蛋白含量与乳脂率，改善牛奶品质，为生产优质乳制品提供高效、天然的药物组合物。

专利名称：一种用于防治新产奶牛子宫疾病的中药组合物及其制备方法

专利号：ZL201510248086.4

发明人：崔东安　王胜义　王　磊　李秀峰　王　慧　刘治岐　刘永明　王孝武　黄美州

授权公告日：2018.08.31

摘要：本发明公开一种用于防治新产奶牛子宫疾病的中药组合物，由下列配伍按重量份配制而成：益母草 100~125 份、三棱 36~48 份、莪术 35~45 份、红花 18~36 份、当归 25~37 份、川芎 21~28 份、香附子 18~37 份、甘草 18~25 份。本发明中药组合物是根据新产奶牛子宫疾病的基本病机"瘀血阻滞"，通过解除新产奶牛的"瘀血阻滞"的病理状态，改善其生理机能，不仅可有效防治新产奶牛胎衣不下和子宫炎，而且可有效提高受试奶牛的产后繁殖性能，是防治新产奶牛子宫疾病的有效中药制剂。

专利名称：一种治疗动物体表损伤的药物组方及其制备工艺

专利号：ZL201510214961.7

发明人：董书伟　王东升　张世栋　严作廷　杨志强　杨　峰　尚小飞　王　慧

授权公告日：2018.02.06

摘要：本发明公开了一种治疗动物体表损伤的药物组方，包括磺胺嘧啶银、甲氧苄氨嘧啶和美洛昔康，磺胺嘧啶银：甲氧苄氨嘧啶：美洛昔康的质量比为（4~6）：1：（1~3.5）。本发明提供的治疗动物体表损伤的药贴，治疗奶牛乳房创伤、蹄病和其他类型体表损伤的总治愈率为 78.0%，总有效率为 87.9%，疗效显著高于临床常规治疗方法。

专利名称：一种适用于西部地区放牧牛的富含锌元素的营养舔砖

专利号：ZL201610294127.8

发明人：王胜义　刘永明　王　慧　崔东安　刘治岐　齐志明

授权公告日：2018.08.14

摘要：本发明公开了一种适用于西部地区放牧牛的富含锌元素的营养舔砖，是由以下原料压制得到的：食盐，石粉，含锌质量比为 34.5% 的硫酸锌，含铜质量比为 25% 的硫酸铜，含锰质量比为 31.8% 的硫酸锰，含碘质量比为 2% 的碘化钾，含硒质量比为 1% 的亚硒酸钠，含钴质量比为 1% 的氯化钴，含铁质量比为 30% 的硫酸亚铁。本发明的有益效果为：所述的营养舔砖，是针对西部地区放牧牛机体锌需要量和土壤、牧草中锌含量缺乏，结合铜、钙等相关元素对锌吸收的抑制和拮抗作用，所制备出的富含锌、适用于西部地区放牧牛补充锌元素的专用营养舔砖，具有提高放牧牛生产性能、增加肉牛体重、预防牛异嗜癖的功效，对西部地区放牧牛锌缺乏症具有较好的防治效果。

专利名称：一种五氯柳胺混悬液及其制备方法

专利号：ZL201610030227. X

发明人：李　冰　张继瑜　张吉丽　周绪正　程富胜　魏小娟　牛建荣　李剑勇　杨亚军　尚小飞

授权公告日：2018.08.10

摘要：本发明公开一种五氯柳胺混悬液，每 100mL 混悬液中含五氯柳胺 3.4~3.8g，羧甲基纤维素钠 0.4~0.65g，硅酸铝镁 0.4~0.65g，十二烷基硫酸钠 0.35~0.45g，柠檬酸钠 0.08~0.12g。本发明的五氯柳胺混悬液性质稳定、质量可控，有利于工业化生产；能与水任意比例均匀混合分散；辅料无毒，安全且不易污染环境；易于定量、吞服方便，适宜于对大动物给药。

专利名称：一种用于防治鸡球虫病的中药组合物及其制备方法

专利号：ZL201510159030. 1

发明人：程富胜　张继瑜　张　霞　刘　宇　周绪正　李　冰　魏小娟　牛建荣

授权公告日：2018.05.11

摘要：本发明提供一种用于防治鸡球虫病的中药组合物，所述中药组合物由以下质量份数的各原料药组成：常山 1~5 份，山梅根水提物 2~4 份，闷头花水提物 1~3 份，马鞭草 2~4 份，青蒿 3~5 份。本发明还提供其制备方法和应用。用时按照质量比为 1∶1 000 的饲料添加量，适用于雏鸡饲养，临床试验表明，本发明的中药组合物具有良好的防治鸡球虫病的作用。

专利名称：一种治疗牦牛犊牛腹泻的藏药组合物及其制备方法

专利号：ZL201510529243. 9

发明人：尚小飞　潘　虎　王学智　苗小楼　王东升　王　瑜

授权公告日：2018.05.08

摘要：本发明公开了一种治疗牦牛犊牛腹泻的藏药组合物，其原料组分如下：按重量份计，卷丝苦苣苔 375~420 份、黄柏 320~350 份、石榴皮 145~160 份、山柰 100 份。该组合物具有临床疗效明显、副作用低、无残留、成本低廉、使用方便等特点，对牦牛犊牛腹泻具有良好的治疗效果。同时，因采用中药组合物，在治疗该病中，可有效降低或减少抗生素、化学合成药物在治疗牦牛犊牛腹泻中的使用量，消除药物残留对食品安全和公共卫生的威胁，符合提供安全、无污染动物源食品和人类健康的社会需求。

专利名称：一种用于治疗动物螨病的药物组合物及其制备方法和应用

专利号：ZL201610215529. 4

发明人：尚小飞　苗小楼　王东升　王　瑜　张继瑜　潘　虎

授权公告日：2018.03.09

摘要：本发明提供一种用于治疗动物螨病的药物组合物，所述药物组合物的有效成分由以下成分组成：丁香酚、百里酚和香芹酚。本发明还提供上述药物组合物的制备方法和其在制备治疗动物螨病的药物中的应用。本发明的药物组合物在治疗动物螨病方面具有安全、有效、毒性低、无污染等优点；本发明的药物组合物在使用中残留少，制备工艺简单，成本低，方便制备成各种制剂；使用方便，直接涂搽患处即可；治愈率高达85%，有效率达95%以上。

专利名称：一种防治羊链球菌病的中药组合物及其制备方法和应用

专利号：ZL201510015491.1

发明人：魏小娟　张继瑜　周绪正　程富胜　李　冰　李剑勇　王娟娟　牛建荣　王　玲

授权公告日：2017.12.29

摘要：本发明公开了一种防治羊链球菌病的中药组合物，是由按照重量份计的以下原料制备得到的：石榴皮10份、山奈5份、白胡椒2份、荜茇2份，肉豆蔻1份，官桂1份，草果1份，茴香籽1份，草豆蔻1份，并提供了其制备方法和应用。本发明的有益效果为：本发明提供的一种防治羊链球菌病的中药组合物及其制备方法和应用，采用中药进行羊链球菌病的防治，中药作为一种天然药物，不易产生耐药性，而且经实际应用证明，疗效显著，且中药残留小，毒副作用小，动物性食品安全性高，还可以提高机体的免疫力和抗病能力，是一种理想的防治药物。

专利名称：一种动物医用脱毛剂及其制备方法

专利号：ZL201610308265.7

发明人：周绪正　张继瑜　李　冰　魏小娟　程富胜　牛建荣　王　玲

授权公告日：2018.08.07

摘要：本发明提供一种动物医用脱毛剂，按重量百分含量计，由以下原料组成：Na_2S：8%~12.5%；增稠剂：5%~10%；保护剂：5%~10%；增塑剂：2.5%~5%；余量为水。本发明还提供其制备方法。本发明的动物医用脱毛剂既能保证脱毛剂与被脱动物被毛和毛根充分接触迅速脱毛，又能精准确定脱毛范围，且对动物皮肤具有保护作用，脱毛后将断裂的被毛连同滑石粉一并擦去，脱毛既快又方便，对脱毛部位没有刺激，无明显不良反应。本发明的脱毛剂适用于动物外科手术及皮肤刺激性试验备皮。

专利名称：一种防治牦牛麦娘姆龙病的藏药组合物及其制备方法

专利号：ZL201510003271.7

发明人：李建喜　孔晓军　王学智　王旭荣　张景艳　秦　哲　王　磊　孟嘉仁

授权公告日：2018.01.04

摘要：本发明公开一种防治牦牛麦娘姆龙病的藏药组合物，其配比如下：玛努巴扎40~60重量份、嘎加90~110重量份、阿如热140~160重量份、君木杂190~210重量份、君西240~260重量份和铺夺290~310重量份。该藏药组合物对牦牛麦娘姆龙病具有针对性强、疗效确切、简便易廉，其排泄物不会对日益脆弱的高原生态环境造成威胁。

专利名称：一种中药提取物及其应用

专利号：ZL201410748128.6

发明人：郭志廷　梁剑平　罗晓琴　尚若锋　郭文柱

授权公告日：2018.02.02

摘要：本发明公开了一种中药提取物，所述中药提取物为常山碱，是以中药常山为原料，经过超声提取或乙醇回流提取得到的，并提供了其在制备防治畜禽球虫病的口服液中的应用。本发明的有益效果为：本发明提供的中药提取物及其应用，是采用酸水处理+超声提取的组合方法或乙醇回流的提取方法，将常山中有效抗球虫成分常山碱充分提取出来，大幅提高常山的抗球虫效果，同时对常山资源也是一种保护。另外，通过用本身具有防腐作用的低浓度乙醇溶解常山碱浸膏制得口服液，具有生产工艺简便、节约成本、保质期长、临床使用方便和便于工业化生产等优点。本发明与现有的抗球虫中药单体或复方相比具有很高的创新性。

专利名称：一种用于防治禽呼吸道感染的药物及其制备方法

专利号：ZL201510002337.0

发明人：梁剑平　郝宝成　尚若锋　刘　宇　王学红　陶　蕾　郭文柱　郭志廷　杨　珍　赵凤舞　贾　忠

授权公告日：2017.12.01

摘要：本发明公开了一种用于防治禽呼吸道感染的药物，包括以下组分：三氮唑核苷 0.1~1g，乙酰水杨酸钠 0.25~2.5g，乙酰甲喹 0.1~1g，羧甲基纤维素钠 0.25~2.5g，丙二醇 0.5~5mL，Tween-80 0.5~5mL。本发明提供的治疗禽呼吸道感染的药物可有效降低禽呼吸道感染发病率，且具有良好的治疗效果，治愈率达91.6%，该制剂在临床上具有广阔的推广应用价值。

专利名称：一种牛至精油微胶囊及其制备方法

专利号：ZL201610467722.7

发明人：梁剑平　陶　蕾　刘　宇　郝宝成　王学红　郭建钊　周玉岩　刘代辉　尚若锋　赵凤舞　杨　珍　陈　虹　贾　忠

授权公告日：2018.09.21

摘要：本发明提供一种牛至精油微胶囊，包括药芯、壁材和乳化剂；所述药芯为牛至精油；所述壁材为黄原胶和β-环糊精的混合物；所述乳化剂为单甘脂和蔗糖酯的混合物。本发明还提供其制备方法。本发明通过试验确定了药芯为牛至精油；壁材为黄原胶与β-环糊精，乳化剂为单甘脂和蔗糖酯，并优化了工业化生产的工艺参数，获得符合国内外标准的牛至精油微胶囊，可广泛应用于动物饲料添加剂。本发明利用喷雾干燥法对牛至精油进行加工，确定最佳工艺配方和喷雾干燥参数，开发研制牛至精油的微胶囊化产品，以期更好地保存牛至精油，保护其功效成分，并简化其储藏条件，拓展其应用范围，这样就可解决通过饲料添加代替抗生素，发挥抗菌促生长作用。

专利名称：截短侧耳素类衍生物及其应用

专利号：ZL201610168016.2

发明人：尚若锋　衣云鹏　刘　宇　艾　鑫　杨　珍　梁剑平

授权公告日：2018.03.16

摘要：本发明公开一种新的截短侧耳素类新衍生物，其具有氨基取代的嘧啶杂环侧链，结构式为：其中，R为或R1和R2各自独立的为H或C1~C4的直链烷基；m为0、1、2或3；n为1、2或3；X为C、N或O；R3为H、OH或NH_2。本发明的截短侧耳素类衍生物在体内和体外对多种耐药菌如耐甲氧西林的金黄色葡萄球菌，以及临床中常见的致病菌如金黄色葡萄球菌、枯草杆菌和大肠杆菌有显著的抑制作用，部分衍生物的抑菌活性要优于泰秒菌素，甚至与沃尼妙林相当，具有潜在的药用价值。

专利名称：一种用于制备血琼脂平板的培养基瓶

专利号：ZL201610677019.9

发明人：王　玲　杨　峰　魏小娟　罗永江　张　彬　苗小楼　杨　珍　郭文柱　郭志廷

　　　　刘　宇　周绪正　牛建荣

授权公告日：2018.05.11

摘要：本发明公开了一种用于制备血琼脂平板的培养基瓶，包括瓶体，瓶体外壁设有刻度线，所述瓶体上端设有分别向左右两侧倾斜的加样瓶嘴和倾倒瓶嘴，所述倾倒瓶嘴设有内置塞芯和密封盖，其中塞芯与倾倒瓶嘴内壁实现无缝密封插装，塞芯下端设有双层、上凸的弧面滤网，塞芯上端通过螺纹与密封盖旋紧固定；所述加样瓶嘴配置有盖面均布透气孔的透气盖，透气盖与加样瓶嘴通过螺纹旋紧固定。通过带有双层滤网的塞芯，能有效滤除瓶体内液态鲜血培养基表面因快速摇匀所产生的大量泡沫，使得倾注的血琼脂培养基凝固后形成光滑、平整、一致的表面，在确保血琼脂培养基质量的同时提高了操作效率，瓶体结构设计合理，便于实验操作和实验参数控制，可推广应用。

专利名称：一种羊只防疫鉴定保定栏

专利号：ZL201710010646.1

发明人：孙晓萍　刘建斌　高雅琴　郭婷婷　袁　超　杨博辉　冯瑞林

授权公告日：2018.09.21

摘要：本发明公开了一种羊只防疫鉴定保定栏，包括底架、前架、右架，所述底架上设有站立架，所述站立架左、右两边设有左、右拦挡，所述站立架上设有站立板，所述左拦挡下部通过位于底架上的纵向转轴相连，可绕所述转轴转动，所述左、右拦挡与羊站立时侧面的形状相适应；所述右拦挡上设有护板，所述左拦挡下部设有下护板，所述左拦挡上部包括前弯梁、后弯梁，前后弯梁之间设有数个水平承，连接所述前后弯梁顶端设有手柄；所述左拦挡由金属管焊接而成，上部中间设有缺口，所述缺口的形状与左拦挡上部相适应。本发明结构简单，省时省力，可减轻大量的工作量，提高工作效率。

专利名称：用于奶牛乳腺上皮细胞原代培养的奶牛乳腺组织冻存液及其在乳腺组织冻存方法中的应用

专利号：ZL201610251629.2

发明人：李建喜　王旭荣　林　杰　王　磊　张景艳　王学智　张　康　杨志强

授权公告日：2018.07.01

摘要：本发明公开了一种用于奶牛乳腺上皮细胞原代培养的奶牛乳腺组织冻存液，是由胎牛血清 FBS、DMEM/F12 培养基、二甲基亚砜 DMSO 和 HEPES 缓冲液复配丙酮酸钠的贮存液按体积比 20∶12∶5∶3 的比例配制的；并提供了冻存液在奶牛乳腺组织冻存方法中的应用。本发明的有益效果为：本发明提供的一种用于奶牛乳腺上皮细胞原代培养的奶牛乳腺组织冻存液及其在奶牛乳腺组织冻存方法中的应用，能够减少频繁取材的麻烦，降低取材成本；大大简化组织块剪切、清洗、冻存和复苏等操作过程，有利于保持组织块生物活性，可有效保存 6~8 个月。

专利名称：一种用于产蛋鸡疾病性降蛋治疗的中药组合物及其制备方法和应用

专利号：ZL201510017757.6

发明人：谢家声　李锦宇　王贵波　辛蕊华　罗永江　罗超应　郑继方　谢姗姗

授权公告日：2018.02.09

摘要：本发明公开了一种用于产蛋鸡疾病性降蛋治疗的中药组合物，按照重量份计的配比如下：丹参 15~20 份、红花 10~12 份、益母草 10~15 份、三棱 5~7 份、莪术 5~7 份、淫羊藿 15~20 份、蛇床子 15~20 份、仙茅 15~20 份、虎杖 10~13 份；并提供了其制备方法和应用。本发明的有益效果为：本发明提供的一种用于产蛋鸡疾病性降蛋治疗的中药组合物及其制备方法和应用，主要用于恢复产蛋鸡疾病性产蛋下降，针对性强，配伍合理，加工简单，饲料添加给药，防治产蛋鸡"疾病性降蛋"的效果显著。

专利名称：一种用于治疗犊牛肺炎的中药组合物

专利号：ZL201510193020. X

发明人：李锦宇　王贵波　韩　霞　罗超应　谢家声　汪晓斌

授权公告日：2018.04.03

摘要：本发明提供一种用于治疗犊牛肺炎的中药组合物，所述中药组合物由以下原料药组成：生石膏 120±10 重量份，黄连 60±5 重量份，党参 50±5 重量份，生杭芍 50±5 重量份，半夏 40±4 重量份，厚朴 40±4 重量份，麦冬 40±4 重量份，射干 40±4 重量份，五味子 30±3 重量份，川贝母 50±5 重量份，甘草 30±3 重量份。本发明的中药组合物具有清热解毒，清肺宁嗽、利痰定喘、扶正祛邪的功能，既能清气分之火，又能凉血分之热，具有良好的清热解毒作用，而且本发明的中药组合物无毒副反应，适用于瘟疫热毒及一切火热之证，可用于犊牛肺炎的治疗。

专利名称：一种用于治疗羔羊肺炎的中药组合物及其制备方法和应用

专利号：ZL201510339436.8

发明人：李锦宇　王贵波　韩　霞　罗超应　谢家声　严作廷

授权公告日：2018.03.30

摘要：本发明公开了一种用于治疗羔羊肺炎的中药组合物，是由按照重量份计的以下原料制备得到的：生石膏 110~130 份，黄芩 55~65 份，党参 45~55 份，桑叶 45~55 份，玄参 36~44 份，百合 36~44 份，麦冬 36~44 份，鱼腥草 36~44 份，丹皮 45~55 份，甘草 27~33 份，并提供了其制备方法和应用。本发明的有益效果为：本发明提供的一种用于治疗羔羊肺炎的中药组合物及其制备方法和应用，经相关实验表明，具有清热解毒，清肺宁嗽、利痰定喘、扶正祛邪功能，既能清气分之火，又能凉血分之热，具有良好的清热解毒作用，且无毒副反应，适用于瘟疫热毒及一切火热之证，可用于羔羊肺炎治疗。

专利名称：防治公鸡无精少精症的药物

专利号：ZL201510006350.3

发明人：谢家声　李锦宇　王贵波　辛蕊华　罗永江　罗超应　郑继方　谢姗姗

授权公告日：2018.06.19

摘要：本发明提供了一种防治公鸡无精、少精病症的药物。本发明的药物由刺五加、仙茅、仙灵脾、菟丝子、蛇床子、阳起石等 6 味中药组成。该发明药物具有配方合理，加工简单，饲料添加给药，防治种公鸡无精症和少精症的效果显著的优点。

专利名称：一种预防和治疗奶牛产后不食症的中药组合物

专利号：ZL201510159670.2

发明人：李建喜　张景艳　张　宏　杨志强　王学智　王　磊　王旭荣　张　凯　孟嘉仁
　　　　秦　哲　孔晓军

授权公告日：2018.05.10

摘要：本发明提供一种预防和治疗奶牛产后不食症的中药组合物，所述中药组合物由以下质量份的各组分组成：六神曲 30~60 份、发酵黄芪 30~55 份、枳壳 15~45 份、山楂 15~45 份、甘草 15~45 份、茯苓 15~45 份、牧乐维他 0.1~0.3 份。本发明的中药组合物在产前、产后施予产犊母牛可改善母牛对饲料适口性，提高其自身防御力，有效防治奶牛产后不食症及因能量负平衡引起的代谢疾病和感染性疾病的发生，促进产后正常生理功能的恢复，从而提高奶牛的生产性能。

2. 其他专利及软件著作权

见表 2-1。

表 2-1　实用新型和外观设计专利及软件著作权汇总

序号	专利名称	类别	授权日	登记号	第一发明人
1	一种畜牧业用牧草切割装置	实用新型	2018.12.21	ZL201820454343.9	崔光欣
2	一种牧草播种碾压装置	实用新型	2018.12.21	ZL201820452978.5	崔光欣
3	一种盐碱地牧草免耕播种机	实用新型	2018.12.21	ZL201820454337.3	崔光欣
4	容积固定的液体容器	实用新型	2018.01.02	ZL201720664325.9	路　远
5	能按压的倒培养皿	实用新型	2018.01.02	ZL201720664099.4	路　远
6	顶头带夹的测量尺	实用新型	2017.12.22	ZL201720664151.6	路　远
7	简易播种器	实用新型	2017.12.22	ZL201720664105.6	路　远
8	带直角和插入角的小区划线装置	实用新型	2017.12.22	ZL201720664098.X	路　远
9	一种新型育苗点播器装置	实用新型	2017.12.22	ZL201720664272.0	路　远
10	一种带直绳的道路用划线器	实用新型	2017.12.22	ZL201720664323.X	路　远
11	条播器	实用新型	2017.12.22	ZL201720664324.4	路　远
12	能透水的图样草样袋	实用新型	2018.03.02	ZL201720664333.3	路　远
13	刻度可调的测量尺	实用新型	2018.03.02	ZL201720664156.9	路　远
14	一种容量瓶挂存装置	实用新型	2018.07.13	ZL201721150345.0	王晓力
15	一种移动式牲畜清洗系统	实用新型	2018.06.01	ZL201721092753.5	王晓力
16	一种用于牲畜饮水的自动计量装置	实用新型	2018.03.27	ZL201721150447.2	王晓力
17	一种可折叠便携式草地植被盖度测定框	实用新型	2018.01.09	ZL201720554517.4	张怀山
18	植株幼苗移栽器	实用新型	2018.11.27	ZL201820228119.8	张怀山
19	一种菌渣饲料多效混合系统	实用新型	2018.07.20	ZL201721227728.3	张　茜
20	一种循环式牛肝菌泡洗池	实用新型	2018.07.20	ZL201721228556.1	张　茜
21	一种便携式多功能样方框	实用新型	2017.12.29	ZL201720418021.4	周学辉
22	一种试剂管摇床固定装置	实用新型	2017.12.19	ZL201720578335.0	贺泂杰
23	一种多功能试管放置晾晒装置	实用新型	2018.03.09	ZL201720580185.7	贺泂杰
24	一种便携式土壤呼吸仪防雨罩	实用新型	2018.07.06	ZL201721399361.3	胡　宇
25	一种方便探头插入地表的预打孔套装	实用新型	2018.07.06	ZL201721399338.4	胡　宇
26	一种减少扬尘，可调三挡调整空隙的土壤筛	实用新型	2018.07.06	ZL201721399315.3	胡　宇

（续表）

序号	专利名称	类别	授权日	登记号	第一发明人
27	一种可固定在土钻刀头上的安全取土刀	实用新型	2018.07.06	ZL201721404016.4	胡 宇
28	一种适用于禾本科植物移栽用的易拆装塑料杯	实用新型	2018.07.06	ZL201721399313.4	胡 宇
29	一种沙拐枣修剪剪刀	实用新型	2018.04.10	ZL201721110195.0	张 茜
30	一种灌木修剪机	实用新型	2018.04.10	ZL201721108288.X	张 茜
31	一种林业用灌木栽培装置	实用新型	2018.04.10	ZL201721108207.6	张 茜
32	一种灌木抗寒保护装置	实用新型	2018.03.16	ZL201721108237.7	张 茜
33	一种菌渣饲料快速加工装置	实用新型	2018.07.20	ZL201721227746.1	张 茜
34	一种林业移栽灌木保护支架	实用新型	2018.06.19	ZL201721116974.1	张 茜
35	一种废菌糠生物肥生产系统	实用新型	2018.04.20	ZL201721227733.4	张 茜
36	一种用于动物细胞培养的自动转瓶机构	实用新型	2018.01.23	ZL201720836434.4	褚 敏
37	一种用于动物细胞培养的水浴锅	实用新型	2018.01.23	ZL201720807992.8	褚 敏
38	一种便于滑动的液氮罐冻存架的抽屉滑轨	实用新型	2018.02.23	ZL201720251715.3	褚 敏
39	一种改进的动物细胞反应装置	实用新型	2018.01.23	ZL201720821852.6	褚 敏
40	一种改进的动物实验室小料的储料装置	实用新型	2018.02.23	ZL201720799836.1	褚 敏
41	一种用于动物细胞培养的二氧化碳培养箱	实用新型	2018.03.16	ZL201720850412.3	褚 敏
42	一种新型的动物组织切样储存盒	实用新型	2018.02.03	ZL201720124882.1	褚 敏
43	一种易操作的高安全性组织样本采集工具	实用新型	2018.05.22	ZL201720251713.4	褚 敏
44	一种适用于冻存管的动物软组织专用取样器	实用新型	2018.04.03	ZL201720252341.7	褚 敏
45	一种方便站立的新型试管	实用新型	2018.12.07	ZL201820451502.X	褚 敏
46	一种可旋转式动物细胞培养皿用支撑架	实用新型	2018.11.07	ZL201820451504.9	褚 敏
47	一种新型培养瓶	实用新型	2018.11.07	ZL201820451989.1	褚 敏
48	一种组合式荧光定量 PCR 板	实用新型	2018.11.07	ZL201820451987.2	褚 敏
49	易于清理的动物实验装置	实用新型	2018.09.25	ZL201820223319.4	褚 敏
50	用于单人操作的动物试验装置	实用新型	2018.10.12	ZL201820223318.X	褚 敏
51	用于动物细胞培养的分体式水浴锅	实用新型	2018.10.12	ZL201820222202.4	褚 敏
52	用于束纤维强力检测的毛绒样品盛放盒	实用新型	2018.02.23	ZL201720895297.1	郭天芬
53	一种高效档案保存管理装置	实用新型	2018.08.24	ZL201721384903.X	郭天芬
54	一种纤维卷曲弹性仪照相装置	实用新型	2018.10.12	ZL201820473663.9	郭天芬
55	一种有色纤维制样夹持板	实用新型	2018.11.20	ZL201820335814.4	郭天芬
56	一种用于牦牛细胞培养瓶的支架装置	实用新型	2017.12.19	ZL201720612584.7	郭 宪

（续表）

序号	专利名称	类别	授权日	登记号	第一发明人
57	一种用于牛饲养的刹草机	实用新型	2017. 12. 22	ZL201720691180. 1	郭　宪
58	一种改进的牛粪处理装置	实用新型	2017. 12. 26	ZL201720678048. 7	郭　宪
59	一种用于牦牛细胞培养的换液装置	实用新型	2018. 01. 02	ZL201720496591. 5	郭　宪
60	一种适用于牦牛胚胎冷冻的镊子	实用新型	2018. 01. 05	ZL201720533763. 1	郭　宪
61	一种用于牛精子过滤式分离器	实用新型	2018. 01. 09	ZL201720387366. 8	郭　宪
62	一种用于牦牛饲养的场地清扫消毒装置	实用新型	2018. 01. 23	ZL201720886051. 8	郭　宪
63	一种羊用草料饲养槽	实用新型	2018. 01. 30	ZL201720691223. 6	郭　宪
64	一种改进的羊用消化代谢笼	实用新型	2018. 04. 17	ZL201721300404. 8	郭　宪
65	一种牦牛挤奶装置	实用新型	2018. 04. 17	ZL201721285132. 9	郭　宪
66	一种用于牲畜试验的幼崽保温箱	实用新型	2018. 05. 01	ZL201721383934. 3	郭　宪
67	一种牦牛用采精架	实用新型	2018. 05. 11	ZL201720449497. 4	郭　宪
68	一种用于牦牛弧形体尺测量仪	实用新型	2018. 06. 01	ZL201720354835. 6	郭　宪
69	一种用于牦牛胚胎培养的高压蒸汽消毒装置	实用新型	2018. 06. 26	ZL201720573016. 0	郭　宪
70	一种畜牧养殖粪便固液分离设备	实用新型	2018. 07. 06	ZL201721607978. X	郭　宪
71	一种改进的牦牛用胚胎移植装置	实用新型	2018. 07. 10	ZL201720516011. 4	郭　宪
72	牦牛冬季暖棚养殖用饲养槽	实用新型	2018. 08. 24	ZL201820084362. 7	郭　宪
73	羔羊大棚养殖用喂料喂水机构	实用新型	2018. 08. 24	ZL201820084361. 2	郭　宪
74	羔羊饲养机构	实用新型	2018. 09. 14	ZL201820164914. 5	郭　宪
75	牛犊养殖用自动喂料喂水车	实用新型	2018. 08. 14	ZL201820164913. 0	郭　宪
76	牦牛饲养喂料机构	实用新型	2018. 09. 18	ZL201820163677. 0	郭　宪
77	一种牦牛养殖用多功能固定拴系装置	实用新型	2018. 09. 28	ZL201820309555. 8	郭　宪
78	一种牦牛养殖用组装式围栏	实用新型	2018. 10. 02	ZL201820309554. 3	郭　宪
79	一种牦牛养殖用喂料槽	实用新型	2018. 11. 16	ZL2018205827866	郭　宪
80	一种牦牛养殖用饮水槽	实用新型	2018. 11. 16	ZL2018205810314	郭　宪
81	一种牦牛养殖用止痒刷	实用新型	2018. 12. 04	ZL2018205819639	郭　宪
82	一种牛羊饲料搅拌装置	实用新型	2018. 11. 13	ZL201820372219. 8	郭　宪
83	一种用于牛羊养殖场的清洁装置	实用新型	2018. 10. 16	ZL201820375624. 5	郭　宪
84	一种简易洗毛装置	实用新型	2017. 09. 22	ZL201720148516. X	李维红
85	一种试验用夹毛器	实用新型	2017. 09. 05	ZL201720148521. 0.	李维红
86	一种电镜切片用束毛装置	实用新型	2017. 09. 05	ZL201720148484. 3	李维红
87	一种毛束切片专用操作台	实用新型	2017. 10. 27	ZL201720148485. 8	李维红
88	一种自带支撑功能的新型试管	实用新型	2018. 01. 26	ZL201720812111. 1	李维红
89	一种水解专用集成装置	实用新型	2018. 01. 02	ZL201720748786. 4	李维红

（续表）

序号	专利名称	类别	授权日	登记号	第一发明人
90	一种样品保存架	实用新型	2018.03.27	ZL201720812787.0	李维红
91	一种气瓶固定装置	实用新型	2018.02.06	ZL201720774956.6	李维红
92	一种氨基酸试验用抽真空封口组件	实用新型	2018.11.02	ZL201820210895.5	李维红
93	一种氨基酸试验专用水解管	实用新型	2018.09.04	ZL201820169062.9	李维红
94	一种多层试管架	实用新型	2018.11.02	ZL201820169072.2	李维红
95	一种超低温组织研磨装置	实用新型	2017.12.26	ZL201720718787.4	裴 杰
96	一种超低温高通量组织研磨装置	实用新型	2017.12.26	ZL201720718788.9	裴 杰
97	一种聚丙烯酰胺凝胶点样孔冲洗器	实用新型	2017.12.29	ZL201720739891.1	裴 杰
98	一种板膜一体式荧光定量 PCR 板	实用新型	2018.01.02	ZL201720718789.3	裴 杰
99	一种单菌落挑取装置	实用新型	2018.01.02	ZL201720719550.8	裴 杰
100	一种固体培养基涂布装置	实用新型	2018.01.05	ZL201720739892.6	裴 杰
101	一种山羊挤奶台	实用新型	2018.05.04	ZL201720504255.0	王宏博
102	一种捕杀高原鼢鼠的弓箭	实用新型	2017.12.05	ZL201720469400.6	王宏博
103	一种淋浴式药浴池	实用新型	2018.06.29	ZL201720504254.6	王宏博
104	牦牛人工授精保定架	实用新型	2018.06.22	ZL201720400472.5	吴晓云
105	母牛人工授精保定架	实用新型	2018.06.22	ZL201720399415.X	吴晓云
106	应用在全自动食品安全快速检测仪的恒温控制系统	实用新型	2018.01.05	ZL2017 20690772.1	席 斌
107	一种牛肉酸脂类组分检测品控装置	实用新型	2018.11.23	ZL201720944322.0	席 斌
108	一种牦牛角按摩腰垫	实用新型	2018.05.04	ZL201720197727.2	熊 琳
109	一种便携式挤奶器	实用新型	2018.11.27	ZL201820453575.2	熊 琳
110	一种全自动病死畜禽尸体焚烧炉	实用新型	2018.11.27	ZL201820486089.0	熊 琳
111	一种便携式容量瓶架	实用新型	2018.01.05	ZL201720464870.3	杨晓玲
112	一种试验用均温加热板	实用新型	2018.01.26	ZL201720441278.1	杨晓玲
113	一种毛绒束纤维盛放盘	实用新型	2018.09.04	ZL201820110957.5	杨晓玲
114	一种用于 ELISA 实验的酶标板保湿盒	实用新型	2018.03.13	ZL201720448768.4	李宏胜
115	一种有效控制显微技数用的乳汁样品涂片辅助装置	实用新型	2018.11.27	ZL201820468726.1	罗金印
116	一种奶牛乳汁的人工采集装置	实用新型	2019.01.01	ZL201820610287.3	罗金印
117	一种用于多个样品细菌分离培养的分割培养皿	实用新型	2018.03.23	ZL201720448767.X	李宏胜
118	一种防止平板培养皿起水雾的电热套	实用新型	2017.12.19	ZL201720609375.7	严作廷
119	一种母牛卵子冷藏设备	实用新型	2018.12.07	ZL201820809558.8	张世栋
120	一种养殖场用门扣装置	实用新型	2017.12.12	ZL201720572421.0	程富胜
121	一种寄生虫卵滤筛装置	实用新型	2017.12.12	ZL201720512735.1	程富胜

序号	专利名称	类别	授权日	登记号	第一发明人
122	一种鸡采血保定装置	实用新型	2018.05.11	ZL201720225210.X	程富胜
123	一种带有移液枪架的容量瓶支架	实用新型	2017.12.12	ZL201720334739.5	焦增华
124	一种冰盒式冷凝水降温装置	实用新型	2018.01.09	ZL201720783304.9	杨亚军
125	一种移液管放置架	实用新型	2018.06.08	ZL201721199386.9	郭文柱
126	一种药物残留试验用动物组织样品收集器	实用新型	2018.01.09	ZL201720801410.5	郝宝成
127	一种无菌诱变反应器	实用新型	2017.02.09	ZL201720793701.4	郝宝成
128	一种新型实验鸡用静脉采血辅助插管	实用新型	2018.10.23	ZL201720793705.2	郝宝成
129	一种一次性吸管	实用新型	2018.03.23	ZL201720947192.6	刘宇
130	一种化合物性质检测对比装置	实用新型	2018.11.06	ZL201820558332.5	刘宇
131	一种熔点测试装置	实用新型	2018.11.06	ZL201820574042.X	刘宇
132	一种微量法测定沸点装置	实用新型	2018.11.30	ZL201820574043.4	刘宇
133	一种微量法沸点测定仪	实用新型	2018.11.06	ZL201820558335.9	刘宇
134	一种多功能化学实验用蒸馏装置实用新型	实用新型	2018.12.21	ZL201820576282.3	刘宇
135	一种连续蒸馏萃取装置实用新型	实用新型	2018.12.21	ZL201820575722.3	刘宇
136	一种固体及粉末状试剂样品称量用具	实用新型	2017.12.19	ZL201720647018.X	王玲
137	一种便捷安装式绵羊养殖栏	实用新型	2018.01.09	ZL201720344846.6	郭健
138	一种羊防疫检查注射固定装置	实用新型	2018.05.01	ZL201720321449.7	郭健
139	一种羊圈消毒器	实用新型	2018.05.01	ZL201720321450.X	郭健
140	一种简易绵羊个体保定装置	实用新型	2018.08.14	ZL201720544936.X	郭健
141	一种绵羊B超测定保定设施	实用新型	2018.03.16	ZL201720056064.2	孙晓萍
142	一种通道式绵羊人工授精设施	实用新型	2018.02.11	ZL201720096453.8	孙晓萍
143	一种绵羊药浴装置系统	实用新型	2018.05.04	ZL201720197051.7	孙晓萍
144	一种草原围栏装置	实用新型	2018.09.10	ZL201820281655.4	孙晓萍
145	一种吊角楼式鸡舍	实用新型	2018.08.22	ZL201820252608.7	孙晓萍
146	一种放牧草原放置舔砖装置	实用新型	2018.08.22	ZL201820242280.0	孙晓萍
147	一种羔羊补饲喂奶装置	实用新型	2018.09.05	ZL201820256234.6	孙晓萍
148	一种舍饲养羊自动饮水冲洗装置	实用新型	2018.08.27	ZL201820275533.4	孙晓萍
149	一种用于绵羊生产防疫的工作服	实用新型	2018.08.23	ZL201820282462.0	孙晓萍
150	一种微量称量用容器辅助装置	实用新型	2018.08.10	ZL201820097046.3	罗永江
151	一种可拆卸的容量瓶、量筒晾干与摆置支架	实用新型	2018.01.05	ZL201720546629.5	张景艳
152	一种可调节的细胞培养瓶支架	实用新型	2017.11.27	ZL201720661673.0	张景艳
153	一种畜牧兽医用牲畜诊疗固定装置	实用新型	2018.05.15	ZL201720278348.6	张康

（续表）

序号	专利名称	类别	授权日	登记号	第一发明人
154	一种阿魏菇种植培育架	实用新型	2018.04.10	ZL201721228935.0	董鹏程
155	一种新型的黑皮鸡枞菌采收盘	实用新型	2018.04.10	ZL201721227735.3	董鹏程
156	一种多效灌木平茬机	实用新型	2018.04.10	ZL201721217571.6	董鹏程
157	一种多层植物立体栽培架	实用新型	2018.04.20	ZL201721246521.0	董鹏程
158	羊肚菌室外种植定点加湿装置	实用新型	2019.01.01	ZL201820857169.2	董鹏程
159	具有节省种植空间多种植羊肚菌立体生态架	实用新型	2019.01.01	ZL201820855586.3	董鹏程
160	一种大棚种植羊肚菌优化种植经济地植结构	实用新型	2019.01.01	ZL201820855579.3	董鹏程
161	挂接装置	外观设计	2018.03.02	ZL201730426553.8	王晓力
162	紫外线荧光喷雾器	外观设计	2017.12.26	ZL201730349429.6	席斌
163	切换阀（液相）	外观设计	2017.12.29	ZL201730349430.9	席斌
164	一次性吸管	外观设计	2018.02.09	ZL201730401894.X	刘宇
165	脂肪吸管	外观设计	2018.02.09	ZL201730401893.5	刘宇
166	消毒剂喷瓶	外观设计	2018.03.27	ZL201730401895.4	刘宇
167	有机真菌包装盒	外观设计	2018.03.02	ZL201730428671.2	董鹏程
168	河西走廊常见盐碱植物生长形态监控系统 V1.0	软件著作权	2018.03.02	2018SR140233	崔光欣
169	常见野生花卉信息档案管理系统 V1.0	软件著作权	2018.03.02	2018SR140148	崔光欣
170	河西走廊盐碱地治理成效分析软件 V1.0	软件著作权	2018.03.02	2018SR140253	崔光欣
171	青贮添加剂选育系统 V1.0	软件著作权	2018.03.05	2018SR142294	崔光欣
172	野生饲用植物信息档案管理系统 V1.0	软件著作权	2018.03.05	2018SR142062	崔光欣
173	苜蓿青贮饲料制作加工管理系统 V1.0	软件著作权	2018.03.02	2018SR137604	崔光欣
174	盐碱地分布管理系统 V1.0	软件著作权	2018.03.05	2018SR142776	崔光欣
175	黑土滩型退化草地综合信息管理系统	软件著作权	2018.08.10	2018SR638830	崔光欣
176	河西走廊常见盐碱植物信息档案管理系统 V1.0	软件著作权	2018.03.05	2018SR142300	王春梅
177	河西走廊盐碱地盐害类型查询系统 V1.0	软件著作权	2018.03.02	2018SR140244	王春梅
178	菌种选育系统 V1.0	软件著作权	2018.03.02	2018SR139684	王春梅
179	盐碱地盐害类型查询系统	软件著作权	2018.03.02	2018SR139513	王春梅
180	河西走廊盐碱地成因分析软件	软件著作权	2018.03.02	2018SR140238	王春梅
181	河西走廊盐碱地分布管理系统	软件著作权	2018.03.05	2018SR140997	王春梅
182	河西走廊常见盐碱植物生长环境监测系统	软件著作权	2018.03.02	2018SR140153	王春梅
183	碱性土壤外施养分配方查询系统	软件著作权	2018.09.15	2018SR142301	王春梅

（续表）

序号	专利名称	类别	授权日	登记号	第一发明人
184	植物离子亏缺症状及适用配方查询软件	软件著作权	2018.09.12	2018SR142302	王春梅
185	植物营养液配方查询软件	软件著作权	2018.09.11	2018SR142303	王春梅
186	青贮饲料营养成分分析检测程序软件	软件著作权	2018.11.05	2018SR142304	王春梅
187	饲料成分综合分析及测试系统	软件著作权	2018.10.18	2018SR142305	王春梅
188	饲用玉米青贮饲料调配研究软件	软件著作权	2018.10.20	2018SR142306	王春梅
189	甜高粱青贮饲料管理调配系统	软件著作权	2018.11.05	2018SR142307	王春梅
190	燕麦营养成分分析管理系统	软件著作权	2018.10.24	2018SR142308	王春梅
191	饲料配方设计系统V1.0	软件著作权	2017.10.27	2018SR010211	王晓力
192	肉牛食品安全追溯体系管理平台V1.0	软件著作权	2017.10.27	2018SR010304	王晓力
193	高寒地区燕麦生产数据平台	软件著作权	2018.01.22	2018SR298993	王晓力
194	草类植物航天诱变后不同变异类型的分类管理系统	软件著作权	2018.3.28	2018SR214566	杨红善
195	牧草航天诱变种质材料田间种植管理系统	软件著作权	2018.3.28	2018SR213579	杨红善
196	草类植物空间诱变种质材料的分类管理系统	软件著作权	2018.3.28	2018SR214576	杨红善
197	生态农业网络平台	软件著作权	2017.12.18	2018SR144517	张茜
198	荒漠地区灌木饲草资源管理系统	软件著作权	2018.06.07	2018SR978330	张茜
199	黄土高原野生牧草管理系统	软件著作权	2018.06.14	2018SR977867	张茜
200	青藏高原野生牧草资源管理系统	软件著作权	2018.08.14	2018SR978345	张茜
201	肉牛饲喂管理数据平台［简称：饲喂平台］V1.0	软件著作权	2017.10.27	2018SR010204	朱新强
202	苜蓿生产关键技术技术集成平台	软件著作权	2018.01.22	2018SR297445	朱新强
203	动物养殖环境控制系统	软件著作权	2018.12.18	2018SR1032867	郭天芬
204	动物养殖监控系统	软件著作权	2018.12.18	2018SR1032257	郭天芬
205	动物养殖废物循环利用系统	软件著作权	2018.12.18	2018SR1032419	郭天芬
206	动物养殖面源污染治理管理系统	软件著作权	2018.12.18	2018SR1032286	郭天芬
207	动物养殖面源污染风险评价系统	软件著作权	2018.12.18	2018SR1032264	郭天芬
208	动物养殖面源污染监测管理系统	软件著作权	2018.12.18	2018SR1032281	郭天芬

（三）审定牧草新品种
中天1号紫花苜蓿
类别： 育成品种
育成人： 常根柱　杨红善　柴小琴　包文生　周学辉
品种登记号： 535
发证机关： 全国草品种审定委员会

登记时间：2018.08.15

简介：'中天1号紫花苜蓿'（以下简称：中天1号）利用航天诱变育种技术培育而成，2018年通过国家草品种审定委员的审定，登记为国家级牧草育成品种（登记号：535）。

该品种以2002年"神舟三号飞船"搭载的紫花苜蓿种子为基础材料选育完成。特性质优、丰产，品种多叶率、产草量、营养价值高。以5叶为主，品种多叶率达35.9%，而国外引进的主要多叶品种的平均值仅为6.31%，中天1号是国外品种的5倍以上。干草产量平均为每亩1 035.33 kg，比对照平均高产12.8%，国家区域试验最高干草产量达每亩1 789.9 kg。粗蛋白质含量平均为20.08%，达到我国苜蓿干草捆分级国家标准的一级等级。18种氨基酸总量为12.32%，平均高于对照品种1.57%。微量元素含量中，全锌、全锰、全铁和全镁，分别高出对照8.6%、23.3%、23.2%和7.2%。该品种适宜在西北内陆绿洲灌区、黄土高原以及华北等相同气候地区种植。

中天1号育成之前，我国苜蓿生产中没有真正意义上的多叶紫花苜蓿育成品种，国外引进的多叶苜蓿存在多叶率低的缺陷。该品种的选育成功，对提高我国紫花苜蓿的品质和产量具有重要意义，在形成苜蓿产业化方面具有品种资源优势，推广应用前景广阔。

陇中黄花补血草

类别：野生栽培品种

育成人：路　远　常根柱　周学辉　杨红善　张　茜

品种登记号：559

发证机关：全国草品种审定委员会

登记时间：2018.08.15

简介：陇中黄花补血草［*Limonium aureum*（L.）Hill 'Longzhong'］是以观赏性好、抗逆性强为主要选育目标，经过多年栽培驯化，选育出的具有花色艳丽，花期长，观赏性能好，抗性强和管理成本低的野生栽培观赏草品种。于2018年通过了国家草品种审定委员会审定，登记为野生栽培品种（登记号：559）。

该品种为白花丹科补血草属多年生草本。全株株高30~50cm，全株除萼外均无毛；根皮红褐色至黄褐色，根颈逐年增大而木质化并变为多头，茎基常被有残存叶柄和红褐色芽鳞；叶基生，灰绿色，在花期逐渐脱落，矩圆状匙形至倒披针形，长8.5~12cm，宽1.5~3cm，先端圆或钝，有时急尖，下部渐狭成平扁的柄；花序为聚伞花序，生于分枝顶端，组成伞房状聚伞花序，花序轴绿色且密被疣状凸起，自基部开始作数回叉状分枝，常呈"之"形曲折；苞片宽卵形，小苞片宽倒卵圆形，先端2裂；花萼漏斗状，膜质，长5~8mm，先端具小芒尖，裂片5，金黄色；聚伞花序位于上部分枝顶端，由3~5（7）个小穗组成，小穗含2~3（5）个小花，花瓣金黄色，基部合生，雄蕊着生于花瓣基部；种子千粒重0.476g，蒴果倒卵形或矩圆形，具5棱，包藏于花萼内；花期5—8月，果期7—9月。耐盐碱、耐贫瘠、耐干旱。

主要用于园林绿化、植物造景、防风固沙、饲用牧草和室内装饰等多种用途，其中花萼和根为民间草药。具有抗旱性强，高度耐盐碱、耐贫瘠、耐粗放管理；株丛较低矮，花朵密度大，花色金黄，观赏性强的显著特点。花期长，花形花色保持力强，花干后不脱落、不掉色，是理想的干花、插花材料与配材，也是良好的蜜源植物。适宜北方干旱、半干旱地区以及西部荒漠、戈壁生态条件种植。

（四）发表论文

见表2-2。

表 2-2　发表论文汇总

序号	论文名称	主要完成人	刊物名称	年	卷期号	页码	(级别, IF)	综述
1	Biologically active quinoline and quinazoline alkaloids part Ⅱ	尚小飞	Medicinal Research Reviews	2018			SCI	8.763
2	Antibacterial activity and pharmacokinetic profile of a promising antibacterial agent: 14-O- [(4-Amino-6-hydroxy-pyrimidine-2-yl) thioacetyl] mutilin	尚若锋	Pharmacological Research	2018	129	424-431	SCI	4.480
3	Yeast probiotics shape the gut microbiome and improve the health of early-weaned piglets	徐进强 蒲万霞	Frontiers in Microbiology	2018	9		SCI	4.019
4	The Anti-diarrheal Activity of the Non-toxic Dihuang Powder in Mice	尚小飞	Frontiers in Pharmacology	2018	8	1037	SCI	3.831
5	Preparation and characterization of dummy molecularly imprinted polymers for separation and determination of farrerol from Rhododendron agamniphum using HPLC	马兴斌 张继瑜	Green Chemistry Letters and Reviews	2018	11	513-522	SCI	3.364
6	Preparation and Evaluation of Oseltamivir Molecularly Imprinted Polymer Silica Gel as Liquid Chromatography Stationary Phase	杨亚军	Molecules	2018	27 (23)	1881	SCI	3.098
7	Differences in the intestinal microbiota between uninfected piglets and piglets infected with porcine epidemic diarrhea virus	黄美州 李剑勇	PLoS ONE	2018	13 (2)	e0192992	SCI	2.806
8	Extraction and identification of matrine-type alkaloids from Sophora moororotiana using double-templated molecularly imprinted polymers with HPLC-MS/MS	马兴斌 张继瑜等	JOURNAL OF SEPARATION SCIENCE	2018	44	1691-1703	SCI	2.557
9	MicroRNA-200a regulates adipocyte differentiation in the domestic yak Bos Grunniens	张永峰 阎 萍	Gene	2018	650	41-48	SCI	2.498
10	Characteristics of quinolone-resistant Escherichia coli isolated from bovine mastitis in China	杨 峰 张世栋	Journal of Dairy Science	2018	25	0	SCI	2.474
11	Synthesis and antibacterial activities of novel pleuromutilin derivatives	衣云鹏 尚若锋	Archiv Der Pharmazie	2018	29 (6)	1-11	SCI	2.288
12	Administration of an herbal powder based on traditional Chinese veterinary medicine enhanced the fertility of Holstein dairy cows affected with retained placenta	黄雪利 崔东安	Theriogenology	2018	121	67-71	SCI	2.136

（续表）

序号	论文名称	主要完成人	刊物名称	年	卷期号	页码	（级别，IF）	综述
13	Evaluation of 17 microsatellite markers for parentage testing and individual identification of domestic yak (Bos grunniens)	裴杰	PeerJ	2018	6		SCI	2.118
14	Feces and liver tissue metabonomics studies on the regulatory effect of aspirin eugenol eater in hyperlipidemic rats	马宁 李剑勇	Lipids in Health and Disease	2017	16	240	SCI	2.073
15	Molecular characterization of fluoroquinolone and/or cephalosporin resistance in Shigella sonnei isolates from yaks	朱阵 张继瑜等	BMC Veterinary Research	2018	14	177	SCI	1.958
16	Aspirin eugenol ester regulates cecal content metabolomic profile and microbiota in an animal model of hyperlipidemia	马宁 李剑勇	BMC Veterinary Research	2018	14		SCI	1.958
17	Comparative iTRAQ proteomics revealed proteins associated with horn development in yak	李明娜 阎萍	Proteome Science	2018	16	14	SCI	1.769
18	Copy number variations of KLF6 modulate gene transcription and growth traits in Chinese Datong Yak (Bos Grunniens)	Goshu 阎萍	Animals	2018	8	145	SCI	1.654
19	Endometrial expression of the acute phase molecule SAA is more significant than HP in reflecting the severity of endometritis.	张世栋	Research in Veterinary Science	2018	121	130–133	SCI	1.616
20	Prevalence and characteristics of extended spectrum β–lactamase producing Escherichia coli from bovine mastitis cases in China	杨峰	Journal of Integrative Agriculture	2018	17	60345–7	SCI	1.042
21	Determination of a new pleuromutilin derivative in broiler chicken plasma by RP–HPLC–UV and its application to a pharmacokinetic study	尚若锋	Journal of Chromatographic Science	2018	16 (4)		SCI	1.037
22	Correlation analysis of cashmere growth and serum levels of thyroid hormones in hexi cashmere goats	孙晓萍	International Journal of Agriculture & Biology	2018	20 (4)	921–925	SCI	0.746
23	Physiological characteristics of three wild sonchus species to prolonged drought tolerance in arid regions	田福平	Pakistan Journal of Botany	2018	50 (1)	9–17	SCI	0.69

（续表）

序号	论文名称	主要完成人	刊物名称	年	卷期号	页码	（级别，IF）	综述
24	Design and content determination of Genhuang dispersible tablet herbal formulation	辛蕊华	Pakistan journal of Pharmaceutical ciences	2017	30	655-661	SCI	0.649
25	Immune responses in mice immunized with mastitis multiple vaccines using different adjuvants	张哲 李宏胜	Acta Scientiae Veterinariae	2018	46	1583	SCI	0.217
26	不同毛色牦牛皮肤组织学观察及 MC1R 基因功能验证	唐朋	畜牧兽医学报	2018	49（7）	1377-1386.	中文核心（北大）	5%以内
27	牦牛鲜精与冻精 HSP70 表达差异比较研究	唐朋	畜牧兽医学报	2018	11	2514-2540	中文核心（北大）	5%以内
28	小鼠 miR-487b-3p 对 C2C12 增殖和分化调控作用的研究	崔繁笑	畜牧兽医学报	2018	11	2371-2383	中文核心（北大）	5%以内
29	诃子、矮紫堇、甘青乌头乙醇提取物对牛病毒性腹泻病毒的体外抑制作用	王丹阳 李建喜	畜牧兽医学报	2018	49（9）	2036-2043	中文核心（北大）	5%以内
30	马铃薯淀粉浓缩蛋白复合饲料对断奶仔猪生长性能的影响	王晓力	华北农学报	2017	32	226-232	中文核心（北大）	5%以内
31	马铃薯淀粉浓缩蛋白复合饲料对良凤花肉鸡生长性能和屠宰性能的影响	王晓力	华北农学报	2017	32	245-249	中文核心（北大）	5%以内
32	牦牛 IGF-IR 基因克隆及其序列分析	梁春年	华北农学报	2018	33（4）	39-45	中文核心（北大）	5%以内
33	不同动物模型对高山美利奴羊早期生长性状遗传参数估计的比较	张剑博 杨博辉	中国农业科学	2018	51（6）	1202-1212	中文核心（北大）	5%以内
34	冰鲜时间对不同性别青爪乌鸡和黄麻鸡鸡肉中肌苷酸含量的影响	席斌	食品工业科技	2018	41	21-29	中文核心（北大）	5%~25%
35	珍珠鸡与贵妃鸡鸡肉中营养品质比较研究	席斌	食品工业科技	2018	39	298-307	中文核心（北大）	5%~25%
36	五氯柳胺毒性的研究进展	董朕 周绪正	中国兽医科学	2018	48（7）	905-907	中文核心（北大）	5%~25%
37	脂磷壁酸体外诱导奶牛乳腺上皮细胞炎症模型的建立与评价	孙静 李建喜	中国兽医科学	2018	48（8）	1057-1065	中文核心（北大）	5%~25%

（续表）

序号	论文名称	主要完成人	刊物名称	年	卷期号	页码	级别，IF	综述
38	奶牛隐性乳房炎综合防制措施的研究与应用	王 丹 李宏胜	中国兽医学报	2018	38（3）	598-608	中文核心（北大）	5%~25%
39	药物体外肝代谢模型的研究进展	刘利利 张继瑜	中国兽医学报	2018	38（10）	2014-2019	中文核心（北大）	5%~25%
40	阿司匹林丁香酚酯的抗血小板聚集机制	申栋帅 李剑勇	中国兽医学报	2018	38（10）	1932-1937	中文核心（北大）	5%~25%
41	没有中兽医药学教育就没有中兽医药学的明天	罗超应	中国兽医学报	2018	38（6）	1260-1264	中文核心（北大）	5%~25%
42	江苏部分奶牛场乳腺炎病原菌的分离鉴定、耐药性及血清型研究	王 丹 李宏胜	中国预防兽医学报	2018	40（8）	680-686	中文核心（北大）	5%~25%
43	基于网络药理学分析消黄散治疗马火热壅盛证作用机制的研究	白东东 李宏胜	中国预防兽医学报	2018	40（9）	842-846	中文核心（北大）	5%~25%
44	鱼腥草芩蓝口服液抗炎镇痛作用研究	喻 琴 严作廷	动物医学进展	2018	39（8）	36-39	中文核心（北大）	25%以后
45	中药治疗奶牛乳房炎临床效果及作用机制研究进展	白东东 李宏胜	动物医学进展	2018	39（10）	90-95	中文核心（北大）	25%以后
46	金黄色葡萄球菌引起奶牛出血性乳房炎的诊治	王旭荣	动物医学进展	2018	39（3）	119-123	中文核心（北大）	25%以后
47	黄芪多糖提取工艺研究进展	梁子敬 李建喜	动物医学进展	2018	39（04）	101-104	中文核心（北大）	25%以后
48	HPLC法测定中药常山散中常山乙素、常山甲素的系统适用性研究	王 玲	甘肃农业大学学报	2018	53（4）	29-33	中文核心（北大）	25%以后
49	无角牦牛肉品质和肌肉脂肪酸组成分析	吴晓云	黑龙江畜牧兽医	2018	7	194-197	中文核心（北大）	25%以后
50	不同品种鸡肌肉中营养成分及脂肪酸分析	杨晓玲	黑龙江畜牧兽医	2018	19	71-74	中文核心（北大）	25%以后
51	大通牦牛肉与高原牦牛肉营养品质比较分析	席 斌	黑龙江畜牧兽医	2018	23	198-201	中文核心（北大）	25%以后

（续表）

序号	论文名称	主要完成人	刊物名称	年	卷期号	页码	（级别，IF）	综述
52	猪蛔虫病研究进展及防控展望	孙静 李建喜	黑龙江畜牧兽医	2018	13	52-56	中文核心（北大）	25%以后
53	中药"产复康"对奶牛产后子宫复旧的影响	那立冬 严作廷	江苏农业科学	2018	46（11）	11	中文核心（北大）	25%以后
54	无角牦牛体尺性状对体重影响的通径分析	裴杰	生物技术通报	2018	34（6）	102-108	中文核心（北大）	25%以后
55	响应面优化黄芪多糖的提取工艺	梁子敬	食品研究与开发	2018	39（21）	72-76	中文核心（北大）	25%以后
56	响应曲面法优化柽柳总黄酮提取工艺的研究	蔡文文 刘宇	天然产物研究与开发	2018	39（2）	67-71	中文核心（北大）	25%以后
57	金黄色葡萄球菌培养基的筛选及发酵条件的优化研究	张哲 李宏胜	微生物学杂志	2018	38（3）	36-41	中文核心（北大）	25%以后
58	霍氏灌注液质量标准研究	杨洪早 严作廷	西南大学学报（自然科学版）	2018	40（3）	1-9	中文核心（北大）	25%以后
59	大数据时代下企业云计算系统的有效构建	陈靖	长春大学学报	2018	28（5）	19-22	中文核心（北大）	25%以后
60	小鼠骨髓源 CD103～+ DC 分离培养及 LPS 对其形态与功能特征的影响	侯艳华 李建喜	浙江农业学报	2018	30（7）	1122-1131	中文核心（北大）	25%以后
61	miRNAs 对骨骼肌调控的研究进展分析	凌笑笑	中国畜牧兽医	2018	45（6）	1486-1492	中文核心（北大）	25%以后
62	健康奶牛子宫颈乳酸菌筛选方法的建立及其抑菌活性分析	桑梦琪 严作廷	中国畜牧兽医	2018	45（6）	1653-1660	中文核心（北大）	25%以后
63	基于网络药理学分析白头翁治疗猪腹泻的作用机制	白东东 李宏胜	中国畜牧兽医	2018	45（10）	2866-2875	中文核心（北大）	25%以后
64	藏草乌水煎提取液体外杀灭羊氢绵羊疥螨药效及皮肤毒性试验研究	宋向东 郝宝成	中国畜牧兽医	2018	45（5）	1408-1416	中文核心（北大）	25%以后
65	青蒿散抗鸡球虫药效研究	牛彪 梁剑平	中国畜牧兽医	2018	45（6）	1683-1691	中文核心（北大）	25%以后

（续表）

序号	论文名称	主要完成人	刊物名称	年	卷期号	页码	级别（IF）	综述
66	牛病毒性腹泻病毒、大肠杆菌和奇异变形杆菌混合感染致犊牛腹泻的研究	王丹阳 李建喜	中国畜牧兽医	2018	45 (1)	189-195	中文核心（北大）	25%以后
67	基于 Web of Science~ (TM) 的 "多糖表征" 研究论文产出分析	梁子敬 李建喜	中国畜牧兽医	2018	45 (3)	830-840	中文核心（北大）	25%以后
68	防治奶牛乳房炎中药组方的筛选及其抑菌杀菌作用研究	孙静 李建喜	中国畜牧兽医	2018	45 (7)	1990-2000	中文核心（北大）	25%以后
69	非遗传因素对高山美利奴羊早期生长性状及其遗传力估计的影响	张剑搏 杨博辉	中国畜牧杂志	2018	54 (8)	40-44	中文核心（北大）	25%以后
70	鱼腥草芩蓝口服液的毒理学研究	喻琴 严作廷	中国兽医杂志	2018	52 (9)	27-34	中文核心（北大）	25%以后
71	注射用温敏型原位凝胶研究进展	张振东 李剑勇	中国兽药杂志	2018	52 (1)	63-68	中文核心（北大）	25%以后
72	高效液相色谱法测定去褙散中柚皮苷和新橙皮苷的含量	张景艳	中国兽药杂志	2017	51 (12)	1002-1280	中文核心（北大）	25%以后
73	常山口服液抗鸡柔嫩艾美耳球虫广东分离株的疗效研究	王玲	中国兽医杂志	2018	52 (6)	46-51	中文核心（北大）	25%以后
74	五氯柳胺的残留与临床应用研究进展	白玉彬 张继瑜	中国兽医杂志	2018	52	67-71	中文核心（北大）	25%以后
75	基于复杂性科学论中医药学特色与优势	罗超应	中国中医基础医学杂志	2018	24 (10)	1368-1372	中文核心（北大）	25%以后
76	Applications of genomic copy number variations on livestock: A review	Habtamu Abera Goshu	African Journal of Biotechnology	2018		1313-1323		
77	Characterization of the complete mitochondrial genome of the Przewalski's gazelle Procapra przewalskii (Artiodactyla: Bovidae)	郭宪	Agricultural Biotechnology	2018	7 (6)	113-114		
78	Population genetic copy number variation of CHKB, KLF6, GPC1 and CHRM3 genes in Chinese domestic yak (Bos grunniens) breeds	简萍	Cogent Biology	2018	4 (1)			

（续表）

序号	论文名称	主要完成人	刊物名称	年	卷期号	页码	（级别，IF）	综述
79	饲用甜高粱代替玉米秸秆对羔羊生产性能和养分消化代谢的影响	王宏博	安徽农业科学	2018	46	71-73, 103		
80	无角牦牛的产肉性能及肉品质分析	梁春年	安徽农业科学	2018	46 (18)	74-75		
81	新丝路经济带西部地区羊肉中兽药残留风险分析	牛春娥	安徽农业科学	2018	46 (10)	153-154, 158		
82	绵山羊双羔素提高山羊繁殖率的研究	冯瑞林	畜牧兽医科学	2018	13	1-3		
83	利用CRISPR/Cas9系统敲除绵羊皮肤成纤维细胞Wnt2基因的研究	冯新宇 杨博辉	畜牧与兽医	2018	50 (2)	52-55		
84	不同牦牛肉氨基酸质量分析	李维红	湖北农业科学	2018	57 (12)	89-90, 105		
85	气相色谱法测定牛肉中的亚麻酸含量	席斌	湖北农业科学	2018	57 (9)	97-99		
86	五氯柳胺混悬液中抗氧化剂焦亚硫酸钠的含量测定	白玉彬 张继瑜	湖北农业科学	2018	57 (13)	75-78		
87	乙酰氨基阿维菌素原位凝胶注射剂体外释放度	张振东 李剑勇	湖北农业科学	2018	57 (10)	95-97		
88	乙酰氨基阿维菌素原位凝胶注射剂对小鼠的急性毒性研究	张振东 李剑勇	湖北农业科学	2018	57 (11)	68-69		
89	藏绵羊高海拔适应性及生产性能分析	孙晓萍	今日畜牧兽医	2018	34 (4)	50-52		
90	基于价值创造视角的大数据挖掘技术在管理会计中的应用	陈靖	经济论坛	2018	1	115-117		
91	恩拉霉素对大鼠的慢性毒性试验	续文君 郝宝成	南方农业学报	2018	49 (5)	1008-1015		
92	基于MOOnitor监测系统对青海大通地区无角牦牛冷季放牧行为的研究	丁学智	中国草食动物科学	2018	4	44-48		
93	牦牛SCD基因的克隆和生物信息学分析	付东海 梁春年	中国草食动物科学	2018	3	1-6		
94	乳源金黄色葡萄球菌耐药性分析与分型	赵昊海 蒲万霞	中国草食动物科学	2018	38 (2)	48-52		
95	新丝绸之路经济带西部地区牛肉品质分析	牛春娥	中国草食动物科学	2018	38 (2)	25-27		

（续表）

序号	论文名称	主要完成人	刊物名称	年	卷期号	页码	（级别，IF）	综述
96	羊肉重金属污染风险分析	牛春娥	中国草食动物科学	2018	38 (1)	67-70		
97	牦牛繁殖调控技术研究进展	罗文泽 郭 宪	中国畜禽种业	2018	14 (10)	61-62		
98	两种固相萃取柱在乙酰氨基阿维菌素药物学前处理中的比较	张振东 李剑勇	中国动物检疫	2018	35 (3)	86-89		
99	抗生素的根本出路在合理应用	罗超应等	中国合理用药探索	2018	15 (3)	72-75		
100	科研事业单位应用管理会计的问题与对策	陈 靖	中国集体经济	2018	14	131-133		
101	双氯芬酸钠注射液的靶动物安全性实验研究	李世宏	中国奶牛	2017	12	41-45		
102	牛病毒性腹泻病毒 RT-PCR 方法的建立	张 康	中国奶牛	2018	10	32-33		
103	放牧+补饲对无角牦牛育肥效果的研究	王宏博	中国牛业科学	2018	44 (2)	19-21		
104	双氯芬酸钠注射液治疗奶牛临床型乳房炎的试验报告	李世宏	中国乳业	2018	198	52-56		
105	常用抗生素对畜禽主要病原菌体外抑菌活性研究	张亚茹 李宏胜	中兽医医药杂志	2017	36 (6)	40-42		
106	金黄色葡萄球菌生物膜形成机制及中药调控作用的研究进展	李新圃	中兽医医药杂志	2018	6	29-34		
107	英黄散中四种药材的薄层色谱鉴别	苗小楼	中兽医医药杂志	2017	36 (6)	54-56		
108	偶蹄康对肉牛血液生理生化指标的影响	罗永江	中兽医医药杂志	2018	37 (6)	61-63		

（五）出版著作

见表2-3。

表2-3　出版著作汇总

序号	论著名	主编		出版单位	年份	字数（万）
1	甘肃优良牧草及育种方法	贺洞杰		甘肃科学技术出版社	2018.12	22.3
2	猪、鸡养殖及主要疾病的防治	贺洞杰		甘肃科学技术出版社	2018.12	30.5
3	草原生态与牧草倍性育种	路远		吉林大学出版社	2018.05	22.0
4	河西走廊盐碱地现状及常见盐生植物	王春梅　崔光欣 路远		中国农业科学技术出版社	2018.12	30.2
5	饲料加工利用技术与研究新视	王晓力　朱新强		中国农业科学技术出版社	2017.08	46.5
6	基地农产品加工新技术手册	张怀山		甘肃科学技术出版社	2018.11	43.7
7	抗霜霉病与耐旱苜蓿选育研究	李锦华		甘肃科学技术出版社	2017.12	32.0
8	鸡肉的加工技术与质量控制	席斌		东北农业大学出版社	2018.08	20.0
9	牛奶中兽药残留检测使用手册	熊琳		中国农业科学技术出版社	2018.06	22.0
10	奶牛隐性乳房炎诊断液LMT的研究与应用	李新圃　罗金印 李宏胜　潘虎		甘肃科学技术出版社	2017.10	21.0
11	中西兽医结合与中兽医现代化研究	严作廷　巩忠福		金盾出版社	2017.12	34.2
12	中兽医药传统加工技术	张继瑜　程富胜		中国农业科学技术出版社	2018.07	32.6
13	主要外来动物病	蒲万霞		甘肃科学技术出版社	2017.12	30.0
14	细毛羊繁殖技术	郭健		甘肃省科学技术出版社	2018.01	26.5
15	Mitochondrial DNA New Insight	刘建斌		Licensee Intech	2015	
16	羊肉质量安全风险控制及检验鉴别	牛春娥		甘肃科学技术出版社	2018.06	40.8
17	肉羊实用生产技术	孙晓萍		甘肃科学技术出版社	2017.11	52.0
18	优质安全羊肉生产、加工及质量控制关键技术	唐善虎　牛春娥		科学出版社	2018.05	40.0
19	牛病防治及安全用药	李建喜		化学工业出版社	2018	29.0
20	《新刊图像黄牛经全书》注解	李锦宇　王贵波		中国农业科学技术出版社	2018.07	22.8
21	中兽医古籍选释荟萃	罗永江		中国农业出版社	2017.12	22.0
22	世济牛马经注释	郑继方		中国农业出版社	2017.12	13.0
23	食药用菌菌包与菌渣饲料的农业循环利用	董鹏程　张茜		东北林业大学出版社	2018.05	33.7
24	兰州畜牧与兽药研究所所志 2008—2018	杨志强　孙研		中国农业科学技术出版社	2018	50.0
25	足迹（1999—2011）	杨志强　赵朝忠 符金钟		中国农业科学技术出版社	2018.03	51.7
26	足迹（2012—2016）	杨志强　赵朝忠 符金钟		中国农业科学技术出版社	2017.12	41.6
27	中国农业科学院兰州畜牧与兽药研究所年报（2016）	杨志强　赵朝忠 张小甫		中国农业科学技术出版社	2018.03	32.1

五、科研项目申请书、建议书题录

见表 2-4。

表 2-4　科研项目申请书、建议书汇总

序号	申报类别	项目名称	申请人	备注
1		高寒低氧胁迫下藏绵羊基因组内大片段获得与缺失变异发掘及功能分析	刘建斌	面上项目
2		生化汤治疗奶牛胎衣不下血瘀证的代谢组学表征和药效物质基础	崔东安	面上项目
3		阿司匹林丁香酚酯抗氧化应激致血管内皮细胞凋亡的分子机制	李剑勇	面上项目
4		截短侧耳素类衍生物侧链杂环结构的筛选及其构效关系研究	尚若锋	面上项目
5		耐药基因 blaCTX-M 在牛源大肠杆菌的传播机制	张继瑜	面上项目
6		CircANKS3 调控牦牛骨骼肌卫星细胞增殖和分化的分子机制研究	吴晓云	青年基金
7		添加外源抗氧化剂对冷季补饲牦牛抗氧化能力、肉品质及功能性成分的影响和作用机制	崔光欣	青年基金
8	国家自然科学基金项目	单穴位电针防治奶牛卵巢囊肿发生的调节机制研究	仇正英	青年基金
9		藏药伏毛铁棒锤有效部位灭杀虱蝇机理研究	郝宝成	青年基金
10		芳樟醇阻断奶牛子宫内膜炎致病性大肠杆菌生物膜黏附的分子机制	王磊	青年基金
11		芍药苷抑制溶血葡萄球菌侵染牛乳腺上皮细胞的 TLR2/NF-κB 信号机制研究	王旭荣	青年基金
12		紫菀酮调控肺气虚证大鼠 TLR4/NF-κB 信号通道的抗炎机制研究	辛蕊华	青年基金
13		基于代谢组学 OAE 对大鼠毒性作用机制研究	李冰	青年基金
14		查尔酮类化合物抗艰难梭菌的作用靶标及构效关系	刘希望	青年基金
15		阿司匹林丁香酚酯预防血管性痴呆的调控机制	秦哲	青年基金
16		N-乙酰半胱氨酸介导的牛源金黄色葡萄球菌青霉素敏感性的调节机制	杨峰	青年基金
17		基于 UHPLC-MS/MS 代谢组学方法的肉羊体内西马特罗代谢及残留研究	熊琳	青年基金
18		基于肠道菌群-炎性途径探讨长期锰暴露致神经毒性的作用机制	王慧	青年基金
19		治疗羔羊痢疾中兽药乌锦颗粒的研制与推广应用	王胜义	创新人才项目
20		甘肃野生优质牧草种质资源选育及应用	路远	创新人才项目
21	兰州市科技发展计划	防治鸡痘中兽药新制剂的研究	罗永江	农业类
22		秸秆、畜禽养殖废弃物处理及生物有机肥制备关键技术研究	王晓力	农业类
23		防治虱蝇病藏药伏毛铁棒锤新制剂的研制	郝宝成	生物医药类
24		防治猪支原体肺炎新兽药"紫菀百部颗粒"的研制与应用	辛蕊华	生物医药类
25		兰州市乳品质量安全风险评估及防控技术研究	熊琳	民生科技
26	甘肃省农牧厅项目	甘南州高寒草甸黑土滩分布和生态修复研究	崔光欣	退牧还草工程
27		优质野生牧草种质资源收集与新品种选育	路远	草牧业科技支撑
28	科技部	发展中国家中兽医药学技术国际培训班	王学智	援外培训项目
29		甘肃省中兽医药重点实验室	李建喜	重点实验室建设
30	甘肃省创新基地项目	甘肃省黄土高原生态环境重点野外科学观测试验站	董鹏程	野外科学观测站
31		甘肃省牧草及生态农业野外科学观测试验站	阎萍	野外科学观测站
32		草食家畜繁育甘肃省国际科技合作基地	阎萍	国际合作基地

（续表）

序号	申报类别	项目名称	申请人	备注
33	国家重点研发计划	基于减少抗生素用量降低农业环境污染的防控奶牛子宫（内膜）炎无抗新技术研究与标准化	王东升	政府间国际合作专项
34	中央公益性科研院所基本科研业务费院级统筹项目	临潭县生态畜牧业试验与示范	孙　研	科技扶贫
35		牦牛高效养殖技术示范推广	阎　萍	创新联盟
36		阿司匹林丁香酚酯对高脂血症大鼠胆固醇代谢的调控机制研究	杨亚军	创新平台
37		基于分子捕捉及多组学技术的抗寄生虫藏兽药物质基础及作用机理研究	尚小飞	
38	中央公益性科研院所基本科研业务费所级统筹项目	大蒜素介导的牛源金黄色葡萄球菌甲氧西林敏感性的调节机制	杨　峰	
39		锰敏感性信号通路和氧化应激在锰致神经毒性病变中的作用	王　慧	
40		甘肃省重要畜禽营养代谢与中毒病长期性监测	王东升	
41		AEE 原料药及片剂的稳定性与中试生产研究	焦增华	
42		EPR 缓释剂的质量标准及药代动力学研究	刘希望	
43		BVDV core 蛋白诱导牛巨噬细胞负调控分子 A20 表达的调用作用	张　康	
44		中兽药对仔猪肠道免疫功能的调节与保健作用	辛蕊华	
45		抗耐药性大肠杆菌生物膜的中兽药研究	王　磊	
46		伏毛铁棒锤有效部位灭杀虱蝇机理研究	郝宝成	
47		抗球虫中兽药常山口服液的研制	郭志廷	
48		茶树精油抑菌机理的研究	刘　宇	
49		广谱抗菌药物的合成与筛选	李　冰	
50		不同养殖模式牛源大肠杆菌耐药性分析	王玮玮	
51		牦牛共轭亚油酸沉积规律及营养调控的研究	王宏博	
52		白牦牛长毛性状功能基因挖掘及分子机理研究	包鹏甲	
53		基于蛋白质组学的牦牛精子冷冻损伤机制研究	吴晓云	
54		细毛羊关键性状多组学精准调控机制研究	郭婷婷	
55		盐角草蜡质沉积机制及分子基础研究	段慧荣	
56		旱生牧草种质资源收集、评价、保护及开发利用研究	胡　宇	
57		航天育种优质高产牧草新品种选育及推广	杨红善	
58		规模化奶牛养殖产排污系数监测及对粪污施肥土壤的特性研究	郭天芬	
59		特色畜禽肉中风味物质研究及关键控制点评估	席　斌	
60		青藏高原和黄土高原交错区生态环境保护与可持续发展研究	董鹏程	
61		河西戈壁生态循环农业发展路径研究	孔晓军	
62		西部地区人才引进措施探讨	赵　博	
63		溶血葡萄球菌侵染牛乳腺上皮细胞的模型研究	王旭荣	

（续表）

序号	申报类别	项目名称	申请人	备注
64		新兽药归芎益母散的研制与示范应用	崔东安	农业类
65		猫尾草品质评价及生产加工技术集成与示范	崔光欣	农业类
66		预防和减少奶牛产后疾病中兽药的研究与应用	严作廷	国际合作
67		藏兽药防治幼畜腹泻抗生素减量化技术研究	张 凯	国际合作
68		伊维菌素生产中的关键技术研究及在苏丹的推广应用	梁剑平	国际合作
69		航天育种优质高产牧草新品种选育及产业化推广	杨红善	工业类
70	甘肃省科技计划	基于肠道菌群-肠/脑轴调控 NO-cGMP-PKG 信号通路在锰暴露致神经毒性中的作用机制	王 慧	杰出青年基金
71		牦牛分子育种技术创新研究	梁春年	创新群体
72		盐处理下的盐角草组织肉质化形成机制研究	段慧荣	省自然基金
73		白虎汤增强细胞交叉呈递的免疫调控机制	张世栋	省自然基金
74		基于单细胞技术对高山美利奴羊次级毛囊形态发生的蛋白表达调控机制研究	郭婷婷	省青年基金
75		香樟精油阻断奶牛子宫内膜炎多重耐药性大肠杆菌生物膜黏附的分子机制	王 磊	省青年基金
76		CircANKS3 调控牦牛骨骼肌卫星细胞增殖和分化的分子机制研究	吴晓云	省青年基金
77	农业财政项目	青藏高原牦牛黄牛品种资源调查	阎 萍	开放项目

六、研究生培养

见表 2-5。

表 2-5　研究生培养情况

序号	导师	2018 年招生情况				2018 年毕业情况			
		学生	专业	所在学校	类别	学生	专业	所在学校	类别
1	杨志强					张世栋	基础兽医学	研究生院	博士
						孙 静	兽医	研究生院	硕士
2	张继瑜	王胜义	基础兽医学	研究生院	博士	朱 阵	基础兽医学	研究生院	博士
		邱燕华	基础兽医学	研究生院	硕士	马兴斌	基础兽医学	甘肃农业大学	博士
		SALAH UDDIN AHMAD	基础兽医学	研究生院	博士	邵莉萍	基础兽医学	研究生院	硕士
		何 源	兽医（非全）	甘肃农业大学	硕士				
3	李剑勇	张振东	基础兽医学	研究生院	博士	马 宁	基础兽医学	研究生院	博士
		贾希希	兽医	研究生院	硕士	申栋帅	基础兽医学	研究生院	硕士
		耿 响	兽医（非全）	研究生院	硕士	周 豪	基础兽医学	甘肃农业大学	硕士
4	李建喜	魏传龙	兽医（非全）	研究生院	硕士				
		乔芊芊	兽医	研究生院	硕士	侯艳华	兽医	研究生院	硕士
		闫遵祥	临床兽医学	研究生院	博士				

（续表）

序号	导师	2018 年招生情况				2018 年毕业情况			
		学生	专业	所在学校	类别	学生	专业	所在学校	类别
5	梁剑平	程峰	基础兽医学	研究生院	硕士	衣云鹏	基础兽医学	研究生院	博士
		谢宗秀	兽医	甘肃农业大学	硕士	吴晶	基础兽医学	甘肃农业大学	博士
						秦文文	兽医	研究生院	硕士
6	阎萍	葛菲	畜牧	研究生院	硕士	凌笑笑	动物遗传育种与繁殖	研究生院	硕士
		熊琳	动物遗传育种与繁殖	研究生院	博士				
		王兴东	动物遗传育种与繁殖	西北民族大学	硕士	唐朋	动物遗传育种与繁殖	甘肃农业大学	硕士
		张振宇	动物遗传育种与繁殖	西北民族大学	硕士				
7	杨博辉	韩梅	畜牧（非全）	研究生院	硕士	张剑搏	动物遗传育种与繁殖	研究生院	硕士
		赵洪昌	动物遗传育种与繁殖	研究生院	博士				
		朱韶华	动物遗传育种与繁殖	甘肃农业大学	博士				
8	李宏胜	严勇	兽医	研究生院	硕士	张亚茹	临床兽医学	甘肃农业大学	硕士
						王丹	兽医	研究生院	硕士
9	王学智	冯海鹏	临床兽医学	研究生院	硕士	王丹阳	兽医	研究生院	硕士
10	严作廷	杨洁	兽医	研究生院	硕士	喻琴	兽医	甘肃农业大学	硕士
						桑梦琪	兽医	研究生院	硕士
11	蒲万霞	何卓琳	兽医	研究生院	硕士	赵吴静	兽医	研究生院	硕士
12	周绪正	陈晨	兽医	研究生院	硕士				
13	丁学智	梁泽毅	畜牧	研究生院	硕士				
14	尚若锋	凡媛	兽医	研究生院	硕士				
15	高雅琴	王芳	食品加工与安全	研究生院	硕士				

七、学术委员会

研究所学术委员会

主　任：杨志强
副主任：张继瑜
秘　书：王学智
委　员：夏咸柱　李宁　南志标　吴建平　才学鹏　杨志强　张继瑜
　　　　刘永明　杨耀光　郑继方　吴培星　梁剑平　杨博辉　阎萍
　　　　时永杰　常根柱　高雅琴　王学智　李建喜　李剑勇　严作廷

第三部分　人才队伍建设

一、创新团队

2018 年，中国农业科学院科技创新工程进入全面实施阶段。"奶牛疾病""牦牛资源与育种""兽用化学药物""兽用天然药物""兽药创新与安全评价""中兽医与临床""细毛羊资源与育种""寒生旱生灌草新品种选育"8 个创新团队顺利开展工作，获得院科技创新工程经费 1665 万元。为充分调动科研人员的能动性和创造力，遵循协同、高效的原则，整合科技资源，优化重组科研团队。全所创新团队现有科研人员 90 人，其中团队首席 8 人、骨干 38 人、助理 44 人。

（一）牦牛资源与育种创新团队

牦牛资源与育种团队共有 10 名成员。团队首席阎萍研究员；骨干岗位 4 人，助理岗位 5 人；研究员 4 人，副研究员 2 人，助理研究员 4 人。2018 年度主要进行牦牛种质资源评价与创新利用研究。共发表学术论文 27 篇，其中 SCI 论文 6 篇；出版著作 2 部；授权专利 77 件；创收 97.0 万元；获得甘肃省科技进步奖二等奖 1 项。派出 6 人次进行短期学术交流。

（二）细毛羊资源与育种创新团队

细毛羊资源与育种创新团队首席为杨博辉研究员，团队人数为 9 人，其中研究员 2 人，副研究员 3 人，助理研究员 4 人，其中博士 4 人，硕士 2 人。完成了高山美利奴羊育成公羊、泌乳母羊、空怀母羊、怀孕母羊放牧营养监测和能量蛋白需要量研究及饲养标准制定。筛选了肉用绵羊最优杂交组合模式，制定了陇东黑山羊品种选育鉴定标准、肉羊体况评定和生产性能测定技术规范、肉羊同期发情技术规范和肉羊人工授精技术规范。通过全基因组关联分析筛选高山美利奴羊重要经济性状相关功能基因，细化完善细毛羊联合育种网络平台 10 个功能模块数据库，通过云计算平台遗传参数估计和 BLUP 遗传评定系统初步建立全基因组选择技术，构建重要性状常规集合分子育种技术体系。培育高山美利奴羊超细品系 6 190 只，多胎品系 680 只，肉用品系 685 只；推广高山美利奴羊成年种公羊 250 只，育成公羊 450 只，周岁公羊 1 350 只，成年母羊 800 只，累计推广种羊 2 850 只，改良细毛羊 40 万只。获得全国农牧渔业丰收奖二等奖 1 项；起草制定国家标准 1 项；发明专利授权 1 件，公开 5 件；出版著作 1 部，发表学术论文 5 篇；集成 19 项技术、2 个肉羊全产业链综合模式、4 个生产模式；向民盟甘肃省委员会提交促进我国草牧业高质量发展产业调研报告（3 万字）和建议书（3 千字）各一份；培养研究生 3 名；培训技术人员 175 名，培训农民人 430 次，合计 605 人次。

（三）兽用化学药物创新团队

兽用化学药物创新团队首席为李剑勇研究员，团队人数为 7 人，包括首席专家 1 名、骨干（副研究员）1 名，助理（助理研究员）5 名。其中 2 人具有博士学位、4 人具有硕士学位、兽用化学药物创新团队开展了兽用化学药物研制相关的基础研究和应用研究。团队成员专业涵盖药物化学、药物分析、临床兽医学及分子生物学等专业。成员分工明确、结构合理，形成了一支具有较强创新力和凝聚力的研究团队。发表论文 11 篇，其中 SCI 论文 4 篇；授权国家发明专利 1 件，授权实用新型发明专利 2 件；培养博士研究生 1 名，硕士研究生 3 名；2 人赴日本参加世界牛病大会会议，

4人赴肯尼亚进行学术交流访问。

（四）兽用天然药物创新团队

兽用天然药物创新团队首席为梁剑平研究员，团队人数为10人，其中研究员2人，副研究员3人，助理研究员5人，都是硕士研究生及以上学历，科研方向合理，具备一定的科研竞争力。通过对创新团队团队意识的培养，不断提升团队凝聚力、创新力和竞争力。营造善于创新、崇尚竞争、不断学习、开放包容的科研环境，为团队成员创造一个公平竞争、和谐向上的成长环境，增强科研内聚力。发表文章15篇，出版著作1部；授权发明专利8件，实用新型专利15件；培养研究生4名。

（五）兽药创新与安全评价创新团队

兽药创新与安全评价创新团队首席为张继瑜研究员，团队人数为10人，其中研究员2人，副研究员5人，助理研究员2人，研究实习员1人，其中博士3人，硕士5人。主要进行细菌耐药性机理研究和新药筛选、兽用抗寄生虫原料药和制剂的研制研究、抗寄生虫和抗病毒药物靶标筛选、筛选方法及其体系构建，抗动物原虫、抗菌抗炎药物的研制与开发，新型纳米载药系统构建、兽药新复方制剂和新型剂型开发、制剂新辅料研究；药理毒理学主要开展新兽药作用机理与毒性机制、抗生素耐药机理研究、化学药物和抗生素兽药残留及其对食品安全的影响，中兽药安全评价体系。立足现代化、新技术、新方法，开展兽用天然药物新制剂、质量控制方法及技术研究。其中新增项目6项，经费共计237万元；申报国家二类新兽药1项；获得发明专利7件；发表论文13篇，SCI收录5篇，最高IF 8.736；出版著作1部；在读博士研究生2名，留学博士研究生1名，在读硕士研究生5名，毕业硕士研究生2名，毕业博士研究生2名。

（六）奶牛疾病创新团队

奶牛疾病创新团队共有14名成员。团队首席杨志强研究员，研究骨干岗位5人，研究助理岗位9人；其中研究员3人，副研究员5人，助理研究员6人；博士7人，硕士4人。团队主要从事奶牛重要疾病的基础、应用基础和应用研究。建立了奶牛乳房炎区系图谱、研发了乳房炎主要病原菌快速检测技术及多联苗、建立了奶牛子宫炎区域谱、调研了子宫微生物多样性、调查了牛羊主要养殖区微量元素并开发了牛羊富硒饲喂添加剂、研制出治疗奶牛乳房炎的、治疗胎衣不下的归芎益母散、治疗羔羊腹泻新兽药乌锦颗粒中兽药及防治奶牛子宫内膜炎的微生态制剂，开展了犊牛腹泻中兽医证候本质的代谢组学研究、奶牛乳房炎大肠杆菌耐药性研究、奶牛子宫内膜炎相关miRNA分子筛选及功能研究、钙结合蛋白S100A4在奶牛子宫内膜炎症反应过程中的作用机制等研究。发表论文23篇，其中SCI论文5篇，出版著作3部，获得国家发明专利5件，实用新型专利2件。培养硕士研究生4人，博士研究生2名，培养陇原之光人才2人，引进匈牙利布达佩斯兽医大学奥托教授1人。

（七）中兽医与临床创新团队

中兽医与临床创新团队首席为李建喜研究员，团队人数为14人，其中研究员7人，副研究员4人，助理研究员3人。重点研究方向为中兽医诊断疾病的精准技术和高效防治技术创新、理论基础创新、产品创新等研究；研发出符合动物健康养殖的疾病防治综合配套技术，创制具有自主知识产权的新型中兽药产品，培育具有重大影响力的科技成果。2018年度开展以畜禽疾病主要证候相关标示物为靶标，构建中药效应物质体外识别体系；完成了奶牛和肉羊提质增效关键技术集成与示范；开展防治畜禽主要疾病的现代中兽药产品创制与应用研究；开展了防治奶牛子宫内膜炎植物精油的研究与应用。开展了本研究领域奶牛产业技术国内外研究进展、省部级科技项目、从业人员、仪器设备、国外研发机构数据调查；建立了网络版奶牛体系疾病控制数据共享平台数据库；完善了中兽医药陈列馆和中兽医药资源数字化共享数据库。出版著作5部，发表论文18篇，其中SCI论文1篇；培养研究生4名；制定地方行业标准2项；获得授权发明专利13件；获得新兽药证书1

个；7 人赴我国香港和荷兰参加学术交流。转化科技成果 4 项，转化经费 70 万元。

（八）寒生、旱生灌草新品种选育创新团队

寒生、旱生灌草新品种选育创新团队首席为田福平副研究员，团队人数为 15 人，其中研究员 1 人，副研究员 4 人，助理研究员 10 人。寒生、旱生灌草新品种选育创新团队 2018 年主要开展如下研究：寒生旱生灌草新品种常规育种；牧草航天诱变新品种选育；优质灌草抗旱分子基础研究及分子标记辅助育种；草地生态、饲料产品创制和开发研究。为国家和地方牧草新品种选育、草地生态环境建设提供品种资源和技术支撑。

2018 年收集、整理整合灌草基因资源 200 份；评价鉴定 100 份种质资源材料；发掘优异育种基因材料 10 份；获得国家草品种证书 2 个；培育 4 个牧草新品系；获得专利 33 件，获软件著作权 16 项；'中天 1 号紫花苜蓿'（登记号：535）和'陇中黄花补血草'（登记号：559）通过国家草品种审定，登记为育成品种；获甘肃省发明奖二等奖 1 项；合作培养硕士研究生 1 名，出版著作 4 部，发表论文 2 篇，其中 SCI 论文 1 篇。

二、职称职务晋升

（一）专业技术职务

根据《中国农业科学院关于公布 2017 年度晋升专业技术职务任职资格人员名单的通知》（农科院人〔2019〕51 号）文件精神，2017 年度我所有 13 人晋升专业技术职务，其中：

1. 高级专业技术职务

研究员：郭　宪　罗永江

副研究员：杨亚军　张景艳　王贵波　张世栋　巩亚东

以上七人专业技术职务任职资格和专业技术职务聘任时间均从 2018 年 1 月 1 日算起。

2. 中级专业技术职务

助理研究员：崔光欣　段慧荣　仇正英　杨　珍

实验师：赵　雯　张　彬

以上助理研究员任职资格和专业技术职务聘任时间均从 2017 年 7 月 1 日算起。实验师任职资格和专业技术职务聘任时间均从 2018 年 1 月 1 日算起。

（二）行政职务变化

2018 年 1 月 11 日，研究所召开干部大会，中国农业科学院党组书记陈萌山和农业农村部畜牧兽医局局长冯忠武、中共兰州市委宣传部调研员曾月梅出席会议。院党组成员、人事局局长贾广东主持会议。贾广东局长宣布了农业农村部党组和中国农业科学院党组关于孙研同志担任党委书记、副所长和刘永明同志因到退休年龄不再担任党委书记、副所长的决定。

第四部分　条件建设

一、购置的大型仪器设备

2018 年度修购专项"兽医临床诊治新技术协同创新仪器采购项目设备购置"，2018 年购置仪器设备 15 台（套）（表 4-1）。

表 4-1　购置仪器设备明细

序号	仪器名称	数量	价格（万元）	存放地点
1	全自动五分类动物血细胞分析仪	1	37.80	中兽医（兽医）研究室
2	高通量牛奶体细胞分析仪	1	120.00	中兽医（兽医）研究室
3	牛奶乳成分分析仪	1	108.00	中兽医（兽医）研究室
4	全自动微生物鉴定及药敏分析系统	1	69.80	中兽医（兽医）研究室
5	动物用 X 射线摄影系统	1	36.00	中兽医（兽医）研究室
6	小动物呼吸麻醉机	1	11.00	中兽医（兽医）研究室
7	示差折射光高效液相色谱仪	1	46.00	中兽医（兽医）研究室
8	电感耦合等离子体质谱仪	1	136.30	中兽医（兽医）研究室
9	薄层色谱点样仪与成像仪	1	44.00	中兽医（兽医）研究室
10	双色近红外激光成像系统	1	44.00	中兽医（兽医）研究室
11	生物大分子分析仪	1	58.40	中兽医（兽医）研究室
12	小型流式细胞计数仪	1	8.00	中兽医（兽医）研究室
13	冻干机	1	17.00	中兽医（兽医）研究室
14	快速全自动病原微生物检测系统	1	38.50	中兽医（兽医）研究室
15	多功能微孔板检测仪	1	21.80	中兽医（兽医）研究室

二、立项项目

2019—2021 年第五期修缮购置专项规划批复，研究所获批 5 个修缮购置项目，金额 3100 万元。其中，2019 年院所共享设备平台项目 1 个——GLP 和 GCP 认证兽用药物创制与安全评价仪器设备购置，金额 970 万元；2020 年院所共享设备平台项目 1 个——动物产品质量安全控制及营养品质评价仪器设备购置，金额 975 万元；2021 年项目 3 个，金额 1 155 万元，其中综合试验基地项目 2 个——张掖综合试验基地沙地沙化地改造，金额 576 万元，大洼山试验基地 SPF 标准化动物实验房净化设备设施升级改造，金额 324 万元；院所共享设施项目 1 个——科苑西楼电梯更换及水暖管网改造，金额 255 万元。

院所共享设备平台项目：GLP 和 GCP 认证兽用药物创制与安全评价仪器设备购置

来源：中央级科学事业单位修缮购置专项资金（仪器购置）

购置仪器：超高效液相色谱–三重四级杆质谱联用仪、高内涵筛选系统、脉冲场电泳仪、片剂混合压片封装设备、粉散剂预混剂混合与包装设备。

投资规模：680.00 万元。

三、实施项目

（一）中国农业科学院公共安全项目：张掖试验基地野外观测实验楼及附属用房修缮

来源：中央级科学事业单位修缮购置专项资金（房屋修缮类项目）

年度建设内容：

（1）野外观测实验楼维修建筑面积 650m²。

（2）种子加工车间及附属用房维修建筑面积 448.9m²。

（3）平房维修 2 栋共 8 间，建筑面积共 171.5m²。

（4）一号井及水塔维修。

（5）一号井房维修。

（6）机具棚维修面积 432m²。

（7）二号井房维修。

（8）铺设室外给水管 800m。

投资规模：230.00 万元。

（二）兽医临床诊治新技术协同创新仪器采购项目设备购置

来源：中央级科学事业单位修缮购置专项资金（仪器设备购置类项目）

年度建设内容：

（1）完成项目进口仪器采购申请；确定了招标代理，完成了招标参数论证；完成了仪器设备公开招标。

（2）购置相关仪器设备 15 台（套）（表 4-1）。

四、验收项目

无

第五部分　党的建设与文明建设

　　研究所党务工作根据 2018 年初制定的工作要点，在理论学习、组织建设、党风廉政建设、文明建设和离退休职工管理工作等方面精心组织、严抓落实，为创造现代化研究所提供了坚强有力的保障。

一、理论学习

　　制定了《中国农业科学院兰州畜牧与兽药研究所 2018 年党务工作要点》《2018 年理论中心组组学习计划》，以中心组学习、职工大会、支部学习和集体学习教育等多种形式，开展丰富多彩的系列学习教育活动，确保学习教育活动有序开展。

　　3 月 5 日，研究所召开职工大会，学习贯彻党的十九届三中全会精神和 2018 年农业农村部、中国农业科学院全面从严治党工作会议精神。

　　3 月 22 日，研究召开第四届职工代表大会第七次会议。会议由党委书记孙研同志主持，35 名职工代表参加了会议，全体在职职工列席了大会。会议听取并审议了杨志强所长代表所班子作的题为《不忘初心促发展，牢记使命谱新篇》的工作报告、2017 年财务执行情况报告和 2018 年工作要点，审议了《兰州畜牧与兽药研究所工会 2017 年工作与财务执行情况报告暨 2018 年工作要点》《第四届职工代表大会第六次会议代表意见落实情况报告》。

　　3 月 23 日上午，研究所组织召开 2018 年理论学习中心组第一次学习暨理论务虚会，深入学习党的十九届三中全会、全国"两会"精神，学习唐华俊院长在中国农业科学院传达贯彻全国"两会"精神干部大会上的讲话精神，讨论深化改革创新，加快现代化、创新型研究所建设的具体举措，孙研书记主持会议。

　　3 月 28 日，研究所召开青年职工座谈会。会上，青年职工分享了入职以来的收获和体会，结合自身工作经历，聊困惑、谈未来，从学科发展、科研条件、团队建设、人才培养等方面积极建言献策，展现了研究所青年职工奋发向上、勇于开拓创新的精神面貌和创新思维。党委书记孙研和党委副书记杨振刚、党办人事处副处长荔霞及青年职工代表 20 余人参加了会议。

　　5 月 25 日，研究所召开理论中心组扩大学习会议，进一步学习贯彻习近平总书记致中国农业科学院建院 60 周年贺信精神。中心组成员围绕学习贯彻贺信精神的体会，就研究所发展规划、学科建设、制度建设、人才队伍建设、成果转化、文化建设、制约研究所发展的瓶颈问题等开展了研讨交流。

　　8 月 3 日，党委书记孙研主持召开理论学习中心组 2018 年第三次（扩大）学习会议。会议传达学习习近平总书记关于加强中央和国家机关党的政治建设的重要批示精神、中央和国家机关党的政治建设推进会精神，部院党组相关会议精神。

　　11 月 14 日，李建喜副所长，党办人事处荔霞副处长参加中共甘肃省委统战部召开的在全省党外知识分子中深入开展"弘扬爱国奋斗精神，建功立业新时代"活动动员大会。

　　11 月 22 日，研究所邀请中共甘肃省委党校教授、教务处处长、工商管理专业研究生导师组组长，甘肃省委讲师团成员鲜静林作《全面理性把握国内外形势　以供给侧结构性改革为主线推进高质量发展》专题报告会。

12月4日，研究所召开第五次理论学习中心组学习会议，传达学习院"两委书记"培训班会议精神，安排部署落实院"两委书记"会议精神的工作措施。会议还安排研究所青年党员代表围绕《中国共产党纪律处分条例》讲党课，并进行了集体廉政谈话。党委书记孙研主持会议。

二、组织建设

制定了《中共中国农业科学院兰州畜牧与兽药研究所关于党费收缴使用管理的规定》，进一步规范党费收缴管理，在中国农业银行设立党费专户，党费收缴手续完备，做到了收缴人、缴纳人签字，账账相符、账款相符，党费收缴往来凭证归档，留存完整。

1月10日，刘永明书记主持召开研究所党委会议，通报了研究所2017年度党费收支情况，讨论通过了研究所2017年度党委工作报告、2017年度党建述职评议考核方案、"宗教信仰"情况报告、信访查证报告以及2017年度"两学一做"征文评选结果。杨志强所长、张继瑜副所长、阎萍副所长、杨振刚副书记参加会议，李建喜副所长列席会议。

1月11日，研究所召开干部大会，中国农业科学院党组书记陈萌山和农业部兽医局局长冯忠武、中共兰州市委宣传部调研员曾月梅出席会议。院党组成员、人事局局长贾广东主持会议。贾广东局长宣布了农业部党组和中国农业科学院党组关于孙研同志担任党委书记、副所长和刘永明同志因到退休年龄不再担任党委书记、副所长的决定。研究所领导班子成员、中层干部和中级及以上专业技术职务人员参加会议。

1月29日至2月1日，研究所机关第一党支部、兽医党支部、机关第二党支部、草业党支部、兽药党支部、基地党支部等七个党支部召开支部党建述职考核大会，党委书记孙研、副书记杨振刚、研究所党建述职领导考核小组成员及各支部党员参加了会议。

2月6日，孙研书记主持召开2017年度领导班子民主生活会，杨志强所长代表所领导班子作对照检查，所领导班子成员逐个进行分析检查，开展了严肃认真的批评与自我批评，中共兰州市委组织部党员管理处处长来永峰、中国农业科学院监察局一处处长解小慧到会指导。

6月4日，研究所所长、党委副书记杨志强主持召开党委会议，研究确定兽医党支部张康、畜牧党支部陈来运、基地党支部李伟为2018年党员发展对象，并派其参加兰州市委有关培训。

9月25日，孙研书记主持召开党委会议，研究决定在原工会主席（工会法人）刘永明退休后，由工会副主席杨振刚同志担任工会法人，负责工会工作。杨志强所长、张继瑜副所长、阎萍副所长、李建喜副所长、党办人事处荔霞副处长出席会议，李建喜副所长列席会议。

12月4日，党委书记孙研主持召开党委会议，讨论同意张康、陈来运、李伟转为中国共产党预备党员。同意预备党员赵博同志按期转正。

三、党风廉政建设

2月12日，孙研书记主持召开研究所安全生产会议，会议传达学习了中国农业科学院关于做好2018年近期安全生产有关工作的通知，通报了中央纪律监察局公开曝光的违反八项规定的典型案例。会议还通报了研究所安全检查结果，安排了春节安全大检查工作，部署了2018年春节假期放假值班等相关事宜。张继瑜副所长、杨振刚副书记、李建喜副所长及各部门负责人参加了会议。

2月24日，研究所领导、中层干部、党支部书记参加中国农业科学院学习贯彻农业部从严治党会议精神视频大会。

3月8日，党委书记孙研主持召开中国农业科学院专项巡视研究所情况反馈大会。院纪检组李杰人组长、院巡视组张逐陈组长、王志东副组长、孟晨主任出席。会上，王志东副组长从5个方面反馈了巡视发现的问题，从4个方面提出了整改意见建议。李杰人组长从3个方面做了重要讲话。

杨志强所长作表态发言。张继瑜副所长、阎萍副所长、杨振刚副书记、李建喜副所长及全体职工参加了大会。

4月20日，党委副书记杨振刚主持召开专题会议，通报了院属单位近期查处的两起违规违纪案例，并要求与会人员引以为戒，在日常工作中提高红线底线意识，严格执行有关规定，不抱侥幸心理，树立严管就是厚爱的理念，做好本职工作。李建喜副所长、中层干部、创新团队财务助理及采购平台验货人、编辑部负责人等参加了会议。

10月26日，研究所召开警示教育会议，传达中央和国家机关、农业农村部警示教育大会精神和中国农业科学院有关工作部署。党委书记孙研表示，全面从严治党、党风廉政建设是新时代党的建设的重要内容，所党委纪委将进一步抓严抓实这项工作。

四、文明建设

1月，研究所荣获"中国农业科学院2015—2017年度文明单位"荣誉称号，并颁发荣誉证书。这是继2017年11月经复查合格继续保留"全国文明单位"荣誉称号后的又一个文明建设成果。

1月3日，从中国农业科学院获悉，研究所在院庆主题征文活动中获得"先进组织奖"，研究所周学辉的诗歌《行香子·继往开来》、李润林的小说《大洼山的毛老头》、符金钟的散文《聚力农科人 共筑中国梦——历史洪流中的我们农科人》分别入选"农科颂""农科情""农科赋"单元优秀稿件，并收入中国农业科学院建院60周年征文选编《甲子农科颂—世农科人》。

1月16日，研究所召开2017年度领导班子暨一报告两评议大会。杨志强所长主持召开一报告两评议会议，所班子及班子成员向中层以上干部、中级及以上职称人员作了述职报告，参会人员对所班子及班子成员进行了考核测评。

2月6日，研究所召开2017年总结表彰大会，杨志强所长讲话，孙研书记主持会议。会上，张继瑜副所长宣读研究所《关于表彰2017年度文明处室、文明班组、文明职工的决定》，杨振刚副书记宣读2017年度获有关部门奖励的集体奖名，李建喜副所长宣读2017年度获有关部门奖励的个人奖名单。所领导向受到表彰的文明处室、文明班组、文明职工代表颁奖。

3月7日，为庆祝国际三八妇女节，丰富女职工文化生活，增强女职工凝聚力，展现女职工创新拼搏的精神风貌，研究所工会组织在职女职工、女研究生、编外聘用女员工在白塔山开展了登山比赛活动。孙研书记、阎萍副所长、杨振刚副书记参加了活动。

3月22日，研究召开第四届职工代表大会第七次会议。会议由党委书记孙研同志主持，会议听取并审议了杨志强所长代表所班子作的题为《不忘初心促发展，牢记使命谱新篇》的工作报告、2017年财务执行情况报告和2018年工作要点，审议了《兰州畜牧与兽药研究所工会2017年工作与财务执行情况报告暨2018年工作要点》《第四届职工代表大会第六次会议代表意见落实情况报告》。

3月15日下午，机关第一党支部与机关第三党支部18名党员同志联合开展主题党日活动，集中观看影片《厉害了，我的国》。整部影片历时一个半小时，大家认真观看，用心体会，真实感受到了祖国发展的澎湃力量和科技创新给国家人民带来的巨大变化，广大党员同志表示，要紧密团结在以习近平同志为核心的党中央周围，以党的十九大精神为指导，深入贯彻国家创新驱动发展战略，按照"三个面向""两个一流"和"整体跃升"的要求，为农业科研事业贡献更大的力量。

4月11日，研究所在大洼山综合试验基地举行了"庆祝建所60周年纪念林植树活动"。植树现场，大家撸起袖子、挥镐扬锹、修坑栽树、填土扶正、培实新土、围堰浇灌，一派热火朝天的劳动景象。

4月13日，作为所庆60周年系列活动之一，研究所邀请我国著名兽药专家、研究所原所长赵荣材研究员作题为"为科研成果创新添助力——科研成果孵化的一些思考和体会"的报告会。所长杨志强主持会议。

4月28日，中国农业科学院第七届职工运动会在北京隆重举行。兰州牧药所在运动会上获"中国农业科学院群众性体育活动先进单位""中国农业科学院第七届职工运动会精神文明奖"和"中国农业科学院京外单位团体总分第二名"的好成绩。

5月11日，研究所举行了"喜庆建所60年，重整行装再出发"健步走活动。大家热情高涨、精神饱满，在美丽的黄河风情线上阔步向前，一路上欢声笑语，享受着运动带来的乐趣，展现了研究所职工蓬勃向上的昂扬斗志和健康生活的精神风貌。所长杨志强、副所长张继瑜与100多名职工、研究生参加了活动。

6月28日，在中国农业科学院纪念建党97周年大会上，研究所党委荣获中国农业科学院开展的2016—2017年度先进基层党组织称号，党办人事处副处长荔霞荣获优秀党务工作者称号，中兽医党支部尚小飞荣获优秀共产党员称号。

6月29日，研究所召开纪念建党97周年大会。会上，阎萍宣读了所党委《关于表彰2016—2017年度优秀共产党员、优秀党务工作者和先进党支部的决定》。大会向受表彰的优秀共产党员：曾玉峰、尚小飞、李剑勇、潘虎、符金钟、陈靖、董鹏程、郭宪、田福平，优秀党务工作者：荔霞、高雅琴、赵朝忠以及先进党支部：兽医党支部、机关第一党支部颁发了荣誉证书。

6月29日，研究所举办庆祝建党97周年暨建所60周年文艺演出。整场演出掌声不断，气氛热烈，新一代牧药人以饱满的热情、嘹亮的歌声、优美的舞姿，讴歌了建所60来研究所取得的辉煌成就，展现出了牧药人昂扬向上、干事创业的良好精神风貌。

7月24日，为庆祝建所60周年，研究所分别在所部大院和大洼山试验站举行了揭碑仪式。"扎根西部六十载　砥砺筑梦路犹长"石碑矗立在所部大院，象征着60华诞是研究所迎接新时代、迈向新征程、实现新发展、开创新辉煌的起点。

8月2日至3日，研究所组织36名研究生参加中国红十字会救护员培训班，学员全部通过考试并获得救护员证书。

8月8日，研究所举办了庆祝建所60周年散文诗歌、书画摄影作品展开幕式。本次活动展现了新时期牧药所人积极向上的精神风貌，为所庆营造了和谐喜庆的氛围。

9月13日至14日，兰州牧药所兽医党支部以"追随红色记忆，弘扬长征精神，不忘初心谋新篇"为主题，组织支部全体党员和职工22人，赴红色教育基地哈达铺和腊子口开展主题党日活动。

10月25日，为进一步增强党支部的凝聚力和战斗力、夯实理想信念、强化党员示范引领作用，机关第一党支部、畜牧党支部、基地党支部组织党员前往会宁县红色教育基地开展"弘扬长征精神，激发奋进力量"主题党日活动。

10月30日，研究所被授予"兰州市科普教育基地"和"七里河区科普教育基地"称号，授牌仪式在牧药所所史陈列室前举行。

五、离退休职工管理与服务工作

2月7日，研究所召开离退休职工工作通报暨2018年迎新春团拜会，杨志强所长通报了研究所2017年工作进展，孙研书记主持会议，研究所领导班子其他成员、职能部门负责人及离退休职工参加了会议。

2月8日，研究所领导班子成员分别带队走访慰问离休干部、退休老领导、老党员。各党支部书记分别带队走访慰问高龄职工、困难职工、困难职工遗属。共计走访慰问39人。

8月9日，研究所召开改革开放40年暨建所60年老干部座谈会。座谈会上，老干部畅谈改革开放40年来所历、所见、所闻、所思、所感，回忆研究所60年发展历程。老干部们一致认为，随着改革开放的不断深入，国家对科技创新的需求日趋迫切，支持力度不断加大，研究所抓住机遇，共同奋斗，开拓了研究所发展的新阶段。60 年所庆是历史的回顾、经验的总结、成就的检阅，更是奔向更高目标的新起点。老干部们都感到开心、放心、安心。

10 月 17 日重阳节当天，研究所组织离退休职工赴兰州市安宁区仁寿山公园开展重阳节秋游赏菊活动。本次重阳节秋游赏菊活动达到了贴近自然、愉悦身心、放松心情、加强交流和增进联络的目的，深受老同志们喜爱。

第六部分　规章制度

一、中国农业科学院兰州畜牧与兽药研究所研究生及导师管理暂行办法

（农科牧药办〔2018〕61号）

为了做好研究生的培养和管理工作，保障研究生在所期间的学习、生活和工作等方面顺利进行，保证学生身心健康，促进研究生德、智、体、美全面发展，提高研究生的培养质量，按照教育部《普通高等学校学生管理规定》和中国农业科学院研究生院学生管理的有关规定，结合研究所的实际情况，特制定本办法。

第一条　本办法适用范围

（一）研究所导师招收的中国农业科学院研究生院的硕士研究生和博士研究生。

（二）研究所导师作为第一导师合作招收的硕士研究生和博士研究生。

第二条　学生在所期间依法履行下列义务

（一）遵守宪法、法律、法规，遵守研究所各项规章制度。

（二）按规定缴纳学费及有关费用。

（三）遵守学生行为规范，尊敬师长，养成良好的思想品德和行为习惯，努力学习，完成规定学业。

第三条　学生在所期间的注册与请假制度

（一）所有研究生到所时，必须到科技管理处登记注册。

（二）研究生如需请假，请假应填写请假单，由导师签署意见后报送科技管理处备案。请假两周内，由指导教师签署意见后，研究所科研处主管领导批准。请假两周以上，经研究所科技管理处提出同意意见后，报研究生院研究生管理部门批准。

第四条　学生在所期间的住宿管理

（一）由研究所招收的中国农业科学院的研究生住宿由研究所统一安排。

（二）研究生必须严格遵守研究所有关住宿管理的规定。不得带领、留宿其他社会闲杂人员；不得使用大功率的电器；不得在宿舍内酗酒，严禁打架斗殴。

（三）研究生按照相关规定必须承担相应的费用。

第五条　研究生助学金及在所实验期间津贴发放办法

为了鼓励研究生在学期间勤奋学习和创新进取，促进人才成长，对我所研究生在所实验期间的助学金和研究生津贴发放做如下规定：

（一）助学金发放标准。

在所进行实验研究的学生助学金发放按照学生所在学校的规定由所在学校承担。

（二）在所期间的研究生津贴发放标准。

研究生津贴为研究生到研究所后，协助导师承担相应的研究工作任务所给予的经济补贴。研究生津贴由导师负担，由研究所统一安排支出。每学年科研管理处和导师要对学生的政治思想表现、

工作态度和工作质量进行考核，根据考核结果确定下一学年的津贴数额。

根据中国农业科学院《关于调整中国农业科学院研究生基本生活津贴和助研津贴的通知》（农科院研生〔2012〕37号）研究生津贴发放的标准为：硕士研究生1 500元/月，博士研究生2 000元/月；留学生补助：国家奖学金获得者无津贴，北京市奖学金获得者津贴发放标准为3 500元/月；研究生餐补标准为600元/月。

中国农业科学院研究生院的研究生津贴严格按照以上标准从导师课题中发放；联合招收的研究生津贴标准可参考执行。

第六条 有关论文发表和科技成果管理的规定

（一）研究生在所期间参与的试验和科研成果属研究所所有，研究生必须保守相关机密，不得随意将相关科研机密泄露出去，由此产生的法律后果将由泄密者承担。

（二）研究生科技论文和学位论文的发表规定。研究生攻读学位期间发表学术论文是指研究生入学后至申请学位前以第一作者、第一单位（导师所在研究所）正式发表的与学位论文内容有关的论文，文献综述类论文不计入。研究生科技论文的发表须得到研究所的同意，实行备案制度，研究生在论文投稿之前必须经导师审核签字后方可投稿，发表论文须注明研究所为第一完成单位（通讯作者）。部分涉及核心技术的研究内容将禁止公开发表。

（三）各学科博士、硕士研究生发表学位论文的要求按照《中国农业科学院学位授予标准》（自2016级研究生开始实施）执行。发表在影响因子3.0以上的SCI、EI、SSCI源刊物的学术论文，同等贡献的第二作者视同第一作者；发表在"增刊"上的学术论文，其累计影响因子最多只计算0.5。学术期刊分级标准参照中文核心期刊要目总览（北大版）。

（四）获得省部级科技成果奖三等奖以上（以一级证书为准），或获得国家发明专利（排名前2名），与研究内容相一致，可视同为达到发表论文的要求。

（五）研究生在申请学位前必须按照要求向科技管理处提交已发表论文的复印件，经审核合格后方可申请学位。论文尚未公开发表但已有录用证明者，须附上经导师签署意见的论文。

（六）因论文涉密而不能公开发表学术论文时，研究生应在中期考核前向研究所提出论文保密申请并报研究生院批准，具体要求见中国农业科学院《关于涉密研究生学位论文管理的暂行规定》。

（七）研究生在发表论文中被发现有抄袭、剽窃、弄虚作假和一稿多投行为，经核实后将视其情节轻重，按照《学生管理规定》处理，本人承担相应法律责任。

（八）研究生在攻读学位期间如未按规定发表学术论文，须在毕业前提交延期毕业申请并在1年内提出学位申请，延长期间，导师、学生的津贴全部停发，暂停研究生导师的招生资格。

第七条 研究生管理的组织

研究生管理是在研究所的统一领导下，由科技管理处和导师共同管理。成立由科技管理处专人负责的班级管理制度，设一个班，成立班委会，负责研究生的管理服务工作。

第八条 研究生指导教师工作条例

为保证研究生的培养质量，全面提高研究生指导教师（以下简称导师）队伍的整体素质，根据《中国农业科学院研究生指导教师工作条例》的有关规定，结合我所实际情况制定本条例。

（一）导师职责。

导师应熟悉并执行国家学位条例和研究生院有关研究生招生、培养、学位工作的各项规定。导师要全面关心研究生成长，培养学生热爱祖国、为科学事业献身的品德，在治学态度、科研道德和团结协作等方面对研究生提出严格要求。并协助科技管理处做好研究生的各项管理工作。

导师应承担研究生的招生、选拔工作（命题、阅卷及复试等），并进行招生宣传。

导师应定期开设研究生专业课程或举办专题讲座、教学实践活动等，严格组织学位课程考试，定期指导和检查培养方案规定的必修环节，并协助考核小组做好研究生开题报告、中期考核和博士生综合考试等工作。导师应指导研究生根据国家需要和实际条件确定论文选题和实验设计，指导研究生按时完成学位论文，配合科技管理处做好学位论文答辩组织工作，协助有关部门做好毕业研究生的思想总结、毕业鉴定和就业指导工作。

导师出国、外出讲学、因公出差等，必须落实其离所期间对研究生指导工作。离所半年以上由科技管理处审批报研究生院备案，离所一年应更换导师并暂停招生。导师应有稳定的研究方向和经费来源，年均科研经费不少于 20 万元。

（二）研究生导师津贴。

研究生导师津贴按照导师所培养学生（第一导师）的数量给予相应的津贴。标准为：每培养 1 名硕士研究生，导师津贴为 300 元/月，博士研究生，导师津贴为 500 元/月。可以累计计算。导师津贴从导师主持的科研项目中支付。

（三）导师的考评。

研究生院与研究所共同进行导师的考评。结合研究生培养工作和学位授予质量进行评估检查。对于不能很好履行导师职责，难以保证培养质量的导师，研究所应进行批评教育，直到提出停止其招生或终止其指导研究生的意见，报研究生院审批，同时停发导师津贴。

第九条　本办法自 2018 年 8 月 7 日所务会讨论通过之日起施行。

二、中国农业科学院兰州畜牧与兽药研究所因公临时出国（境）管理办法

（农科牧药办〔2018〕61 号）

为深入贯彻落实中共中央八项规定，切实加强因公临时出国管理，根据《中国农业科学院因公临时出国（境）管理办法》（农科院国合〔2016〕282 号）的文件精神，结合研究所实际情况，特制定本办法。

第一章　总则

本办法中所指的因公临时出国（境），是指受国际组织、外国政府机构、高等院校、科研机构、学会、基金会等的邀请，或由国内单位组团，出国（境）期限在 6 个月以内（含 6 个月），参加或从事与本人专业有关的各种国际会议、学术交流、合作研究、培训、讲学等公务活动，且出访时间、出访国家（地区）、出访路线等均有严格规定的出国（境）活动。

本办法适用于研究所在职人员、我院在站博士后研究人员（不含与院外单位联合招收的博士后研究人员，以下简称"博士后"）参照"科研人员"管理；我院中国籍在校研究生（以下简称"研究生"）在特殊情况下确需出国（境）执行公务的，需严格审批。

第二章　出访原则

（一）因公临时出国（境）实行计划管理，各研究人员根据实际工作需求和项目出国预算，按照中央关于外事工作有关要求制定下一年度出访计划，并于每年 10 月 1 日前交科技管理处。由科技管理处审核汇总后，上报所长办公会议，按照农科院国际合作局批准下达给研究所的出访计划数进行审议后，报院国际合作局审批。各研究室须严格按照院国合局批准下达给研究所的出国团组及人次指标计划执行。对于未列入当年计划的出访，不再允许申请临时出国指标；对于确需临时安排的重要出国（境）任务，应在个案报批时说明理由。

（二）因公临时出国（境）必须遵循务实、高效、精简、节约的原则，出访应有明确的公务目的和实质内容，讲求实效，有计划、有步骤地开展工作。不得安排照顾性和无实质内容的一般性出访，不安排考察性出访。

（三）领导干部出访应重点围绕本单位、本部门的科技与管理创新工作进行。领导班子成员原则上不得同团出访，也不得同时或 6 个月内分别率团在同一国家或地区考察或访问。所级（含）以下不直接从事科研、教学工作的管理和服务人员，原则上每年出国（境）不超过 1 次。但主管国际合作工作的负责人及国际合作工作管理人员，出国次数可根据工作需要安排。上述人员需严格执行现行国家工作人员因公临时出国（境）管理政策。每次出访团组总人数不得超过 6 人；每次出访不得超过 3 个国家和地区（含经停国家和地区，不出机场的除外），在外停留时间不超过 10 天（含离、抵我国国境当日）；出访 2 国不超过 8 天；出访 1 国不超过 5 天。赴拉美、非洲航班衔接不便国家的团组，出访 3 国不超过 11 天，出访 2 国不超过 9 天，出访 1 国不超过 6 天。各出访团组应首选直达航班，不得以任何理由绕道旅行，或以过境名义变相增加出访国家和时间。科研人员（含担任领导职务的专家学者）出国（境）开展学术交流合作，包括科学研究、学术访问、出席重要国际学术会议以及执行国际组织履职等任务，其出国批次数、团组人数、在外停留天数，可根据实际需要安排，不受前述条款限制。

（四）出访须有外方业务对口部门或相应级别人员邀请，邀请单位和邀请人应与出访人员的职级身份相称，不得降格以求。不得应境外中资企业（含各种所有制的中资企业）邀请出访。不得接受海外华侨华人、外国驻华机构邀请出访。严禁通过中介机构联系或出具邀请函。邀请函须包含明确的出访目的、出访日期、停留期限及被邀请人在国外的有关费用和往返旅费的支付情况等内容；邀请函应打印在邀请单位的信笺纸上，并有邀请人的工作单位、职务、联系方式及邀请人的原始签名。

（五）严禁通过组织"团外团"或拆分团组、分别报批等方式在代表团正式名单外安排无关人员跟随或分行。严禁派人为出访团组打前站。不得携带配偶和子女同行。

（六）严格控制"双跨团组"，如组织"双跨团组"应严格执行我所年度临时出国（境）计划，并事前征得参团人员所在的具有外事审批权单位的书面同意；确需组织地方人员参团的，仅限同一系统的地方省直部门和单位人员，并须事前征得省级外办书面同意，不得指定具体人选。严禁组织考察性、无实质内容或营利性双跨团组。必须严格按照有关规定审核本单位人员参加"双夸团组"。不得受理无外事审批权单位出具的征求意见函和组团通知，不得受理指定具体人选的征求意见函，不得委托无外事审批权的下属学会、协会、培训中心等单位组织"双跨团组"。

（七）因公临时出国（境）必须严格按批准任务实施，未经批准，不得增加出访国家（地区）和延长在外停留时间，不得以任何理由绕道旅行，不得取得一国签证而周游数国，不得改变身份，不得参加、访问与任务无关的活动和会议。

（八）所有因公出国（境）的人员必须通过因公渠道办理护照（通行证）和签证。即使持有目的国多次有效签证者或前往免签证国者，也须按规定提前办理有关审批手续。严禁通过因私（包括旅游）渠道出国（境）执行公务和进行考察、访问、交流、培训等活动。

（九）因公出访人员应诚实、守信，在因公出国（境）手续办理过程中及出访期间，若发现弄虚作假者，无故取消出访者将按相关规定进行查处。对违规出国（境）人员在 3 年内不再受理其因公出国（境）申请。

第三章 审批程序

（一）因公临时出国（境）人员需认真填写《因公出国（境）申请表》，提前 2~3 个月向科技管理处提交申请表和邀请函，通过临时性指标审批或者列入当年计划的因公临时出国（境）人员，除执行特别任务或需要保密的出访任务以外，填写我所《科研人员因公临时出国事前公示表》所内公示，公示期 5 个工作日。公示结束后提交完整的申报材料，包括邀请函、出访日程、代表团成员个人简历、代表团名单、公示结果、经费预算表、因公临时出国任务和预算审批意见表等，报科技管理处审核出国任务、条件建设与财务处审核出国各项经费及预算执行情况，由科技管理处负责人签署意见、报主管所领导批准、正式行文上报院国际合作局审批，并下达因公出国或赴港澳任务批件或确认件以及相关材料。

（二）因公临时出国（境）人员还需填写《因公临时出国人员备案表》或《因公临时赴港澳人员备案表》，同任务批件复印件一并交科技管理处，由科技管理处交党办人事处办理政审。党办人事处将原件留存。备案表与其他签证材料，由科技管理处一并报院国合局交流服务处。《因公出访人员备案表》一式四份，分别报院人事局、院纪检监察局和院国合局备案。

（三）参加本所以外的单位组团出访时，须提供组团单位的征求意见函、出国（境）任务通知书和任务批件、出访日程、出访费用预算。赴境外培训的同时还需提交国家外专局的审核批件。

（四）初次出国人员或者普通公务护照距有效日期未满半年者，自行在外交部指定的"护照相片定点照相点"拍摄，获取数字照片编号和纸质照片。同时初次办理护照人员还需携带本人身份证、户口本原件，提前到院国合局交流服务处签证办公室办理指纹采集及证件扫描。

（五）因公临时出国（境）人员向科技管理处提交《备案表》、照片、身份证复印件及各国驻华使领馆办理签证所需的其他材料。由科技管理处外事专办员协助办理护照、签证等相关手续。

第四章　外事纪律

（一）做好行前准备，深入了解前往国家的基本情况、双边关系以及安全形势，明确出访任务和目的，确保出访取得成效。

（二）因公出国（境）人员在对外交往中应维护国家利益，严格执行中央对外工作方针政策和国别政策，严守外事纪律，遵守当地法律法规，尊重当地风俗习惯，杜绝不文明行为，严禁出入赌博、色情场所，自觉维护国家形象。

（三）增强安全保密意识，未经批准，不得携带涉密载体（包括纸质文件和电磁介质等）；妥善保管内部材料，未经批准，不得对外提供内部文件和资料；不在非保密场所谈论涉密事项；不得泄露国家秘密和商业秘密。拟与外方洽谈的重大项目应按规定事先报研究所及主管部门同意，未经批准，不得擅自对外做出承诺或签署具有法律约束力的协议。

（四）增强应急应变意识，注意防范反华敌对势力的干扰、破坏，避免与可疑人员接触，拒收任何可疑信函和物品。增强防盗、防抢、防诈骗的自我保护意识，遇到重大事项应及时与我驻外机构取得联系。

（五）出访团组要注重节约，严格按照新颁布的相关规定安排交通工具和食宿，不得铺张浪费。对外收受礼品须严格按照有关规定执行。

（六）出访团组实行团长负责制，出访期间须主动接受我国驻外使领馆的领导和监督，及时请示报告。严格执行中央对外工作方针政策和国别政策，严守外事纪律，遵守当地法律法规，尊重当地风俗习惯，杜绝不文明行为，严禁出入赌博、色情场所，自觉维护国家形象。拟与外方洽谈的重大项目应按规定事先报主管部门同意，未经批准，不得擅自对外作出承诺或签署具有法律约束力的协议。

第五章　因公出国（境）经费管理

财务部门应切实加强因公临时出国（境）经费预算管理，遵守因公临时出国（境）经费先行审核制度，对无出国（境）经费预算安排的团组，一律不得出具经费审核意见。加强对因公临时出国（境）团组的经费报销管理，严格按照批准的团组人员、天数、路线、经费计划及开支标准执行，不得核销与出访任务无关和计划外的开支，不得核销虚假费用单据。科研人员使用国家科技计划（专项、基金）等经费出国（境）开展学术交流合作，应按照有关管理办法和制度规定执行，本着体现既符合科研活动规律、又符合预算管理要求的原则，严格按照项目预算及经费使用安排履行审核审批手续，不受"三公经费"额度限制。科研人员以及博士后、研究生确因特殊情况持因私护照出国（境）开展学术交流合作的，需凭出国（境）任务批件、出国（境）证件及出入境记录报销相关费用。

第六章　回国注意事项

（一）出访团组回国后，应认真撰写出访总结报告，在回国后 15 天内提交科技管理处。

（二）回国 7 天内，将所持"因公护照"交送院国际合作局交流服务处签证办公室，并取得签证票据。

（三）在未履行上述手续之前，科技管理处不予审核审批，条件建设与财务处不予核销出国费用。

第七章　护照管理

（一）研究所因公护照均由院国际合作局交流服务处签证办公室统一保管。严禁个人以各种理由保留因公护照。研究生不得持因公证照执行因公临时出国（境）任务，应持因私证照。

（二）因公出国人员需在回国后 7 天内将所持因公护照交还院国际合作局签证办公室。对于领取护照后因故未能出境者，自决定取消本次出国任务之日起，在 7 天内交回护照。逾期不交或不执行证件管理规定的，暂停其出国执行公务。

（三）因工作调动或离、退休等原因离开研究所人员的有效护照，科技管理处将上报院国际合作局，由院国际合作局通知发照机关予以注销。

（四）如持照人在境内遗失护照，应立即以书面形式上报科技管理处；科技管理处以书面形式上报院国际合作局，由院国际合作局通知发照机关予以注销。如护照在境外遗失，持照人应立即向我驻当地 使、领馆报告，由驻外使、领馆报发照机关注销。

（五）对丢失护照人员的护照申请，自丢失护照注销之日起，发照机关原则上 15 天内不予受理。对丢失护照未及时报告的人员，情节严重的，发照机关将视情况加重处罚。

（六）往来港澳通行证参照护照进行管理。

第八章　附则

（一）本办法如与上级有关文件不符，以上级文件为准。

（二）本办法自 2018 年 8 月 7 日所务会通过之日起施行。由科技管理处负责解释。

三、中国农业科学院兰州畜牧与兽药研究所科研助理管理办法

（农科牧药办〔2018〕61号）

为了加强科研助理管理工作，更好地促进和保障各创新团队、课题组科研工作开展，根据《劳动合同法》《中国农业科学院兰州畜牧与兽药研究所编外用工管理办法》，结合研究所实际，制定本办法。

第一章　适用范围

研究所各创新团队、课题组科研助理的招聘与日常管理。

第二章　招聘条件

（一）具有良好的思想政治素质，遵纪守法，品行端正，为人正派，作风严谨。
（二）具有良好的职业道德和团队协作精神。
（三）大学本科以上学历，本科学历人员年龄不超过30周岁，硕士、博士研究生年龄不超过35周岁。
（四）身体健康，全职在岗工作。
（五）所学专业与用人团队、课题组科研工作相适应。
（六）有科研工作经验者优先。

第三章　岗位职责

完成创新团队和课题组安排的工作任务。

第四章　日常管理

（一）聘用方式：采用劳务派遣形式招聘使用。
（二）招聘岗位计划：各创新团队、课题组根据工作需要提出招聘计划，明确招聘人员岗位及相应的招聘人数，经研究所领导班子审核同意后，由党办人事处统一组织招聘工作。
（三）人员管理。
1. 招聘人员实行合同管理。由研究所与劳务派遣公司协商签订劳务派遣协议。
2. 科研助理的日常管理由创新团队或课题组负责。
3. 各创新团队、课题组根据工作实际，制订工作岗位、任务职责、工作时间、业绩考核、奖励惩戒等用工管理制度，以书面形式告知招聘人员，并报党办人事处备案。
4. 各创新团队或课题组应按日对招聘人员进行考勤。
5. 对不能胜任工作者或违反研究所管理制度者，创新团队或课题组应据实提出辞退意见，按照程序办理辞退手续。
6. 科研助理出差执行研究所差旅费管理办法。

第五章　聘期待遇

（一）工资：研究所统一制定聘用人员的工资标准：大学本科每月4 000元，硕士研究生每月5 000元，博士研究生每月6 000元，各创新团队、课题组结合实际为聘用人员计发工资。

（二）社会保险及福利。

1. 研究所按照规定为聘用人员办理社会保险，包括养老、工伤、失业、医疗及生育保险，并缴纳相应的保险费用。

2. 保险费个人承担部分由聘用人员个人负责缴纳。

（三）经费渠道：科研助理的工资、社会保险费、劳务派遣管理费从各创新团队、课题组科研经费劳务费预算中列支。

第六章　附则

本办法自2018年8月7日所务会通过之日起施行。由党办人事处负责解释。

四、中国农业科学院兰州畜牧与兽药研究所科技成果转化管理办法

（农科牧药办〔2018〕84号）

第一章　总　则

第一条　为落实国家创新驱动发展战略，规范研究所科技成果转化活动，推动研究所科技成果快速转化应用，维护研究所和科研人员的合法权益，根据《中华人民共和国促进科技成果转化法》《实施〈中华人民共和国促进科技成果转化法〉若干规定》等国家有关法律法规，结合研究所实际，制定本办法。

第二条　本办法所指的科技成果是指主要利用研究所物质技术条件和财政性资金，通过科学研究与技术开发所产生的具有实用价值的职务科技成果。包括但不限于专利权、专利申请权、著作权、专有技术、品种、兽药、饲料等。

第三条　科技成果转化是指为提高生产力水平而对科技成果所进行的后续试验、开发、应用、推广直至形成新技术、新工艺、新材料、新产品，发展新产业等活动。

第四条　科技成果转化应遵守国家法律法规，尊重市场规律，遵循自愿、互利、公平、守信的原则，依照法律规定和合同约定，享受权益，承担风险，不得侵害研究所合法权益

第五条　本办法中的科技成果转化不得涉及国家秘密。

第二章　组织与实施

第六条　科技管理处是研究所科技成果管理、转化和知识产权运营的专门职能机构，对研究所科技成果的使用、处置、收益、转化奖励和知识产权的运营等事项实施归口管理，负责科技成果转化相关的服务工作。主要职责如下：

（一）展示、宣传和推广研究所科技成果。

（二）知识产权的运营及维权，提供知识产权的申请、维持和统计服务。

（三）组织实施研究所科技成果转化。

（四）落实研究所科技成果转化年度报告。

（五）科技成果鉴定、登记及各级各类科技奖的申报组织。

（六）科技成果转化信息化平台的维护。

（七）与科技成果转化相关的技术、法律等支持。

第三章 实施与保障

第七条 科技成果可以采用向他人转让或许可该科技成果；以该科技成果作价投资，折算股份或者出资比例；自行投资实施转化；以该科技成果作为合作条件，与他人共同实施转化等多种方式进行转移转化。可以通过协议定价、在技术交易市场挂牌交易、拍卖等市场化方式确定价格。同时，研究所通过所长办公会议对重大科技成果转化项目进行决策。

第八条 成果转化协议定价必须公示，公示内容主要是成果名称、主要完成人、成果简介等基本要素和拟交易价格等，公示期为 5 个工作日。如公示期内无异议的，按程序办理成果转化的相关手续；如公示期内有异议的应中止交易，待核实相关情况后重新公示；异议必须实名并以书面形式向科技管理处提出。

第九条 研究所将科技成果转化业绩作为对个人及团队绩效考评的评价指标之一，在专业技术职务晋升和绩效考核中应体现科技成果转化。

第十条 科技成果许可和转让取得的收入全部留归研究所，由研究所财务统一管理、统一核算。扣除对完成和转化职务科技成果作出重要贡献人员的奖励和报酬后，应当主要用于科学技术研发与成果转化等相关工作，并对研究所成果转化工作的运行和发展给予保障。

第四章 科技成果转化

第十一条 进行科技成果转化时，科技成果负责人须将转化方案提前报科技管理处审核。

第十二条 通过许可方式实施科技成果转化，必须订立《技术许可合同》或《专利实施许可合同》，合同应约定：科技成果名称和技术内容、许可方式和范围、许可年限和起止时间、实施过程中产生的科技成果归属、违约责任以及纠纷处理方式等。横向科技合作中涉及科技成果许可使用的，应在合同中签订科技成果许可使用的条款并约定科技成果的许可费。

第十三条 《技术许可合同》或《专利实施许可合同》由科技管理处审核。《专利实施许可合同》按《专利法》及其实施细则规定向主管部门备案。

第十四条 通过转让方式实施科技成果转化，科技成果完成人（以下简称"完成人"）应协助科技管理处提供如下材料。

（一）完成人团队负责人申请报告。

（二）转让协议（草案）。

（三）拟转让的科技成果相关资料及清单。

（四）受让人基本情况。

（五）其他有关资料。

第十五条 对涉及国家安全、国家利益和重大社会公共利益的作价投资事项需向上级主管部门进行报批或备案的，由科技管理处按照有关政策法规办理。对列入《中国禁止出口限制出口技术目录》中禁止出口以及其他影响、损害国家竞争力和国家安全的科技成果，禁止向境外许可或转让。科技成果向境外转让、独占许可，报中国农业科学院审核后，报相关主管部门审批。

第十六条　经研究所批准，可以与中介机构签订书面合同对研究所科技成果实施转化。合同中应约定委托转化的科技成果名称和内容、期限、地域、转化方式及相关费用等。

通过中介机构实施科技成果转化的，必须由研究所与科技成果实施方签订转化协议。

第五章　收益分配与奖励

第十七条　根据"科研院所开展技术开发、技术咨询、技术服务等活动取得的净收入视同成果转化收入"等相关规定，研究所成果转化收入包括转让、许可具有知识产权的技术或成果；转化审定（登记）品种、兽药等物化形式的科技成果以及检测、试验、咨询、评估、规划等科技能力所形成的净收入。科技成果转化净收入采用合同收入扣除维护该项科技成果、完成转化交易所产生的费用而不计算前期研发投入的方式进行核算。

第十八条　科技成果转化的净收入用于对成果完成人员和转化贡献人员的奖励和报酬，以及用于研究所技术转移体系建设、科学研究与成果转化等工作，按研究所每年最新修订的奖励办法及横向课题管理办法相应规定进行分配。

第十九条　科技成果转化收入资金到账后，成果完成团队负责人根据参与人员的贡献情况对奖励经费进行分配，并将分配申请表报送条件建设与财务处执行。

第二十条　因他人侵犯研究所科技成果收益或知识产权，取得的专利许可费、转让费和相关赔偿款，扣除因维权所支出的费用后，适用本办法第十七条的奖励和分配方案。

第六章　相关责任

第二十一条　科技成果完成人不得阻碍科技成果的转化，不得将科技成果及其技术资料占为己有，侵犯研究所的合法权益。

第二十二条　未经研究所允许，泄露研究所的技术秘密、商业秘密，或擅自实施、许可、转让、变相转让研究所科技成果的，或在科技成果转化工作中弄虚作假，采取欺骗手段，骗取奖励、非法牟利的，研究所有权收回其既得利益，并视情节轻重，给予批评教育、行政处分，且依法追究相关人员的法律责任；给他人造成损失的，有关人员依法承担民事赔偿责任；构成犯罪的，将依法移送公安机关处理。

第七章　附　则

第二十三条　本办法自 2018 年 12 月 11 日所务会讨论通过起施行，之前研究所相关规定与本办法不一致的按本办法执行。由科技管理处负责解释。

五、中国农业科学院兰州畜牧与兽药研究所科研诚信与信用管理暂行办法

（农科牧药办〔2018〕84 号）

第一章　总　则

第一条　为贯彻落实《中共中央办公厅、国务院办公厅关于进一步加强科研诚信建设的若干意见》《中共中央办公厅、国务院办公厅关于进一步完善中央财政科研项目资金管理等政策的若干

意见》和《中国农业科学院科研诚信与信用管理暂行办法》，加强研究所科研诚信建设，提高相关责任主体的信用意识，建设良好学风，助推"两个一流"建设，结合研究所实际，特制定本办法。

第二条 科研诚信是指科研人员实事求是、不欺骗、不弄虚作假，恪守科学价值准则和科学精神的道德品质。

第三条 科研信用在本办法中特指对个人、创新团队或相关部门在参与科技活动时遵守科研诚信准则行为的一种评价。

第四条 科研诚信与信用管理工作遵循保护创新积极性和相关责任主体合法权益的原则，以事实为基本依据，并与项目（课题）及专项管理、科技经费管理等有机结合，协调一致。

第五条 科研诚信管理的主要任务是建立规章制度、明确管理责任、完善内部监督、加强教育预防等。科研信用管理的主要任务是失信行为清单编制与调整、失信行为调查与认定、失信行为记录与惩戒等。

第六条 研究所学术委员会承担科研诚信建设与信用管理工作的主体责任，充分发挥评议、评定、受理、调查、监督、咨询等作用，日常事务由科技管理处负责。

第二章 科研诚信管理

第七条 科研诚信管理的对象包括研究所所有从事科研活动的人员，含聘用人员、博士后、客座人员、研究生等。

第八条 研究所应通过员工行为规范、岗位说明书等内部规章制度及聘用合同，对研究所员工遵守科研诚信要求及责任追究作出明确规定或约定。

第九条 研究所在签订人员聘用合同、创新工程绩效任务书、基本科研业务费任务书等环节，应约定科研诚信义务和违约责任追究条款。

第十条 研究所应建立科研诚信承诺制度，在学术论文发表、科技奖励申报、专利申请、项目结题验收等重要节点，要求科研人员签订科研诚信承诺书，明确承诺事项和违背承诺的处理要求。

第十一条 研究所应建立科研过程可追溯制度，加强科研活动记录和科研档案保存，完善内部监督约束机制。

第十二条 创新团队首席、项目（课题）负责人、研究生导师等应严格要求自己，充分发挥言传身教作用，加强对团队成员、项目（课题）成员、科研助理、研究生的科研诚信管理，对论文等科研成果的署名、研究数据真实性、实验可重复性等进行诚信审核和学术把关。

第十三条 研究所全体人员应恪守科学道德准则，遵守科研活动规范，践行科研诚信要求。科技管理处应严格履行管理、指导、监督职责，全面落实科研诚信要求。

第十四条 研究所应加强科研诚信教育，在入学入职、职称晋升、参与科技计划项目等重要节点必须开展科研诚信教育。对在科研诚信方面存在倾向性、苗头性问题的人员，应当及时开展提醒谈话、批评教育。

第三章 科研信用管理

第十五条 科研信用管理的对象包括研究所所有从事科研活动的部门和人员。

第十六条 失信行为分为科研失信行为和管理失信行为。科研失信行为，指科研人员参与科技活动违反科研诚信规定的行为。管理失信行为，指相关部门或创新团队违反科研诚信管理规定或管理不规范造成科研失信的行为。

第十七条 采用负面清单管理的方式，对违背科研诚信要求的行为列入失信行为清单进行管理

（附件 1）。

第十八条　科技管理处按照《中国农业科学院学术道德与学术纠纷问题调查认定办法》，调查并认定相关主体确实存在失信行为清单所列举的行为的，填写《中国农业科学院兰州畜牧与兽药研究所责任主体失信记录表》（以下简称《失信记录表》，附件 2）

第十九条　科技管理处每年对相关责任主体的《失信记录表》内容进行汇总，并依据信用评价标准，按照信用优秀、一般失信、严重失信三个级别进行累计评价。

第二十条　研究所应协助院科技局建立"中国农业科学院科研机构和人员信用数据库"对相关责任主体的信用记录和信用等级进行动态信息化管理，并根据需要进行相关责任主体信用信息查询。

第二十一条　对相关责任主体的信用记录，进行守信激励和失信惩戒，具体信用管理方式如下。

1. 信用合格（***）。即没有发生科研失信行为的部门、团队或个人。将信用合格作为院重大科研选题凝练、重大科技任务组织、重大成果推介、先进表彰、专家推荐等工作的必备条件。

2. 一般失信（**）。评为该等级的部门或团队，取消本部门或团队 1 年内评选各类先进集体的资格。评为该等级的个人，根据情节轻重，给予通报批评、诫勉谈话、组织处理、纪律处分等处理，并责令限期改正，撤销违规所得，1 年内不得评选先进、晋升职称职务，1 年内不得申报中央财政科研项目。

3. 严重失信（*）。评为该等级的部门或团队，取消本部门或团队 3 年内评选各类先进集体的资格。评为该等级的个人，根据情节轻重，给予组织处理、纪律处分、解除聘用合同等处理，并责令限期改正，撤销违规所得，3 年内不得评选先进、晋升职称职务，3 年内不得申报中央财政科研项目。涉嫌违法的移送监察、司法等部门处理。

第二十二条　科技管理处对相关责任主体的信用评级按年度进行更新管理，失信惩戒期满后信用可自动恢复。

第二十三条　相关责任主体在信用调查和确认阶段对其信用记录具有申辩权，对已确认的信用记录内容有异议的，可向科技管理处提出申辩，对答复意见不满意的，可按相关程序向所学术委员会或所纪委提起申诉。

第四章　附　则

第二十四条　本办法自 2018 年 12 月 11 日所务会通过之日起施行，由科技管理处负责解释。

附件 1

中国农业科学院兰州畜牧与兽药研究所部门或创新团队失信行为清单

扣分标准	失信记录内容
每符合一项失信记录内容扣一星 *	1. 在项目申请、成果申报等工作中组织提供虚假信息或文件材料； 2. 发现重大问题未及时上报造成不良影响； 3. 部门或团队内科研人员一年内出现 3 次不良信用记录或 2 次严重失信记录； 4. 科研诚信管理不力，造成不良影响
每符合一项失信记录内容扣两星 **	1. 瞒报或谎报重大事件，造成严重后果； 2. 科技经费管理和使用出现系统性问题，造成重大损失； 3. 其他管理失职行为，造成严重后果

中国农业科学院兰州畜牧与兽药研究所科研人员失信行为清单

扣分标准	失信记录内容
每符合一项失信记录内容扣一星 *	1. 违反科研道德利用他人的学术观点、假设、学说； 2. 脱离事实夸大研究成果的学术价值、经济与社会效益，或隐瞒科研成果不利影响； 3. 将同一研究成果提交多个出版机构发表（一稿多投）； 4. 用科研资源谋取不正当利益； 5. 署名不当行为，将应当署名的人或单位排除在外，或未经他人许可擅自署名，擅自标注或虚假标注获得科技计划（专项、基金等）等资助； 6. 其他科研不端行为
每符合一项失信记录内容扣两星 **	1. 在项目申请、成果申报、职称评定等工作中弄虚作假，提供虚假个人信息、获奖证书、论文发表证明、文献引用证明等； 2. 伪造、篡改研究数据、研究结论； 3. 购买、代写、代投论文，虚构同行评议专家及评议意见； 4. 抄袭、剽窃他人科研成果，侵犯或损害他人著作权； 5. 恶意干扰或妨碍他人的研究活动，故意毁损、扣压或强占他人研究活动中的文献资料、数据等与科研有关的物品等； 6. 违背科研伦理道德造成严重后果

附件 2

中国农业科学院兰州畜牧与兽药研究所相关责任主体失信记录表　　　　　　　　年

序号	责任主体		失信记录				
	名称	类别	信用类型	具体事项	时间	记录人	批准人

注："责任主体类别"包括部门、创新团队和科研人员三类。

六、中国农业科学院兰州畜牧与兽药研究所学术道德与学术纠纷问题调查认定办法

（农科牧药办〔2018〕84 号）

第一章　总　则

第一条　为规范学术纠纷及学术道德问题处理程序，有效预防和惩处学术不端行为，维护学术诚信，营造良好的科研环境，根据《中国农业科学院学术道德委员会章程》等有关规定，特制定本办法。

第二条　研究所学术委员会负责研究所学术道德和学风建设工作，调查、评议和裁定学术道德问题，仲裁学术纠纷，监督和指导所属部门学风建设。科技管理处负责研究所学术委员会日常事务的处理。

第二章　受理与调查程序

第三条　科技管理处在接到学术纠纷、学术道德问题的举报或获得学术失范问题的线索后，对

符合受理范围的，应及时作出受理或者调查决定。对实名举报的，应将受理决定及时通知举报人，不予受理的，应书面说明理由。

第四条　受理的学术纠纷、学术道德问题举报一般应符合下列条件。

1. 属于研究所职责权限范围内的举报。

2. 有明确的举报对象。

3. 有客观的证据材料或者查证线索。

4. 实名举报，或以匿名方式举报，但线索明确且证据充分的。

5. 对媒体公开报道或者其他机构、社会组织主动披露的涉及研究所的学术失范行为，可主动开展调查处理。

第五条　对于已经受理的学术道德与学术纠纷问题，科技管理处应当成立调查组，认真研究举报材料，拟定调查方案。

第六条　调查组可通过查询资料、现场察看、实验检验、咨询同行专家、询问证人、举报人和被举报人及其他相关人员等方式进行，有必要时可以委托第三方专业机构就有关事项进行独立调查或验证。

第七条　当事人或者有关人员有义务协助调查组调查核实，应当如实回答询问，说明事实真相，不得隐瞒或者提供虚假信息，有必要时提供相关证据，并对证据的真实性负责。询问或者检查应当制作笔录，当事人以及相关人员应当在笔录上签字。

第八条　调查组经过调查后应形成如下材料。

1. 事实和调查组意见。

2. 有关证明材料。

3. 其他要求的材料。

第九条　调查组在 60 个工作日内完成调查工作。科技管理处将调查材料提交研究所或正式回复双方当事人。

第三章　复议程序

第十条　若当事人对调查经过和作出的事实认定有异议，可在 7 个工作日内以书面形式提出申诉意见。

第十一条　研究所接到书面材料后，若认为异议对调查结论并没有实质性影响的，应维持调查组的结论，并告知申诉人不予复查的原因。如果认为异议有可能成立并且对调查结论的形成产生实质性影响的，由研究所另行组成调查组，按照规定程序进行复核。

第四章　认定与处理

第十二条　调查组在调查过程中应遵循合法、客观、公正、实事求是的原则，准确把握学术不端行为的界定。若调查结论认为存在学术不端行为的，需提交所长办公会或报相关所领导签批方为有效。

第十三条　学术不端行为情节较轻者，给予批评教育。学术不端行为情节较重和严重者，依据《研究所科研诚信与信用管理暂行办法》给予相应处理，执行时间从调查组做出调查结论之日起计算；需要给予纪律处分的，应提交所纪委进行立案调查和处理；涉嫌违法的移送监察、司法等部门处理。若认定被举报人并未构成学术不端行为的，可根据被举报人申请，在知情人或被举报人要求的合理范围内公布事实和结论。

第十四条　若在调查过程中，发现举报人存在捏造事实、诬告陷害等行为的，应提交所纪委或所长办公会审议，涉嫌违纪违法的提交纪检监察部门调查处理。

第十五条　研究所有关部门、团队和人员应当积极配合调查工作，不得以任何形式或手段阻挠对科研不端行为的调查处理。若在调查过程中，发现所属部门、团队或个人存在纵容、包庇、协助有关人员实施不端行为的，应视情节轻重给予通报批评、组织处理、纪律处分等。

第十六条　科技管理处在受理举报过程中，在作出决定之前，除非公开听证，一切程序和资料均应保密，调查小组成员和工作人员不得泄露调查情况。在组成调查组和调查处置过程中，与当事人存在近亲属关系、师生关系、合作关系等可能影响公正处理的相关人员，应当主动回避。

第五章　附　则

第十七条　本办法自 2018 年 12 月 11 日所务会讨论通过之日起施行，由科技管理处负责解释。

七、中国农业科学院兰州畜牧与兽药研究所科研平台管理暂行办法
（农科牧药办〔2018〕84 号）

第一条　为加快研究所科技创新体系建设，规范和加强研究所科研平台的管理，推动研究所科学研究工作的快速发展，根据国家有关法律、法规及相关文件精神，结合研究所科技工作实际，制定本办法。

第二条　本办法所指科研平台是指由各级政府部门批准设立，或中国农业科学院及研究所统筹规划培育建设的重点实验室、研究中心、工程中心、检验测试中心、观测试验站、研究基地、创新人才培养基地等科研机构。

第三条　科研平台是研究所科技创新体系的基础，科研平台以科学研究、科技开发和科技成果转化为主，目的是提升研究所整体科技实力，获取高水平科研项目和科技成果，吸引和培养高水平科技人才，促进国内外科技合作与交流。

第四条　研究所作为科研平台建设和运行管理的依托单位，负责平台建设项目的规划和管理。科技管理处作为对口管理部门，主要按照国家、省部、中国农业科学院等上级主管部门相应科研平台建设的管理办法，负责落实平台的组织机构建设、管理制度建设、研究人员聘任、申报材料的组织和初审、运行管理、建设发展等日常工作。

第五条　科研平台实行主任负责制。研究所学术委员会在研究所的领导下负责监督各级平台，负责审议研究所各类科技平台的建设目标、研究方向、重要学术活动、重大研究开发项目、对外开放研究课题、年度工作计划和总结等。

第六条　研究所科研平台坚持"边建设、边运行、边开放"的建设原则，实行"开放、流动、联合、竞争"的运行机制。科研平台的设立应有利于研究所科技工作和学科建设的持续、稳定和协调发展，有利于集成研究所相关资源、技术和人才优势，有利于加强对外技术交流与协作，有利于形成国内相关技术领域具有优势和特色的科研和人才培养基地。

第七条　研究所科研平台的立项与建设包括立项申请、审批、计划实施等，不同类型的科研平台实施不同的立项与建设模式。各级科研平台的立项与建设遵循相应主管部门的办法执行。

第八条　研究所科研平台应制定完善的管理规章制度，重视和加强仪器设备的管理，加强知识产权保护，对依托科研平台完成的研究成果包括专著、论文、软件等均应署名科研平台名称；重视学风建设和科学道德建设，加强数据、资料、成果的科学性和真实性审核及归档与保密工作。

第九条　各类国家级、省部级、院级科研平台的体制与管理遵循相关的办法执行。研究所直属

科研平台按研究所的管理体制管理。

第十条　科技平台应加强对外开放力度，符合开放条件的仪器设备都要对外开放，建立对外开放管理记录，可通过仪器开放平台及时发布服务信息，包括团队组成及其科研业绩，各平台重要专业仪器设备的名称、功能及可提供对外服务等。

第十一条　研究所各类科技平台均须严格按照上级主管部门的明确考核要求，按计划进行考核和评估工作。

第十二条　本办法自2018年12月11日所务会讨论通过之日起执行，由科技管理处负责解释。

八、中国农业科学院兰州畜牧与兽药研究所学术委员会管理办法

（农科牧药办〔2018〕84号）

第一条　为加快研究所科技事业发展，促进学术民主，加强学术指导，充分发挥专家在科技决策中的咨询和参谋作用，专门成立中国农业科学院兰州畜牧与兽药研究所学术委员会（以下简称"所学术委员会"）。

第二条　所学术委员会是由所内外具有较高学术造诣的专家代表组成的所级最高学术评议、评审和咨询机构。

第三条　所学术委员会的工作职责如下。

1. 审议研究所科技发展规划，评审和论证重大科技项目，讨论学科建设、科研机构设置与研究方向调整等重大问题。

2. 评价和推荐所内科技成果。

3. 监督和管理所内各级科技平台。

4. 对人才培养和创新团队建设等进行评价、建议和推荐。

5. 对涉及学术问题的重要事项进行论证和咨询，评议和裁定相关的学术道德问题。

6. 审议研究所提交的有关国际合作与交流，举办的重大学术活动、科研合作以及其他事项。

7. 其他按国家或中国农业科学院及研究所规定应当审议的事项。

第四条　所学术委员会开展学术审议工作应坚持公正、公平、公开的原则，维护研究所学术声誉，发扬学术民主，倡导学术自由，鼓励学术创新，开展国际合作，加强学术道德建设。

第五条　所学术委员会由主任、副主任、委员、秘书组成。所学术委员会设主任1人，由所长兼任；副主任1~2名，由主任提名，所学术委员会全体委员选举产生；秘书1人，由主任指定，负责所学术委员会日常事务管理。

第六条　所学术委员会下设办公室，作为专门的日常办事机构，挂靠科技管理处。

第七条　所学术委员会由15~20名高级技术职称人员组成，包括必选专家、所内专家和所外专家三部分。

1. 必选专家。包括所长、分管科研业务的副所长、科技管理处处长（兼任所学术委员会秘书）。

2. 所内专家。所内学术委员会成员以研究室为单位民主酝酿，提出差额选举委员候选人名单；召开全所科技人员大会，无记名投票选举产生委员建议名单。

3. 所外专家。由所外同学科领域的知名专家组成，所外专家人数不少于委员总人数的1/3，由所学术委员会主任提名产生。

第八条　所学术委员会组成人员建议名单经所长办公会议审议通过后，报中国农业科学院审批。

第九条　委员的基本条件。

1. 热爱党、热爱社会主义祖国、热爱畜牧兽医科研事业，遵守和执行党的路线、方针、政策以及法律法规。

2. 在本学科领域有较高的学术地位和影响，道德品质高尚，坚持原则，顾全大局，清廉正派，办事公道，乐于奉献。

3. 对本学科的发展前沿和趋势具有较强的宏观把握能力、战略思维能力和文字、语言表达能力。

4. 具有高级技术职称。

5. 年龄原则上不超过 60 周岁（两院院士除外），身体健康。

第十条 所内的退休人员一般不再担任委员。

第十一条 委员的权利、义务和职责。

1. 在所学术委员会内部任职时，有选举权和被选举权。在决议所学术委员会重大事项时，有表决权和建议权。

2. 参加所学术委员会活动，承担并完成交办的任务。

3. 为研究所的学科建设、平台建设、人才与团队建设、科技创新、成果培育、国际合作与交流等工作提出咨询建议。

4. 维护研究所的形象和声誉，在学风建设、学术活动和科研工作中起楷模作用。

5. 对所学术委员会会议上讨论的问题及过程履行保密义务和责任。

第十二条 委员每届任期五年，可以连任。换届时应保留不少于 1/3 的上一届委员会委员进入到新一届学术委员会，并注意学科、专业、年龄等的平衡。

第十三条 委员在任期间退休或离开工作岗位一年以上，即自行解聘其委员资格；对不能履行职责的委员，由所学术委员会提出解聘、调整和增补委员建议方案，报院学术委员会批复。

第十四条 所学术委员会在业务上接受院学术委员会的归口管理和指导。

第十五条 本办法自 2018 年 12 月 11 日所务会讨论通过之日起施行。由科技管理处负责解释。

九、中国农业科学院兰州畜牧与兽药研究所大院及住宅管理规定

（农科牧药办〔2018〕61 号）

为加强研究所大院生活秩序及住户房屋管理，共同创建和维护文明、平安、卫生、整洁的生活环境，特制定本管理规定。

第一条 环境保护。研究所大院所有住户、租户应维护大院环境卫生和生活秩序。

1. 爱护园林绿化，不采摘花朵、不践踏草坪、不损坏树木。

2. 爱护公共设施，不乱拆、乱搭、乱建、乱贴，保持小区环境整洁。

3. 维护公共环境，自觉做到不随地丢弃果皮纸屑烟头，不在楼内公共通道、楼梯走道等公共场所堆放垃圾、摆放物品，不向窗外抛掷东西，不随地吐痰，不乱停乱放车辆，垃圾装袋，置于垃圾收集点内，以便及时收集清理。

4. 不制造影响他人正常休息的噪声，不参与邪教组织。

第二条 治安管理。研究所大门门卫、科研大楼门卫实行常年 24 小时值班制度。

1. 门卫（值班员）必须认真履行职责，忠于职守，着装整洁、行为规范，做好来客、来访人员出入登记。

2. 严格执行交接班制度，接班人员未到时交班人员不得离岗。

3. 阻止闲杂人员（周边学校中小学生）、小商小贩进入研究所大院及科研楼。

4. 配合公安、交通等部门做好所大门外治安工作。

5. 住户应"看好自家门，管好自家人，守好自家物"，增强自我安全防范意识。

6. 鼓励住户勇于制止破坏小区治安秩序、举报造成治安隐患的人和事。

第三条 车辆管理。大院停车按《中国农科院兰州畜牧与兽药研究所大院机动车辆出入和停

放管理办法》相关规定执行。

第四条 房屋出售（出租）。房主在房屋出卖或出租时，必须对购买人或承租人进行认真核查，严防无有效身份证明和形迹可疑的人员；房屋出卖或出租都必须在研究所后勤服务中心备案，以备当地公安机关随时检查，否则研究所将拒绝提供水、电、暖等服务。

第五条 房屋装修。房主在装修前须到研究所后勤服务中心备案，施工时必须严格遵守以下要求。

1. 严禁破坏建筑主体和承重结构，不得破坏、占用公共设施。

2. 不得随意在承重墙上穿洞，拆除连接阳台的砖、混凝土墙体。

3. 严禁随意刨凿顶板及不经穿管直接埋设电线或者改线。

4. 不得破坏或者拆改厨房、厕所的地面防水层以及水、暖、电、煤气等配套设施。

5. 严禁从楼上向地面或下水道抛弃因装饰装修而产生的废弃物及其他物品。

6. 装修垃圾应装袋堆放在指定的地方并随时清运，确保楼道和院落卫生，撒落在楼道和院子里的垃圾应主动清扫干净。

7. 装修施工应在 7—12 时，14—20 时进行。需要延长时间应征得楼上楼下及邻居同意，不得影响四邻休息。

8. 研究所大门门卫有权对装修人员及运货车辆出入和垃圾堆放进行管理，相关人员必须服从。

第六条 自觉遵守国家法律，维护社会稳定，服从研究所后勤服务中心的管理，按时缴纳水、电、暖、卫生等各种费用，配合研究所和社区的工作。严禁在租房内从事卖淫嫖娼、赌博吸毒、打架斗殴、传播邪教、非法传销等活动。

第七条 家属院禁止豢养大型、烈性犬。住户饲养的宠物，出门时必须用绳索拴系或由主人看护，及时清理自己宠物排泄物，不得在花园草坪内牵遛。因看护不善，造成伤害的，宠物主人负全部责任。对长期无人陪护的猫狗将不定期抓捕，交送宠物救助站。

第八条 管好自家的太阳能。因管理不善，造成水大量浪费，给职工的出行和大院环境造成一定影响的，将处 100 元罚款。

第九条 倡导大院居民开展健康、文明的全民健身运动，唱歌、跳舞及其他健身活动应尽可能避免影响他人的工作、学习及休息，工作时间及每晚 22：00 时以后严禁使用高音量音响设备。

第十条 对于违反本规定的人和事，研究所保卫科有权进行干预，对不听劝阻、不服管理的人员，将向当地政府主管部门反映，情节严重的依法裁决。

第十一条 本规定自 2018 年 8 月 7 日所务会议讨论通过之日起施行。原《中国农业科学院兰州畜牧与兽药研究所大院及住户房屋管理规定》（农科牧药办字〔2013〕62 号）同时废止。由后勤服务中心负责解释。

十、中国农业科学院兰州畜牧与兽药研究所科研大楼管理规定

（农科牧药办〔2018〕61 号）

为加强科苑东、西楼的科学管理，树立单位良好形象，营造整洁、文明、有序的办公、科研环境，特制定本规定。

第一章 工作秩序

第一条 楼内工作人员要严格执行工作时间，不迟到、不早退。

第二条 工作时间不得大声喧哗，不得穿带有铁掌的鞋进入科研楼。

第三条 楼内工作人员不得随意将子女带入科研楼内玩耍、上网。

第四条　工作人员在科研楼工作时间要衣着整齐。

第五条　进实验室工作人员须穿工作服、戴工作帽。

第二章　门卫管理

第六条　科苑东、西楼值班人员应做到认真值守，文明执勤，楼内工作人员应尊重、服从门卫执勤管理。

第七条　科苑东、西楼值班人员坚持每晚 11 时 30 分左右对科研楼进行逐层巡查，规劝加班人员休息。电梯运行时间：每日 7 时至 23 时 30 分。

第八条　春节、国庆等长假期间，科研楼实行封闭管理。需要在节假日加班的工作人员，须经本部门负责人书面同意并在门卫值班室登记备案，方可进入。

第九条　外单位来访人员需向门卫说明到访的部门和事由等，持有效证件在值班室登记并电话核实后，方可进入。

第十条　原则上非工作时间禁止在科研楼内会客，如有特殊情况，需在门卫接待室登记备案后方可进楼。

第十一条　遇有会议和重要活动，承办单位或部门要事前通知门卫按会议、活动要求的时间放行。

第十二条　携带公物或贵重物品出门时，要向门卫出示由相应部门或办公室出具的出门条，门卫验证后放行。

第三章　环境卫生

第十三条　工作人员要养成文明、卫生的良好习惯，保持工作环境的清洁整齐，自觉维护楼内的秩序和卫生，不准随地吐痰、乱扔杂物。

第十四条　室内要保持清洁卫生，窗明几净，物品摆放整齐有序。

第十五条　严禁在楼内乱涂乱画，随意悬挂、堆放物品，严禁将宠物带入楼内。

第十六条　严禁在楼内随意粘贴布告，必要的信息公示、通知等，须在已配备的户外公告栏中张贴或在电子显示屏上发布，公示和通知结束后由相应张贴部门清理。

第十七条　爱护楼内的公共设施设备，发现有损坏要及时报修。

第四章　安全管理

第十八条　各部门的主要负责人是安全管理第一责任人，要指派专人负责安全工作，落实安全责任制，建立健全安全制度，认真做好各项防范工作，确保安全。

第十九条　工作人员在下班时要关闭计算机，对本办公室内的烟火、水暖、电源、门窗等情况进行检查，在确认安全后方可离开。办公室钥匙要随身携带，不得乱放和外借。

第二十条　工作人员下班前，要把带密级的文件和资料锁在铁皮柜内，不得放在办公桌上或办公桌的抽屉内。离开办公室时（室内无人）要随手锁门。

第二十一条　办公室内不准存放现金和私人物品。笔记本电脑、照相机等贵重物品要有登记、由专人保管并存放在加锁的铁皮柜中。

第二十二条　办公室、档案室、财务室、贵重仪器设备室等要害部位要按照有关要求落实防范措施。

第二十三条　禁止在楼内使用明火。不得在楼内焚烧废纸等杂物。如需使用明火（如施工用电焊、气焊），要事先经所保卫科批准，并要有相应的安全防护措施。

第二十四条　各部门要严格管理易燃、易爆和有毒物品。禁止乱拉电线和随意增加用电负荷。

第二十五条　要自觉爱护消防器材和设施，平时不准挪动灭火器材、触动防火设施，更不准以任何借口挪作他用。

第二十六条　各部门要结合工作实际制定突发事件预案，并组织职工学习演练，疏散人员和扑救初期火灾，减少损失。

第五章　车辆管理

第二十七条　研究所工作人员的机动车辆及到科研楼联系工作人员的机动车辆要停放在停车线内。

第二十八条　车内贵重物品要随身携带，禁止将易燃、易爆、有毒物品带入停车场内。

第二十九条　需停在科研楼门前的机动车辆，在车内客人上下车或装卸车上货物后要立即驶离楼门前区域，禁止在楼门前区域长时间停放。

第三十条　本办法自 2018 年 8 月 7 日所务会议通过之日起施行。原《中国农业科学院兰州畜牧与兽药研究所科研楼管理暂行规定》（农科牧药办〔2009〕22 号）同时废止，由后勤服务中心负责解释和监督执行。

十一、中国农业科学院兰州畜牧与兽药研究所供、用热管理办法

（农科牧药办〔2018〕61 号）

第一章　管理机构及职责

全所供、用热管理机构为后勤服务中心。管理机构职责为：

（一）贯彻执行国家及地方政府有关供、用热的政策，负责与兰州市供热管理部门、兰州市昆仑天然气公司的工作协调与联系。

（二）根据兰州市政府供热管理的有关规定，按时保质供热（但对擅自移动、改换用热设施及破坏房屋原设计结构者除外）。

（三）负责本所范围内供、用热公用设施的安装、维护，锅炉用天然气的预购，保障供、用热设施的正常运行。

（四）负责用户取暖费的统计，联片供热用户的协调、管理及取暖费催缴。

（五）负责锅炉房工作人员、供热管理人员的日常管理、培训以及有关用热规章制度的制定。

（六）负责用户用热安全知识的宣传教育。

（七）负责受理有关供、用热其他事宜。

第二章　供、用热管理

（一）用户改装用热设施，须书面申请，说明用热目的、用热规模、改装地点，报后勤服务中心批准；新增、新建用热设施须经所领导批准，由后勤服务中心指派专业人员实施，所需材料费由

用户承担。

（二）用户须积极配合和服从供热管理部门工作，不得自行增加用热设施，严禁从采暖设施中取用热水和增加换热器。对供热管理人员进户检查、维修、更换配件等工作应大力协助与配合，不得无理阻挠。

（三）用户必须爱护供热设施，保证供、用热设施的正常运行，不得人为损坏。发现爆管、漏水等现象，应及时向管理部门反映，由后勤服务中心指派专业人员维修。

（四）供热管理人员、锅炉房工作人员必须做到公正廉洁，不徇私舞弊，不利用岗位之便为自己和其他用户谋取私利，自觉接受用户监督。

第三章　取暖费收缴

（一）热源是商品，应有偿使用。取暖费应由使用人或单位全部负担。

（二）取暖费收费标准执行当年兰州市政府和物价部门的规定。按用户住房房产证面积收取，若有新的规定应及时调整。

（三）凡居住在研究所有暖气房屋的用户及由研究所供暖的其他用户，都必须按时足额缴纳取暖费，不得拖欠、拒缴。

（四）取暖费由后勤服务中心负责统计，所条件建设与财务处指定专人负责收缴。研究所职工从每年 1~3 月份工资内扣除，其他用户必须在当年 11 月 1 日前全部交清。

（五）凡符合领取取暖费补贴的工作人员，由党办人事处根据兰州市有关规定造册，条件建设与财务处发放。实行收缴、补贴两条线。

第四章　违章处罚

（一）对未经批准进行改装、安装或造成室内外供热设施损坏、致使其他用户室内热度不达标的单位和个人，除负责全面修复外，并赔偿全部经济损失。造成严重后果的要依法追究当事人责任。

（二）对不服从后勤服务中心管理，私自增加供热面积和用热设施者，除补交供热设施增容费40 元/m²外，处以 500~1 000元罚款。

（三）私自安装放水装置取用热水或安装换热器者，应限期拆除外，并从供热之日起至拆除之日止，按 50 元/日赔偿热损失。

（四）违反供、用热管理规定，拒不执行有关处理决定的，供热管理部门可拆除其供热设施。被拆除供热设施的用户申请重新供暖，必须承担拆除和安装的全部材料费、劳务费。

本办法经 2018 年 8 月 7 日所务会讨论通过，自 2018 年至 2019 年度采暖期起施行，原《中国农业科学院兰州畜牧与兽药研究所供、用热管理办法》（农科牧药办〔2013〕49 号）同时废止，由后勤服务中心负责解释。

十二、中国农业科学院兰州畜牧与兽药研究所公共场所控烟管理规定

（农科牧药办〔2018〕61 号）

为创造良好的工作、生活环境，消除和减少烟草烟雾对人体的危害，确保单位职工身体健康，推进全民健康生活方式，创造无烟清洁的公共场所卫生环境，特制定本规定。

第一章 组织领导

成立研究所控烟工作领导小组，制定规章制度，负责组织实施本单位控烟工作。

组　长：孙　研

副组长：杨振刚　张继勤

成　员：张继瑜　李建喜　阎　萍　赵朝忠　王学智　荔　霞

　　　　巩亚东　苏　鹏　梁剑平　高雅琴　严作廷　李锦华

　　　　董鹏程　马安生

控烟工作领导小组下设办公室，办公室设在后勤服务中心，负责日常工作。

第二章 控烟区域

研究所所有办公室、实验室、会议室、接待室、图书室、陈列室、电梯间、卫生间、走廊等场所和设置明显禁止吸烟标志的区域。

第三章 宣传活动

（一）利用宣传栏、展板、所内局域网、微信等形式进行控烟宣传，宣传吸烟对人体的危害，宣传不尝试吸烟、劝阻他人吸烟、拒绝吸二手烟等内容。

（二）采用讲座、发放宣传资料等形式向职工群众进行宣传教育，让大家知道吸烟危害健康的相关知识，从而积极支持控制吸烟，自觉戒烟。

（三）利用"世界无烟日"开展控烟主题宣传活动，鼓励和帮助吸烟者放弃吸烟。

（四）在控烟区域张贴明显的禁烟标识。室外设置集中吸烟处。

第四章 控烟监督员和巡视员职责

各处（室）设立控烟监督员一名、控烟巡查员一名。

（一）控烟监督员职责。

1. 负责本部门和公共场所的控烟监督工作。

2. 负责对本部门人员进行督教，宣传吸烟的危害，发现在禁烟场所吸烟的行为，应及时劝阻。

3. 发现来访、办事人员在禁烟区吸烟的行为，要及时劝阻。

4. 做好监管工作记录，对存在问题提出整改措施并监督实施。

（二）控烟巡查员职责。

1. 负责本部门控烟巡查工作，每日巡查，做好工作记录，及时清理丢弃的烟蒂，并定期向控烟工作领导小组办公室汇报工作情况。

2. 在巡查中发现在禁烟场所吸烟人员应及时劝阻，并向其宣传吸烟的危害。

3. 掌握本部门控烟设施情况，如禁烟标识有无破损、脱落，有无不规范标识等。

第五章 考核评估标准与奖惩

研究所职工应自觉遵守单位控烟管理规定，自觉戒烟，劝诫他人不吸烟。所控烟工作领导小组结合研究所安全卫生评比活动每月组织检查考评1次。

（一）本单位人员不得在禁烟场所吸烟，发现一次扣1分，可累加。

（二）控烟工作领导小组成员、监督员、巡查员或部门领导违反上述规定的，发现一次扣3分，可累加。

（三）对在禁止吸烟场所吸烟的人，单位所有人员均有权劝阻，劝其离开禁烟区或请相关人员协助处理。如发现未予干涉或劝阻则扣部门考核分1分/次。

（四）个人年内违反控烟管理规定，扣分达10分及以上的年度考核不得评为优秀；部门三次考核排名后三位的不能推荐参加研究所文明处室评比。

（五）年底对部门控烟情况进行总结表彰，对控烟工作做得出色的部门给予奖励。

第六章 附 则

本规定自2018年8月7日所务会讨论通过起执行。原《中国农业科学院兰州畜牧与兽药研究所公共场所控烟管理规定》（农科牧药办〔2012〕34号）同时废止。由后勤服务中心负责解释。

十三、中国农业科学院兰州畜牧与兽药研究所制度修订及执行情况督查办法

（农科牧药办〔2018〕61号）

为规范研究所规章制度的修订，使制度执行更加到位，管理更加有效，重点风险领域制度漏洞得以堵塞，各项工作更加制度化、程序化、标准化、规范化，全面提高研究所管理水平。形成按制度办事、靠制度管人、用制度规范行为的长效机制，根据上级有关文件精神，结合研究所实际，制定本办法。

第一条 本办法适用范围为研究所所有规章制度、办法。

第二条 研究所规章制度的修订坚持规范性、准确性和可操作性。"立、改、废"并举，每年对已有的规章制度进行系统梳理。对规范不明的予以明确，不适应的修改完善，存在制度空白的予以补充，过时的予以废止。

第三条 研究所规章制度执行情况督查内容包括制度建设和制度执行两个方面，采取定期不定期监督检查，切实维护制度的严肃性。

第四条 成立研究所制度修订及执行情况督查领导小组，组长由所长担任，副组长由其他所领导担任，成员为各部门主要负责人。下设领导小组办公室，挂靠所办公室，负责日常工作。

第五条 研究所制度的修订实行分级负责制。所领导根据分工负责指导分管部门的制度修订工作。各部门负责人是执行研究所规章制度的责任人、解释者和执行者。

第六条 规章制度修订的主要内容。

（一）制度梳理和审查。各部门按照职责分工结合研究所科研管理工作实际，对照党和国家、中国农业科学院等上级部门有关政策及文件规定，认真梳理审查现行各项规章制度。列出修订和补充完善制度清单及待修订的条款或具体意见。由办公室汇总整理后报领导小组研究审定，并根据需要，就有关制度的修订内容征求干部职工意见和建议。

（二）制度修订和完善。针对制度执行中出现的新情况、新问题，主动作为修订完善，废除与新形势新任务新要求不相适应的规章制度，制定新制度堵塞制度漏洞，优化流程防止流程缺陷。逐步建立覆盖全面、内容完整、程序严密、相互衔接、易于操作的制度体系。对与现行政策或科研管理有关文件规定相违背的，与实际工作相脱节的制度，及时予以废除；对缺乏针对性、有效性的制度，集中修订和完善；对过于原则、不便操作的制度进一步研究，细化配套措施或操作程序。

（三）制度落实。对汇编修订完善的各项制度，强化制度学习宣传，营造自觉遵守制度的氛围，切实提高职工执行制度的自觉性、主动性。提高制度意识，严格执行各项规章制度，增强贯彻落实制度的自觉性和执行能力。

第七条　规章制度执行情况督查的主要内容。

（一）要对照中央精神，督察制度是否存在漏洞、看制度体系是否健全，是否符合中央决策部署、最新文件精神、是否切合单位工作实际，是否真正落到实处，是否有利于提高创新发展效率。要按照放管服相结合的原则，对规章制度进行综合评价，督查是否存在该放的仍然抓着不放、该管的仍然放着不管，以及以管代服、管理缺位、服务不到位的问题，看放管服精神是否真正落地。

（二）要切实加强对制度执行情况督查的组织领导，确保督查有计划、按步骤进行。在领导小组发出督查通知后，各部门先进行自查，并提交自查报告，根据自查报告，组织进行全面督查。督查要突出领导干部、重要部门、关键岗位几个重点。

（三）强化责任追究。加大制度执行监督检查和考核力度，将制度执行情况列入部门和干部考核，定期不定期开展监督检查，适时通报有关结果，对违反制度的部门或个人，按规定追究责任。

第八条　本实施意见自 2018 年 8 月 7 日所务会讨论通过之日起施行，由办公室负责解释。

十四、中国农业科学院兰州畜牧与兽药研究所贯彻落实重大决策部署的实施意见

（农科牧药办〔2018〕61 号）

为确保党中央、国务院和农业农村部、中国农业科学院等上级重大决策部署及研究所重要工作部署落实到位，根据有关文件精神，结合研究所实际，制定如下实施意见。

第一条　明确重大决策部署贯彻落实总体要求、目标任务和责任主体。

总体要求。以习近平新时代中国特色社会主义思想为指引，全面贯彻落实党的十九大精神，坚持以习近平贺信精神、"三农"思想、科技创新思想指导新时代研究所科技创新工作，坚持新发展理念，坚持以人为本，牢固树立"四个意识"，围绕推进"两个一流"研究所的总目标，结合研究所实际，抓好重大决策部署的贯彻落实，以法治思维切实维护中央和上级领导机关、研究所的决策权威，真正把中央和研究所的决策部署转化为干部群众的自觉行动。

目标任务。建立健全上级和研究所重大决策部署主要领导首问责任机制、落实情况报告机制、督查机制、整改落实、惩戒机制在内的重大决策部署贯彻落实体系，确保重大决策部署能够结合研究所实际得到有效落实，保证件件有落实、事事有回音，形成有部署必落实的新常态、层层抓落实的新氛围。

责任主体。研究所贯彻落实重大决策部署实行分级负责制。所领导根据分工负责领导相关重大决策部署的贯彻落实工作。根据部门职能，研究所确定相关重大决策部署贯彻落实的牵头责任部门和协同责任部门，具体负责重大决策部署的落实，牵头责任部门主要负责人是抓落实的第一责任人，对抓落实负总责。

第二条　建立贯彻落实重大决策部署主要领导首问责任机制。

研究所主要领导在接到上级或研究所重大决策部署通知时，要及时召开党委会、所长办公会、党委理论中心组学习会议等，传达学习、研究上级或研究所的重大决策部署，并结合研究所实际提出贯彻落实意见，指定牵头部门，并跟踪到底，直至办结。牵头部门要根据研究所意见要求开展调查研究，全面把握重大决策部署的背景、意义、主要内容以及研究所与之相关工作情况。确保吃透上情、把握下情、掌握实情，通过研究所有关会议予以传达学习贯彻。

第三条　建立贯彻落实重大决策部署情况限期报告机制。

明确贯彻落实重大决策部署的任务安排。牵头部门要按照研究所贯彻落实意见，列出目标任

务、责任、时间节点清单，明确责任人员和目标任务，规定完成时限，报经研究所同意后实施。协同部门要严格按照任务安排积极落实。

限期报告重大决策部署贯彻落实情况。牵头部门根据时间节点向相关所领导报告落实情况。报告形式分为：当面报告、电话报告和书面报告三种，对紧急事件，要在第一时间内用最快的方式报告。对贯彻落实中遇到的困难，牵头部门要积极组织相关协同部门协调解决。经 2 次以上协调确实无法解决的，须及时将协调情况、无法解决的原因、相关意见建议等情况报告分管所领导出面协调处理解决。

第四条 建立贯彻落实重大决策部署情况督查机制。

研究所根据重大决策部署的影响效度和时间紧度，不定期开展多种形式的督促检查，办公室要按照研究所相关规定对重大决策部署的贯彻落实情况予以督查督办，并将督查办理情况及时反馈相关所领导。

研究所将贯彻落实重大决策部署情况纳入各部门年度目标任务考核和部门领导任期目标考核内容，各责任部门要将贯彻落实情况重点予以汇报。研究所对落实有力的部门予以奖励；对落实不力、问题整改不到位的部门追究责任。

第五条 建立贯彻落实重大决策部署整改机制。

对日常检查、督查督办中发现的问题，牵头部门要逐条梳理存在的问题和有关意见建议，列出贯彻落实重大决策部署中存在的具体问题，形成整改问题清单；对照问题清单，逐条制定整改措施，明确整改时限，形成整改措施清单，并明确责任部门和责任人。

第六条 建立贯彻落实重大决策部署惩戒机制。

在贯彻落实上级和研究所重大决策部署过程中，出现未按有关规定及时组织学习、未提出具体贯彻意见；因工作不力造成相关政策无法落地或目标任务进度严重滞后；对发现的问题整改不到位等情形之一的，相关所领导代表研究所对牵头部门主要负责人实施约谈，针对存在的问题，提出整改要求。在督查中发现廉政建设问题的，报研究所纪委按有关规定处理。

各部门要高度重视上级和研究所重大决策部署贯彻落实工作，做到主动学习研究，认真组织推进，强化督促检查，严格整改落实，各部门主要负责人要切实履行好第一责任人的职责，以强烈的责任担当推动上级和研究所重大决策部署在研究所落地生根。

本实施意见自 2018 年 8 月 7 日所务会讨论通过之日起施行，由办公室负责解释。

十五、中国农业科学院兰州畜牧与兽药研究所督办工作管理办法

（农科牧药办〔2018〕61 号）

为进一步加强和规范督办工作，推动督办工作规范化、制度化，确保上级和研究所各项重大决策和重要工作部署的落实，制定本办法。

第一章 督办工作原则

第一条 围绕中心原则。督办工作要紧紧围绕研究所中心工作，使督办工作自觉服从和服务于中心工作，做到令行禁止。

第二条 实事求是原则。督办工作必须在深入实际、调查研究、掌握实情的基础上，全面、准确、客观、公正地反映存在的问题和差距，讲真话、报实情，要善于发现和勇于反映工作落实中带有全面性和苗头性的问题，防止以偏概全，杜绝弄虚作假。

第三条 注重实效原则。督办工作要把注重实效、强化落实作为工作的出发点和落脚点，贯穿于督办工作的全过程和各个方面，做到工作效率与工作质量的统一，形式服从内容，方式服从效

果，防止和克服形式主义。

第二章　督办职能部门和工作职责

第四条　办公室是负责所务督办工作的职能部门，承担研究所所务督办工作的组织、指导、协调、推进，对督办事项进行立项、交办、检查和督办，负责贯彻落实情况的汇总、报告、通报。

第五条　分管办公室的所领导分管督办工作。办公室明确 1 名工作人员为督办联络员，负责督办事项的登记、督促、检查、报告等具体工作。

第三章　督办事项范围

第六条　农业农村部、中国农业科学院等上级部门的重大方针、政策、重要工作部署和重要文件的落实。

第七条　所务会议、所长办公会议、所常务会议议定事项的落实。

第八条　上级领导和研究所领导的重要指示、批示及交办事项的落实。

第九条　上级部门批转信件、所领导临时交办事项等其他事项的办理情况。

第四章　督办工作程序

第十条　立项。参照督办事项范围对需要落实的工作任务，办公室提出立项意见，明确督办事项、承办单位、办理期限等。

第十一条　通知。办公室起草督办通知，经主管督察工作的所领导审核后，书面通知承办单位，下达督办任务。

第十二条　承办。承办部门接到《所务督办通知单》后，要按要求和时限认真办理。几个部门共同承办的，由牵头部门做好组织工作。

第十三条　督办。办公室要及时了解、掌握督办事项办理进展，适时提醒、督促承办部门做好落实工作。对需要较长时间办理的事项，要加强跟踪督办。

第十四条　反馈。承办部门必须在规定时限内将办理情况反馈至督办联络员。几个部门共同承办的，由牵头单位统一反馈。

第十五条　归档。督办事项结束后，办公室要按档案管理的有关规定对《所务督办通知单》和相关材料整理归档。

第五章　督办方式

第十六条　督办工作主要以书面方式进行，由办公室填写《所务督办通知单》，送至承办部门，并督促办理。对随机性事项、重大事项、紧急或突发事项可采用电话等形式督办。公文处理主要利用办公自动化系统，通过监督流程进行督办。

第六章　办理期限和工作要求

第十七条　办理期限。

（一）督办事项一般应在 10 日内办结；有明确办理期限要求的，在规定时间内办结；有特殊要求的要特事特办。

（二）承办部门在收到《所务督办通知单》后，应在3个工作日内向督办联络员报告督办事项进展情况。确因情况复杂等原因，难以在规定时限办结或反馈的，承办部门要及时报告主管所领导和主管督办工作的所领导，经所领导同意，可适当延长办理时间。

第十八条 工作要求。

（一）督办工作为部门和领导干部年终考核评议的重要内容之一。承办部门主要负责人要切实履行第一责任人的职责，根据督办任务明确具体经办人，负责督办事项的落实和反馈。经办人要如实填写《所务督办通知单》，及时报告完成情况，严禁弄虚作假、拖报不报。因故不能在规定时限内完成的，需要在督办单上注明原因，重要事项无法按时完成的，部门负责人需向分管督办工作的所领导说明情况，必要时向所长/书记汇报。

（二）督办工作分管所领导和办公室负责人要严格审核把关，确保督办工作质量。对不实事求是，弄虚作假，延误工作的要通报批评。

（三）各部门要严格执行《中华人民共和国保守国家秘密法》和国家有关保密规定，在办理和落实督办工作中，加强信息安全和保密管理，确保国家秘密安全。

第七章 附 则

第十九条 本办法自2018年8月7日所务会议讨论通过之日起施行，由办公室负责解释。

中国农业科学院兰州畜牧与兽药研究所所务督办通知单

〔20 〕 号 年 月 日

督办事项	
主管所领导	
承办部门	
办结期限	
办理情况	承办部门负责人： 承办人： 年 月 日

十六、中国农业科学院兰州畜牧与兽药研究所限时办结管理办法

（农科牧药办〔2018〕61号）

为进一步改进工作作风，强化担当意识，提高办事效率和执行力，营造良好科技创新氛围，结合研究所实际，制定本办法。

第一条 限时办结包括研究所全体职工，重点是所领导、职能服务部门负责人和工作人员，根据岗

位职责，按照规定时间、程序和要求办结工作事项。限时办结遵循及时、规范、高效、负责的原则。

第二条 限时办结事项范围包括：农业农村部和中国农业科学院等上级部门各项重大决策部署的贯彻落实，公文处理，上级部门和领导交办、督办的事项，研究所安排部署的事项，出差和报销等各类审批审核事项，其他需要及时办理的事项。

第三条 对农业农村部、中国农业科学院等上级部门和地方政府各项重大决策部署，研究所领导班子应及时安排部署，相关部门要认真贯彻落实，在规定时限内完成。涉及重大事项需向上级请示报告的，要及时上报；对各部门请示的事项所领导要及时研究，并尽快做出明确答复。

第四条 需要办理的收文，办公室应及时提出拟办意见提交所领导批示，并交有关部门办理，承办部门须在发文机关或所领导批示要求的时限内办结；紧急公文可于所长或书记批示后，在传阅的同时交有关部门办理。未明确办理时限的公文，一般应在 5 个工作日内办结。办结的公文和经办人签字的处理结果应及时反馈办公室。各部门需要办理的发文，在所领导签发后 2 个工作日内完成印制和寄发。

第五条 上级部门和领导交办、督办的事项，研究所安排部署的事项，应在规定时限办结。因客观原因未能办结的，应及时向主管所领导、上级部门和有关领导报告进度及原因。

第六条 出差和报销等各类审批审核事项，应通过研究所办公自动化系统办理，对符合法律、法规及有关规定的，相关负责人应即时审批；对不符合规定的，要一次性告知所需手续及材料；因特殊情况无法立即审批的，应在当天办结，并转入下一个流程。

第七条 相关部门工作人员在办理事项时要热情周到，即时办理。对特别紧急的事项，应当急事急办，随到随办。对不符合规定的，要一次性告知所需手续及材料。因特殊情况在规定或承诺时限内不能办结的，须说明理由并明确新的办结时限。

第八条 涉及两个以上部门办理的事项由主办部门牵头商议，协办部门予以配合，同时明确各部门办结时限。对于内容涉及面广，问题较复杂，需要研究论证或向上级部门和领导请示，不能在规定时限内办结的事项，主办部门应当在办结时限前向主管所领导和来文机关或服务对象报告办理进度，须说明理由并明确新的办结时限。

第九条 未能按时办结相关事项，服务对象可向主管所领导反映，查实后将责成有关部门认真办理，视情节给予当事工作人员批评教育直至纪律处分。若因服务对象自身原因，不按告知的时间办理相关手续，该事项视为按时办结。

第十条 所领导按工作分工督办相关事项。办公室负责相关事项的督办落实。

第十一条 本办法由办公室负责解释。从 2018 年 8 月 7 日所务会讨论通过之日起施行。

十七、中国农业科学院兰州畜牧与兽药研究所危险化学品安全管理办法

（农科牧药办〔2018〕84 号）

第一章 总 则

第一条 为加强研究所危险化学品的管理，预防和减少危险化学品事故发生，保障国有资产和研究所从业人员和学生的生命财产安全，保证科研生产的正常进行。根据《危险化学品安全管理条例》（国务院令第 591 号）和《中国农业科学院危险化学品安全管理办法》（农科院办〔2015〕272 号），结合研究所实际，制定本办法。

第二条 本办法所称危险化学品是指具有毒害、腐蚀、爆炸、燃烧、助燃等性质，对人体、设施、环境具有危害的剧毒化学品和其他化学品。以国家《危险化学品目录》和《易制毒化学品管

理条例》为据。

第三条 所属各部门在采购、运输、储存、使用危险化学品及处置废弃物过程中，必须遵守本办法。

第四条 危险化学品安全管理，应遵循安全第一、预防为主、综合治理的方针，实行研究所安全生产领导小组统一管理、各部门分工负责的安全生产责任制。

第五条 所长对研究所的危险化学品安全管理工作全面负责，应建立健全安全管理规章制度，完善科研生产的安全条件，强化和落实逐级岗位安全责任制，定期组织安全检查，及时消除隐患，制定应急预案并组织演练。其他所领导及部门负责人与所长共同履行危险化学品安全管理职责，对分管部门的危险化学品安全管理工作负主要责任。

第二章 危险化学品安全管理分工及职责

第六条 研究所安全卫生工作委员会（下属）办公室负责建立健全危险化学品安全管理规章制度和应急预案，组织开展安全生产教育，并监督落实。每月开展1次综合安全检查，对在检查中发现的问题，应及时报告所领导并提出整改措施，责令有关部门或责任人立即纠正和限期整改，并督促落实。

第七条 科技管理处负责对各研究室和创新团队提交的危险化学品及相关设备、设施、装置、器材，剧毒化学品、易制爆、易制毒化学品采购申请进行审核。

第八条 危险化学品、易制爆制毒化学品及相关设备、设施、装置和器材采购由条件建设与财务处统一采购管理。供应商必须具备危险化学品经营许可证和运输资质。

第九条 后勤服务中心负责危险化学品废弃物的处置。

第十条 使用危险化学品部门负责人及工作人员职责。

（一）使用危险化学品部门主要负责人和团队首席是本部门和本团队危险化学品管理的第一责任人，负责落实相关危险化学品管理制度，建立健全危险化学品储存使用台账（名称、采购情况、储存情况、使用情况、废弃物处理情况等），落实安全操作规程和安全科研生产条件，为每间实验室确定1名安全员负责日常安全管理工作。

（二）使用危险化学品部门负责人和团队首席应定期和日常巡查相结合，对本部门和团队危险化学品储存、使用情况进行检查，对使用不符合法律法规和国家标准、行业标准要求的设备、设施、装置、器材及影响安全的违法违规行为立即制止并要求限期整改。

（三）使用危险化学品部门负责人和团队首席应组织开展危险化学品管理使用安全教育和培训，使工作人员和学生掌握相关危险化学品的危险特性、使用规范和安全防护技能，熟悉突发事故应急预案，并组织演练。

（四）安全员应对负责区域进行日常巡查，发现问题及时处置和报告，提出购置和完善防护设施、设备和措施的建议。按照"谁使用谁负责"的原则，危险化学品使用人员是直接责任人，须严格遵守危险化学品安全规章制度和操作规程，正确佩戴和使用安全防护用品，及时清理实验场所的危险化学品和产生的废液，妥善处理过期、失效和无标识的危险化学品。

（五）使用危险化学品部门人员不得违规采购、储存、使用国家有限制性规定的危险化学品。不得使用国家禁止生产、经营、使用的危险化学品。

第三章 危险化学品采购、运输、储存、使用及其废弃物的处置

第十一条 危险化学品采购执行《中国农业科学院兰州畜牧与兽药研究所科研物资采购管理

办法》，不得向不具备经营许可证和运输资质的单位采购。采购和使用剧毒化学品、易制爆和易制毒化学品，须经科技管理处审核后按国家规定办理审批手续。并将品种、数量、储存地点、管理人员情况报研究所安全卫生委员会和科技管理处。剧毒化学品储存数量、地点和管理人员情况等须报公安机关和中国农业科学院安委会备案。

第十二条　采购的危险化学品应有供应单位提供的化学品安全技术说明书，包装（包括外包装件）上粘贴或拴挂与包装内危险化学品相符的安全标签。包装物、容器应保持完整，如发现安全隐患，应立即更换。

第十三条　研究所内部搬运危险化学品，应严格遵守安全作业标准、规程和制度，采取相应安全防护措施，配备必要的防护用品和应急救援器材。

第十四条　危险化学品储存由使用部门和团队负责，储存方式、方法以及数量应符合国家标准和有关规定。危险化学品应当储存在专用库房或专用危险品橱柜内，配备专人管理，建立危险化学品出入库登记制度，如实记录购买日期、数量和储存地点。剧毒化学品、易制爆和易制毒化学品应在专用库房内单独存放，按照国家有关规定设置相应技术防范设施，实行双人保管、双人双锁、双人收发、双人领退、双人使用的"五双"制度。严禁将剧毒、易燃、易爆、挥发腐蚀性危险化学品混合存放。

第十五条　使用危险化学品的部门或团队应制定操作规程，做好安全防护措施；使用危险化学品必须填写《危险化学品使用记录表》，登记使用日期、用途、用量、使用人等信息，学生不得单独领用。领用者应根据当天使用的种类、危险特性等情况，严格控制领用量。工作中剩余的剧毒、易燃、易爆等危险化学品应及时退回库房，不得在实验场所留置过夜。确需昼夜连续使用的，应明确责任人，加强安全管理。发生丢失或者被盗，应立即报告研究所安全生产领导小组和公安机关。

第十六条　使用危险化学品的部门和团队应当经常检查所使用的危险化学品包装物、容器，存在安全隐患的，应当及时维修、更换或停止使用。

第十七条　使用危险化学品的部门和团队应当对安全设施、设备进行经常性维护保养，保证其能正常使用。对使用、放置危险化学品的作业场所设置明显安全警示标志，严禁在不符合安全科研生产条件的作业场所从事危险化学品作业。

第十八条　对危险性较高和特别大的实验及相关工作，应进行安全评估。安全评估由部门或创新团队提出申请，科技管理处牵头组织相关人员组成评估小组进行评估；对危险性特别大的应由具有安全评估资质的机构进行安全评估。使用危险化学品的部门或团队对评估中提出的问题应制定和落实安全防范措施，配备安全保护设备设施。科技管理处负责监督检查。

第十九条　危险化学品的废液、废渣和残液、残渣应严格按照有关规定进行处理。由使用部门和团队收集，准确醒目地标示其名称、基本物性及警示标注，并及时交后勤服务中心依照国家有关规定处置。废弃物不得大量存放，严禁乱倒、乱放和随意抛弃。

第四章　危险化学品事故应急救援处置

第二十条　危险化学品事故应急救援处置应遵循"以人为本、安全第一，预防为主、积极应对，统一指挥、分级负责，快速反应、科学施救。"的原则。按照国家《危险化学品事故灾难应急预案》《国家安全生产事故灾难应急预案》《兰州市重特大危险化学品事故应急救援预案》《中国农业科学院突发公共事件专项应急预案》和《中国农业科学院兰州畜牧与兽药研究所突发公共事件应急预案》进行处置。

第二十一条　发生危险化学品事故，现场人员在确保安全的前提下，根据化学品特性采取科学规范的处置办法进行处理，开展自救和互救，并立即报告团队负责人和相关部门，拨打"119"

"120""110"等紧急救援电话。团队和部门负责人应及时组织营救、疏散受害人员及危害区域内的人员，迅速控制危害源，减少事故损失，防止事故蔓延、扩大。

第二十二条 所领导接到危险化学品事故报告后，应立即组织救援处置，并根据情况向有关部门报告，协助有关部门对事故的处置和调查工作。研究所在事故处置、调查结束后，向中国农业科学院安委会提交书面报告。

第五章 附 则

第二十三条 危险化学品采购、运输、储存、使用及其废弃物处置工作的法律责任，按照《危险化学品安全管理条例》执行。发生事故的部门和团队取消当年评选文明处室、文明班组资格。并依据有关部门对事故的调查结果，依法追究相关人员责任。

第二十四条 严禁将研究所园区内房屋出租、出借给从事采购、运输、储存、使用危险化学品及其废弃物处置工作的单位或个人使用。

第二十五条 属于特种设备的危险化学品容器，安全管理按照特种设备的有关法律、行政法规执行。

第二十六条 本办法由研究所安全生产领导小组办公室负责解释。

第二十七条 本办法自2018年12月11日所务会讨论通过之日起施行。

十八、中国农业科学院兰州畜牧与兽药研究所保密工作制度

（农科牧药办〔2018〕84号）

第一条 为做好研究所机要保密工作，保证秘密文件、资料等安全迅速准确地运转，保守国家秘密，根据《中华人民共和国保守秘密法》（简称《保密法》），结合本所实际，制定本制度。

第二条 研究所保密工作委员会作为保密工作领导机构，贯彻落实党和国家的保密工作方针、政策和有关法规制度，按照"最小化、全程化、自主化、法制化"原则，履行研究所机要保密工作领导管理职责，开展经常性保密教育，制定保密制度，研究部署、督促检查和处理有关保密工作事项。保密工作委员会办公室设在研究所办公室，负责研究所日常保密工作。

第三条 在研究所保密工作委员下，保密工作委员会办公室负责制订研究所保密制度和年度保密工作要点，开展保密宣传教育和涉密人员培训工作，着重抓好上岗、在岗、离岗节点教育和外事活动保密教育，涉密信息文件资料的处理，组织开展保密安全检查，完成保密工作委员会交办的其他任务。

第四条 保守国家秘密是研究所全体工作人员和在读学生的职责、义务。所领导按工作分工负责分管部门的保密工作；各部门负责人为本部门保密工作第一责任人；研究所全体人员和在读学生为保密工作直接责任人。

第五条 涉密人员是指因工作需要，经常接触涉及国家秘密的事项或在管理工作中知悉、了解和掌握国家秘密事项，在保守国家秘密方面负有相关责任的人员。主要包括：

（一）涉及秘密事项的研究所领导干部。

（二）负责保密工作的部门主要负责人。

（三）接触到涉密文件和档案的工作人员。

第六条 涉密人员要主动、自觉学习和遵守各项保密法规和规章制度，严格遵守保密纪律，签订《保密承诺书》，履行保密责任，接受保密教育，并自觉接受保密部门的监督和检查。

第七条 研究所设机要室，按国家《涉密专用信息设备目录》《涉密专用信息设备适配软硬件

产品目录》，购置涉密计算机等硬件设备和软件。涉密文件信息资料保密管理执行《中国农业科学院兰州畜牧与兽药研究所涉密文件信息资料管理办法》。

第八条 计算机信息系统安全保密管理执行《中国农业科学院兰州畜牧与兽药研究所计算机信息系统安全保密管理暂行办法》。非涉密计算机、存储介质和载体严禁存储、处理和传输涉密信息。

第九条 定密工作是指研究所产生的国家秘密事项（包括文件、资料、光碟、软盘、U 盘、移动硬盘等），应当按照国家秘密及其密级具体范围的规定确定密级。确定密级坚持谁生产谁确定的原则，做到合法、准确、及时、经常、依法管理。科学研究定密、解密工作按科技部、农业农村部和中国农业科学院等上级机关规定，由科技管理处负责。

第十条 参加涉密会议人员应严格遵守保密纪律，对会议内容或决定事项，未经许可不得向外传达扩散。带回的文件，应及时交办公室收存。

第十一条 所有人员必须遵守以下保密守则。

（一）不该说的秘密不说。

（二）不该问的秘密不问。

（三）不该看的秘密不看。

（四）不该记录的秘密不记。

（五）不在非保密本上记录秘密。

（六）不在私人通信中涉及秘密。

（七）不在家属、子女、亲友面前和公共场所谈论秘密。

（八）不在不安全的地方存放涉密文件。

第十二条 违反本规定致使国家秘密失密泄密的，视情节和后果追究党纪、政纪直至法律责任。

第十三条 本制度自 2018 年 12 月 11 日所务会议讨论通过之日起施行。原《中国农业科学院兰州畜牧与兽药研究所保密工作制度》（农科牧药办〔2008〕22 号）同时废止，由办公室负责解释。

十九、中国农业科学院兰州畜牧与兽药研究所涉密文件信息资料管理办法

（农科牧药办〔2018〕84 号）

为了贯彻落实国家、农业农村部及中国农业科学院对涉密文件信息资料保密管理规定，保守国家秘密，促进涉密文件信息资料管理工作的规范化、制度化，结合研究所实际，制定本办法。

第一章 总 则

第一条 本办法所称涉密文件信息资料，是指收到上级机关或其他机关标有"绝密""机密""秘密"字样的以纸介质、光介质、电磁介质等方式记载、存储国家秘密的文字、图形、音频、视频等。

第二条 涉密文件信息资料按照"谁主管谁负责、谁管理谁负责、谁使用谁负责"的原则管理。研究所设立保密委员会，负责涉密文件信息资料的管理工作。

第三条 办公室应确定政治可靠、责任心强的党员干部担任专（兼）职机要员，负责对涉密载体的清点、登记、编号、签收及保管等工作。机要员离岗、离职前，应当将所保管的涉密载体全部清退，办理移交手续。机要员（保密专管人员）必须坚持原则，认真负责，遵守保密纪律，严守国家秘密。

第二章　涉密文件信息资料的制作

第四条　制作涉密文件信息资料应当标明密级和保密期限，明确发放范围及制作数量，并编排顺序号。

第五条　涉密文件信息资料在起草、讨论、修改等拟制过程中形成的草稿不得公开，定稿后与正式文件一并归档或统一销毁。

第六条　涉密文件信息资料必须在机要室涉密计算机及打印机上由机要员打印操作，制作过程中形成的清样、废页等统一销毁，不得随意放置、遗弃。涉密文件信息资料严禁存储在非涉密存储介质中。

第三章　涉密文件信息资料的收文与发送

第七条　涉密文件信息资料应由机要员拆封，他人不得拆阅。机要员收文时，要当面按封皮号码逐件核对签收，拆封后要清点份数，并根据密级和级别，分别进行登记。

第八条　涉密文件信息资料发送应通过机要部门或专人报送。前往机要部门领取或外寄涉密文件信息资料时，必须 2 人同行，途中不得办理与涉密文件信息资料无关的事项。

第九条　严禁通过普通传真、普通邮政、快递、互联网或者其他非涉密网络等非保密渠道和方式传递涉密文件信息资料。严禁使用普通电话交谈涉密文件内容。

第四章　涉密文件信息资料的传阅及保管

第十条　涉密文件应由机要员负责收发、传阅、管理、归档，无关人员不得拆封。涉密文件应严格按照文件规定的知悉范围传阅，不得随意扩大，不准扩录，不得横向传阅。传阅涉密文件信息资料，应当与非涉密文件信息资料分开进行，并使用《兰州畜牧与兽药研究所涉密文件资料传阅单》。机要员要掌握其流向，传阅完毕后及时清点收存在带密码的保密文件柜中。

第十一条　涉密文件须在办公室批阅，传阅涉密文件信息资料时，机要员或批阅者应当记录送达和退还的具体时间，传阅的涉密文件、刊物，必须妥善保管，暂未阅完的文件不得随意放置或携带外出，须存放到保密文件柜中。涉密文件信息资料传阅、处理完毕后，由机要员统一存放在保密文件柜中。

第十二条　因工作需要借用涉密文件，应经主管所领导批准后办理借阅手续，在机要室阅读。在规定时间内阅后立即归还存档。禁止向外单位借阅涉密文件。

第十三条　涉密文件信息资料一般不得复制、汇编、摘抄，严禁私自复制、汇编、摘抄。确因工作需要复制、汇编、摘抄的，按下列程序报批。

（一）绝密级应征得制发单位或上级单位同意。

（二）机密级、秘密级应经研究所主要负责人批准。

第十四条　复制涉密文件信息资料，应当使用涉密复印机复印，并对每份复制件进行编号。涉密文件信息资料复印时，不得遮盖、删除密级标识、文号、标题等信息。复制、汇编、摘抄的涉密文件信息资料视同原件管理。

第五章　涉密文件信息资料的清退与销毁

第十五条　涉密文件信息资料使用完毕后，除留存或者存档外，送交兰州市保密局统一销毁。

制发单位明确要求清退的，应当退还制发单位；制发单位没有明确要求，已超过保密期限的，送交兰州市保密局统一销毁。

第十六条　销毁涉密文件信息资料，报分管所领导和主要负责人审批，并逐页清点、登记，填写《兰州畜牧与兽药研究所涉密文件资料销毁审批登记表》。禁止私自销毁涉密文件信息资料。

第十七条　经主要负责人审批同意销毁的涉密文件信息资料，应当先存放在保密文件柜中，待到销毁时再放入文件销毁袋中；严禁将待销毁的涉密文件信息资料长时间存放在文件销毁袋中。向兰州市保密局移交待销毁涉密文件信息资料时，必须派 2 名以上工作人员，全程监督运送至指定地点，并办理移交手续。

第十八条　发现涉密文件遗失，应立即向主管所领导和保密委员会报告。

第六章　附　则

第十九条　违反本办法有关规定，视情节和后果追究党纪、政纪直至法律责任。

第二十条　本办法自 2018 年 12 月 11 日所务会讨论通过之日起施行，由办公室负责解释。

二十、中国农业科学院兰州畜牧与兽药研究所印章管理和使用办法

（农科牧药办〔2018〕84 号）

第一章　总　则

第一条　为进一步规范和加强本所各类印章的管理和使用，根据国家和中国农业科学院相关规定，结合研究所实际，制定本办法。

第二条　研究所各类印章是履行职责，明确各种权利义务关系的重要凭证和标志。

第三条　研究所的印章管理实行"一级法人、两层管理、责权一致、规范使用"的原则。

第二章　印章的分类和管理

第四条　本办法所指的印章由研究所和内设部门两个层面的印章组成。包括公章和具有法律效力的个人名章。

第五条　研究所层面的印章包括法人章、党委章、纪委章、各类组织机构印章。法人章是指"中国农业科学院兰州畜牧与兽药研究所"公章（以下简称"所公章"）。法人章是行使法人职能、体现法人治理结构的核心凭证和标志。党委章是指"中共中国农业科学院兰州畜牧与兽药研究所委员会"印章。纪委章是指"中共中国农业科学院兰州畜牧与兽药研究所纪律检查委员会"印章。各类组织机构印章是指"中国农业科学院兰州畜牧与兽药研究所工会委员会"印章等。

第六条　内设部门印章是指各职能部门、所办企业以及专业性印章。专业性印章指研究所合同专用章、财务专用章等。具有法律效力的个人名章是指研究所法定代表人及财务部门负责人的名章。

第七条　办公室是研究所印章管理的归口部门，负责研究所各类印章的制发、登记、启用、变更和缴销。

第八条　各类印章根据其属性和类别由相关部门管理。研究所法人章由办公室管理；研究所党委章、纪委章及工会章由党办人事处管理；各职能部门印章由各部门自行管理；专业性印章根据印

章性质和用途由相关职能部门管理；所办企业的印章由企业自行管理。所长的个人名章由办公室管理；分管财务的所领导和财务部门负责人个人名章由条财处管理。

第九条 印章须由专人管理，印章管理人员应具有较高的政治和业务素质，工作认真、作风严谨、恪尽职守、遵纪守法。印章管理人员应妥善保管印章，确保安全，按规定和程序履职，维护研究所利益，杜绝违纪违法行为的发生。印章管理人员因事外出，须由部门负责人指定临时保管人。

第十条 研究所各类印章的刻制、启用、变更与缴销。刻制印章应提出书面申请，经所领导审批后，由办公室按照国家和中国农业科学院有关规定，到公安部门指定的单位刻制并备案。启用印章应由办公室留存印模归档，相关部门办理领用手续后正式启用。更换新印章时应按照程序重新办理印章的制发与启用手续。各类印章停用后，相关部门应在印章停用之日起 3 个工作日内交办公室，留下印模归档后按规定予以缴销。

第三章 印章的使用

第十一条 印章使用必须履行审批手续，并实行登记制度。除研究所制发的各类公文经所领导签发后直接用印外，使用所公章均需所领导签批，由印章管理人员核实原件无误后用印。用印后的所有文件须在印章管理部门留存一份。

第十二条 各类印章的使用范围：所公章用于涉及研究所重要工作内容的文件材料及以研究所名义签署的重要合同、协议等综合性材料等。党委章、纪委章用于研究所党委、纪委工作内容的文件材料等。各类组织机构印章、职能部门印章用于该机构或部门开展日常工作的文件材料。专业性印章根据所涉事项的性质与用途使用。所办企业印章用于企业经营活动。

第十三条 除所公章和合同专用章外，其他印章均不得在具有法人单位法律效力的合同、协议、文件等材料上使用。研究所与外单位签订的各类经济和技术合同、合作协议等必须有经办人签字，一般使用合同专用章，重大事项需使用所公章的，由所领导签批后用印。

第十四条 所领导根据工作需要可进行授权，并将书面授权文件交印章管理部门备案。书面授权文件应包括被授权人、授权事由、权限、期限等内容。

第十五条 紧急情况下，如负责签批的所领导无法签批，但不立刻加盖印章将会贻误事项或产生不利后果，可由所领导口头通知印章管理部门用印。经办人须在用印后补办签批手续，印章管理人员应督促经办人及时补办。

第十六条 印章使用地点限印章管理部门的办公场所内，不得擅自将其带出使用。特殊情况必须带出使用时，须经印章管理部门负责人和所领导批准，并安排专人陪同监督用印。

第十七条 如用印材料更改需重新用印，原则上应重新办理签批手续。

第十八条 凡需加盖所领导个人名章的，须经本人同意。

第四章 附 则

第十九条 凡违反本办法，给研究所造成不良后果和损失，按有关规定追究当事人的责任。

第二十条 本办法自 2018 年 12 月 11 日所务会讨论通过之日起施行，由办公室负责解释。

二十一、中国农业科学院兰州畜牧与兽药研究所公文处理实施细则

（农科牧药办〔2018〕84 号）

为贯彻落实中央八项规定精神，使研究所公文处理工作科学化、制度化、规范化，进一步精简

公文数量，提高公文处理的效率和质量，根据中共中央办公厅国务院办公厅《党政机关公文处理工作条例》（中办发〔2012〕14 号）《党政机关公文格式》（GB/T 9704—1999）《中国农业科学院公文处理办法》和《中国农业科学院加强公文管理的规定》，结合研究所实，制定本实施细则。

第一章　总　则

第一条　公文是指研究所实施领导、履行职能、处理公务过程中形成及接收的具有特定效力和规范体式的文书，是传达、贯彻党和国家的方针、政策，转发行政法规和规章，采取行政措施，请示和答复问题，指导、布置和商洽工作，报告、通报和交流情况的重要工具。公文处理是指公文拟制、办理、管理等一系列相互关联、衔接有序的工作。

第二条　本实施细则适用于研究所及所属各部门公文处理工作。

第三条　公文处理坚持实事求是、准确规范、精简高效、安全保密的原则，严格执行国家保密法规，做到及时、准确、安全。

第四条　办公室主管研究所公文处理工作，并对所属各部门公文处理工作进行业务指导和督促检查。各部门应配备兼职公文管理人员。

第五条　公文处理人员应当具有较高的政策水平、良好的公文写作与处理能力和强烈的责任心。所属各部门要高度重视公文处理工作，强化人员素质，切实提高公文处理工作质量和水平。

第二章　公文种类

第六条　结合工作实际，研究所常用的公文种类及适用范围如下。

（一）决议。经会议讨论通过的重要决策事项。

（二）决定。适用于对重要事项做出决策和部署、奖惩所属部门和人员、变更或者撤销下级机关不适当的决定事项。

（三）意见。适用于对重要问题提出见解和处理办法。

（四）通知。适用于发布、传达要求下级机关执行和有关单位周知或者执行的事项，批转、转发公文，发布规章制度，任免人员等。

（五）通报。适用于表彰先进、批评错误、传达重要精神和告知重要情况。

（六）报告。适用于向上级机关汇报工作、反映情况，答复上级机关的询问。

（七）请示。适用于向上级机关请求指示、批准。

（八）批复。适用于答复下级机关的请示事项。

（九）函。适用于不相隶属机关之间商洽工作、询问和答复问题，请求批准和答复审批事项。

（十）纪要。适用于记载会议主要情况和议定事项。

第三章　公文格式

第七条　公文一般由份号、密级和保密期限、紧急程度、发文机关标志、发文字号、签发人、标题、主送机关、正文、附件说明、发文机关署名、成文日期、印章、附注、附件、抄送机关、印发机关和印发日期、页码等组成。

（一）份号。公文印制份数的顺序号。涉密公文应当标注份号。

（二）密级和保密期限。公文的秘密等级和保密的期限。涉密公文应当根据涉密程度分别标注密级和保密期限。

（三）紧急程度。公文送达和办理的时限要求。根据紧急程度，紧急公文应当分别标注"特急""加急"。

（四）发文机关标志。由发文机关全称或者规范化简称加"文件"二字组成。联合行文时，发文机关标志可以并用联合发文机关名称，也可以单独用主办机关名称。

（五）发文字号。由发文机关代字、年份、发文顺序号组成。联合行文时，使用主办机关的发文字号。

（六）签发人。上行文应当标注签发人姓名。

（七）标题。由发文机关名称、事由和文种组成。

（八）主送机关。公文的主要受理机关，应当使用机关全称、规范化简称或者同类型机关统称。

（九）正文。公文的主体，用来表述公文的内容。

（十）附件说明。公文附件的顺序号和名称。

（十一）发文机关署名。署发文机关全称或者规范化简称。

（十二）成文日期。署会议通过或者发文机关负责人签发的日期。联合行文时，署最后签发机关负责人签发的日期。

（十三）印章。公文中有发文机关署名的，除纪要可以不加盖印章外，应当加盖发文机关印章，并与署名机关相符。

（十四）附注。公文印发传达范围等需要说明的事项。其中"请示"须在附注处注明联系人的姓名和电话。

（十五）附件。公文正文的说明、补充或者参考资料。公文如有附件，应在正文之后、成文日期之前，注明附件顺序和名称。

（十六）抄送机关。除主送机关外需要执行或者知晓公文内容的其他机关，应当使用机关全称、规范化简称或者同类型机关统称。

（十七）印发机关和印发日期。公文的送印机关和送印日期。

第八条 公文的版式及编排规则按照《党政机关公文格式》国家标准执行。

（一）公文用纸采用 GB/T 148 中规定的 A4 型纸（297mm×210mm），天头（上白边）为 37mm±1mm，公文用纸订口（左白边）为 28mm±1mm，版心为：156mm×225mm（不含页码），双面印刷；附件用纸应当与主件一致，并与主件一起左侧装订，不掉页。

（二）公文格式各要素编排。公文格式各要素划分为版头、主体、版记三部分。公文首页红色分隔线以上的部分称为版头；公文首页红色分隔线（不含）以下、公文末页首条分隔线（不含）以上的部分称为主体；公文末页首条分隔线以下、末条分隔线以上的部分称为版记。页码位于版心外。如无特殊说明，一般用 3 号仿宋体字。

1. 版头。由份号、密级和保密期限、紧急程度、发文机关标志、发文字号、签发人和分隔线等组成。

（1）份号。如需标注份号，一般用 6 位 3 号阿拉伯数字黑体字，顶格编排在版心左上角第一行。

（2）密级和保密期限。如需标注密级和保密期限，一般用 3 号黑体字，顶格编排在版心左上角第二行；保密期限中的数字用阿拉伯数字标注。

（3）紧急程度。如需标注紧急程度，一般用 3 号黑体字，顶格编排在版心左上角；如需同时标注份号、密级和保密期限、紧急程度，按照份号、密级和保密期限、紧急程度的顺序自上而下分行排列。

（4）发文机关标志。由发文机关全称或者规范化简称加"文件"二字组成，也可以使用发文机关全称或者规范化简称。发文机关标志居中排布，上边缘至版心上边缘为 35mm，推荐使用小标宋体字，颜色为红色，以醒目、美观、庄重为原则。

（5）发文字号。编排在发文机关标志下空二行位置，居中排布。年份、发文顺序号用阿拉伯数字标注；年份应标全称，用六角括号"〔〕"括入；发文顺序号不加"第"字，不编虚位（即1不编为01），在阿拉伯数字后加"号"字。研究所发文及所党委发文由办公室分类统一编号。示例：农科牧药×字〔20××〕×号。

上行文的发文字号居左空一字编排，与签发人姓名处在同一行。

（6）签发人。由"签发人"三字加全角冒号和签发人姓名组成，居右空一字，编排在发文机关标志下空二行位置。"签发人"三字用3号仿宋体字，签发人姓名用3号楷体字。

（7）版头中的分隔线。发文字号之下4mm处居中印一条与版心等宽的红色分隔线。

2.主体。由标题、主送机关、正文、附件说明、发文机关署名、成文日期、附注和附件等组成。

（1）标题。一般用2号小标宋体字，编排于红色分隔线下空二行位置，分一行或多行居中排布；回行时，要做到词意完整，排列对称，长短适宜，间距恰当，标题排列应当使用梯形或菱形。

（2）主送机关。用3号仿宋体字编排于标题下空一行位置，居左顶格，回行时仍顶格，最后一个机关名称后标全角冒号。

（3）正文。公文首页必须显示正文。一般用3号仿宋体字，编排于主送机关名称下一行，每个自然段左空二字，回行顶格。文中结构层次序数依次可以用"一、""（一）""1.""（1）"标注；一般第一层用黑体字、第二层用楷体字并加粗、第三层和第四层用仿宋体字并加粗。一般每面排22行，每行排28个字，并撑满版心。特定情况可作适当调整。

（4）附件说明。如有附件，在正文下空一行左空二字编排"附件"二字，后标全角冒号和附件名称。如有多个附件，使用阿拉伯数字标注附件顺序号（如"附件：1.×××××"）；附件名称后不加标点符号。附件名称较长须回行时，应当与上一行附件名称的首字对齐。

（5）发文机关署名、成文日期和印章。加盖印章的公文成文日期一般右空四字编排，印章用红色，不得出现空白印章。一般在成文日期之上、以成文日期为准居中编排发文机关署名，印章端正、居中下压发文机关署名和成文日期，使发文机关署名和成文日期居印章中心偏下位置，印章顶端应当上距正文（或附件说明）一行之内。成文日期中的数字用阿拉伯数字将年、月、日标全，年份应标全称，月、日不编虚位。不加盖印章的公文在正文（或附件说明）下空一行右空二字编排发文机关署名，在发文机关署名下一行编排成文日期，首字比发文机关署名首字右移二字。

（6）附注。"请示"在附注处注明联系人的姓名和电话，用3号仿宋体字，居左空二字加圆括号编排在成文日期下一行。

（7）附件。附件应当另面编排，并在版记之前，与公文正文一起装订。"附件"二字及附件顺序号用3号黑体字顶格编排在版心左上角第一行。附件标题居中编排在版心第三行。附件顺序号和附件标题应当与附件说明的表述一致。附件格式要求同正文。如附件与正文不能一起装订，应当在附件左上角第一行顶格编排公文的发文字号并在其后标注"附件"二字及附件顺序号。示例如下：农科牧药×字〔20××〕×号附件1。

（8）特殊情况说明：当公文排版后所剩空白处不能容下印章位置时，应采取调整行距、字距的措施加以解决，务使印章与正文同处一面，不得采取标识"此页无正文"的方法解决。

3.版记。由版记中的分隔线、抄送机关、印发机关和印发日期、页码等组成。

（1）版记中的分隔线。版记中的分隔线与版心等宽，首条分隔线和末条分隔线用粗线（高度为0.35mm），中间的分隔线用细线（高度为0.25mm）。首条分隔线位于版记中第一个要素之上，末条分隔线与公文最后一面的版心下边缘重合。

（2）抄送机关。如有抄送机关，一般用4号仿宋体字，在印发机关和印发日期之上一行、左右各空一字编排。"抄送"二字后加全角冒号和抄送机关名称，回行时与冒号后的首字对齐，最后一个抄送机关名称后标句号。

如有多个主送机关，需把主送机关移至版记，除将"抄送"二字改为"主送"外，编排方法同抄送机关。既有主送机关又有抄送机关时，应当将主送机关置于抄送机关之上一行，之间不加分隔线。

（3）印发机关和印发日期。印发机关和印发日期一般用 4 号仿宋体字，编排在末条分隔线之上，印发机关左空一字，印发日期右空一字，用阿拉伯数字将年、月、日标全，年份应标全称，月、日不编虚位（即 1 不编为 01），后加"印发"二字。

（4）页码。一般用 4 号半角宋体阿拉伯数字，编排在公文版心下边缘之下，数字左右各放一条一字线；一字线上距版心下边缘 7mm。单页码居右空一字，双页码居左空一字。公文的版记页前有空白页的，空白页和版记页均不编排页码。公文的附件与正文一起装订时，页码应当连续编排。

（5）公文排版后为单页的，版记可单独占一页，以便双面印刷。

4. 公文中的横排表格。A4 纸型的表格横排时，页码位置与公文其他页码保持一致，单页码表头在订口一边，双页码表头在切口一边。

5. 信函格式：发文机关标志使用发文机关全称或者规范化简称，不标识"文件"二字，居中排布，上边缘至上页边为 30mm，使用红色小标宋体字。发文机关标志下 4mm 处印一条红色双线（上粗下细），距下页边 20mm 处印一条红色双线（上细下粗），线长均为 170mm，居中排布。发文字号顶格居版心右边缘编排在第一条红色双线下，与该线的距离为 3 号汉字高度的 7/8。标题居中编排，与其上最后一个要素相距二行。第二条红色双线上一行如有文字，与该线的距离为 3 号汉字高度的 7/8。首页不显示页码。版记不加印发机关和印发日期、分隔线，位于公文最后一面版心内最下方。

6. 纪要格式：纪要标志由"×××××纪要"组成，居中排布，上边缘至版心上边缘为 35mm，推荐使用红色小标宋体字。内容包括：序号、标题、正文、出（缺、列）席会议人员名单、研究所名称和成文日期。纪要不标签发人，不盖印章，其他各要素与"文件式"公文格式相同。标注出席人员名单，一般用 3 号黑体字，在正文或附件说明下空一行左空二字编排"出席"二字，后标全角冒号，冒号后用 3 号仿宋体字标注出席人单位、姓名，回行时与冒号后的首字对齐。标注请假和列席人员名单，除依次另起一行并将"出席"二字改为"请假"或"列席"外，编排方法同出席人员名单。

第九条 公文中计量单位、标点符号和数字的用法。公文中计量单位的用法应当符合 GB 3100、GB 3101 和 GB 3102（所有部分），标点符号的用法应当符合 GB/T 15834，数字用法应当符合 GB/T 15835。

第四章 行文规则

第十条 行文应当确有必要，坚持少而精，讲求实效，注重针对性和可操作性。

第十一条 行文关系根据隶属关系和职权范围确定。一般不得越级行文，特殊情况需要越级行文的，应当同时抄送被越过的机关。

第十二条 向上级机关行文，应当遵循以下规则。

（一）原则上主送一个上级机关，根据需要同时抄送相关上级机关和同级机关，不抄送下级机关。

（二）请示应一文一事。不得在报告等非请示性公文中夹带请示事项。

（三）除上级机关负责人直接交办的事项外，不得以研究所名义向上级机关负责人报送公文，不得以研究所负责人名义向上级机关报送公文。

第十三条　所属各部门不得以本部门的名义对外正式行文。

第五章　发文处理程序

第十四条　发文处理的一般程序为：起草、审核、会签、核稿、签发、登记、印制、用印、封发等。研究所发文须通过办公自动化系统处理。

第十五条　公文起草应当做到以下要求。

（一）符合国家法律法规和党的路线方针政策，完整准确体现发文机关意图，并同现行有关公文相衔接。遵从精简原则、高效原则和保密原则。

（二）坚持确有必要，凡国家法律法规明确规定的，一律不再制发文件；现行文件规定仍然适用的，不再重复发文；没有实际内容、可发可不发的文件，一律不发。

（三）一切从实际出发，分析问题实事求是，充分调研论证，所提措施和办法切实可行。

（四）内容简洁，主题突出，观点鲜明，结构严谨，表述准确，文字精练。

（五）文种正确，格式规范。

（六）使用非规范化简称时，先用全称并注明简称。使用国际组织外文名称或其缩写形式，在第一次出现时注明准确的中文译名。

（七）除部分结构层次序数和词组、惯用语、缩略语、具有修辞色彩语句中作为词素的数字必须使用汉字外，其他数字均使用阿拉伯数字。

（八）涉及其他部门职权范围内的事项，起草部门必须征求相关部门意见。

第十六条　公文审核实行分级负责制，起草人将文稿提交本部门负责人审核，重要事项涉及其他部门的需其他部门负责人会签，再由办公室核稿，最后提交所领导签发。各级审核人员必须认真履行岗位责任，严格把关，控制发文数量，确保发文质量。

（一）主办部门对公文质量负主要责任，在拟制公文的各个环节，主办部门负责人必须切实承担起审核责任，重点审核：内容是否符合国家法律法规和党的路线方针政策，是否完整准确体现发文意图，是否同现行有关公文相衔接，所提政策措施和办法是否切实可行，公文结构是否合理、主题是否鲜明正确、条理是否清晰、语言表述是否准确，文字、标点、单位使用是否规范等。涉及所内其他部门职权范围内的事项是否经过充分协商并达成一致意见。

（二）办公室负责对各部门拟制的公文进行核稿，重点审核：行文理由是否充分、依据是否准确、程序是否规范、方式是否妥当，文种是否正确，格式是否规范，人名、地名、时间、数字、段落顺序、引文等是否准确，文字、数字、计量单位和标点符号等用法是否规范，其他内容是否符合公文起草的有关要求。

第十七条　公文签发

（一）以研究所名义发出的文件，由所长或分管副所长签发。

（二）以所党委名义发出的文件，由所党委书记或副书记签

（三）已经签发的文稿，其他人员不得再改动。如确需修改时，须经签发人同意。

第十八条　登记、印制、用印、封发

（一）发文经所领导签发后，由办公室复核，重点复核审批、签发手续是否完备，附件材料是否齐全，格式是否统一、规范，之后进行编号、登记。

（二）编号登记后由主办部门负责按照发文模板套印校对，校对文件必须认真仔细，做到准确无误。

（三）"中国农业科学院兰州畜牧与兽药研究所"印章由办公室负责监印；"中国共产党中国农业科学院兰州畜牧与兽药研究所委员会"印章由党办人事处监印；所属各部门印章由各部门负责监印。印制好的发文送印章管理部门用印，监印人应对审核、签发和公文格式等进行审核，发现手续不完备或不符合办文要求的，应由办文单位补办或重办，否则不予用印。其他资料加盖本所印章，须经所领导批准，加盖部门印章须经部门负责人批准。使用所领导个人印章，须经本人同意。用印文件均须在监印部门留存一份归档。

（四）严格控制文件印刷数量，办文部门要按主送单位，抄送（报）单位精确计算印刷数量，避免滥发和浪费。所内发文除存档需要外，一般不印发纸质版文件。

（五）公文由主办部门封发。需邮寄的文件应写清收文单位的全称与详细地址、邮政编码，封口后送办公室登记，由办公室寄发。涉密公文须通过机要通信系统发送。

第六章　收文处理程序

第十九条　收文处理的一般程序为：签收、登记、拟办、批办、传阅、承办、催办督办、答复等。

（一）签收。办公室工作人员应随时通过办公自动化系统接收中国农业科学院发文。对收到的纸质公文应当逐件清点核对无误。所属各部门收到的公文应及时交办公室，纸质公文需扫描为PDF格式文件交办公室。所领导及其他人员从会议上带回的重要文件，应主动及时送办公室。

（二）登记。办公室负责对收文的登记，登记内容应包括：收文日期、发文机关、文号、标题、密级和缓急程度等。

（三）拟办。登记后由办公室在办公自动化系统发起收文办理流程，应做到当日文件当日办理，特急公文随到随办，不得拖延、积压。办公室负责人提出拟办意见，提交所长或所党委书记批示。

（四）批办。研究所主要负责人对办公室提交的收文应及时批示，明确办理意见、承办部门和办理时限。需要两个以上部门办理的，应当明确主办部门。

（五）传阅。研究所主要负责人批示后，办公室应及时提交其他所领导阅示。阅知性公文应根据主要负责人批示提交其他传阅对象阅知。

（六）承办。各承办部门收到交办的公文后应当及时办理，不得拖延、推诿。未明确办理时限的公文，一般应在5个工作日内办结。紧急公文应当按时限要求办理，特急件随时办理。确有困难的，应当及时予以说明。如认为不属本部门业务范围或因其他原因无法办理时，由该部门负责同志签注意见后，及时退回办公室，不得直接转送，更不得积压延误。

（七）同一文件如涉及两个以上部门的，应送主办部门，由其会同协办部门办理。

（八）领导批办的公文，承办部门要及时认真完成。对批办性公文的处理情况，分管所领导和办公室应按照《中国农业科学院兰州畜牧与兽药研究所限时办结管理办法》《中国农业科学院兰州畜牧与兽药研究所督办工作管理办法》等催办督办。

（九）答复。公文承办部门应将办理结果及时答复来文单位，并注明处理结果，提交办公室归档。

第七章　立卷归档

第二十条　研究所发文在加盖印章后，主办部门向办公室提交1份印制好的纸质版文件（主件、附件），由办公室打印《中国农业科学院兰州畜牧与兽药研究所文件处理单》一并立卷归档。

研究所收文由办公室负责打印纸质版文件和《中国农业科学院兰州畜牧与兽药研究所文件处理单》立卷归档。办公室档案管理人员要认真执行有关档案管理办法，对各部门的立卷归档工作进行指导、监督和检查，除人事档案由党办人事处管理外，档案室负责管理研究所全部档案。各部门应在第二年上半年将整理好的案卷交办公室归档。

第八章 附 则

第二十一条 本实施细则自 2018 年 12 月 11 日所务会讨论通过之日起施行。2012 年 2 月 29 日起实施的《中国农业科学院兰州畜牧与兽药研究所公文处理实施细则》（农科牧药办〔2012〕5号）同时废止。

第二十二条 本实施细则由办公室负责解释。

二十二、中国农业科学院兰州畜牧与兽药研究所领导干部外出请假及工作安排报告制度实施细则

（农科牧药办〔2018〕61 号）

为进一步强化干部队伍作风建设，规范研究所领导干部外出请假及工作安排报告工作，根据《中国农业科学院领导干部外出报备工作规范》等相关规定，结合研究所实际，制定本细则。

第一条 适用范围

本细则适用于研究所领导班子成员及部门负责人出差、出访、学习、带薪年休假、换休、临时外出和因私离所等事项的请假及工作安排报告。

第二条 外出请假和报备

（一）所领导和部门负责人外出，须在研究所办公自动化系统填写《中国农业科学院兰州畜牧与兽药研究所出差/离所/请假审批单》（以下简称"审批单"，见附表 1）进行审批。未经批准不得自行外出。

（二）所长、党委书记外出相互审批，离开兰州市外出 3 天以上（包括 3 天），提前 2 天报中国农业科学院审批备案。副所级领导外出，提前 2 天填写"审批单"，由所长或主持工作的所领导审批。

（三）部门负责人外出应相互报告，经分管所领导同意，提前 2 天填写"审批单"，由值周所领导审批。

（四）因私请假执行《中国农业科学院兰州畜牧与兽药研究所职工请（休）假规定》。

第三条 报备工作程序

（一）所长和党委书记离开兰州市外出 3 天以上（包括 3 天），由办公室填写《院属各单位及院机关各部门负责人外出报告单》（附表 2），报中国农业科学院审批备案。

（二）所长和党委书记因紧急事项临时外出，可口头直接向分管院领导、院长或院党组书记请示；请示批准情况应及时告知办公室，由办公室补办报备手续。外出期间如行程有变化，要及时补充报备。

（三）出国（境）须在请示报告单中注明出国（境）审批情况。

第四条 其他事项

（一）所长和党委书记原则上不同时外出，领导班子成员原则上不能同时全部外出。

（二）所长外出期间由党委书记主持工作，所长和党委书记同时外出，应明确主持工作的所领导。

（三）部门负责人原则上不得同时外出，确因工作需要同时外出，应指定临时负责人，并报办

公室备案。

第五条 工作安排报告

（一）所领导和部门负责人应在每周五上午下班前，在办公自动化系统填报下周工作日程，如遇调整及时更新。

（二）所领导在兰州市内临时参加活动，向主要所领导报告，并通知办公室。部门负责人应向主管所领导报告并填写"审批单"，由值周所领导审批。

（三）党办人事处根据所领导工作安排，每周一确定值周所领导并公示。

第六条 本细则自2018年8月7日所务会讨论通过之日起施行，由办公室负责解释。

附表1

中国农业科学院兰州畜牧与兽药研究所出差/离所/请假审批单

基本信息

离岗人		离岗人部门	
职 务		申请时间	

因公外出

事 由			
目的地		交通工具	
支出渠道			
附 件			
接待单位			

因私请假

年休假　　　　事假　　　　病假　　　　婚假 丧 假　　　　产假　　　　探亲假　　　工伤假 其他（请注明）			
离岗时间		返回时间	

签字意见

课题主持人签字	
处（室）领导签字	
所领导签字	

附表 2

院属各单位及院机关各部门负责人外出报告单
基本信息

单　位		填写时间	
出差人		出差地点	
出差时间			
结束时间			
出差事由			
主要负责同志意见			
代理主持工作		主要负责同志外出，其间由该领导主持工作	

二十三、中国农业科学院兰州畜牧与兽药研究所奖励办法

（农科牧药办〔2018〕61号）

为提高研究所科技自主创新能力，建立与中国农业科学院科技创新工程相适应的激励机制，推动现代农业科研院所建设，结合研究所实际情况，特制定本办法。

第一条　科研项目

研究所获得立项的各类科研项目（不包括中国农业科学院科技创新工程经费、基本科研业务费和重点实验室、中心、基地等运转费等项目），按当年留所经费（合作研究、委托试验等外拨经费除外）的5%奖励课题组。

第二条　科技成果

（一）国家科技特等奖奖励80万元，一等奖奖励40万元，二等奖奖励20万元。

（二）省、部级科技特等奖奖励15万元，省部一等奖奖励10万元，二等奖奖励8万元，三等奖奖励5万元。中国农业科学院科学技术成果奖奖励10万元。

（三）甘肃省专利一等奖奖励4万元、二等奖奖励2万元、三等奖1万元。

（四）我所为第二完成单位的省部级二等奖及以上科技奖励，按照相应的级别和档次给予40%的奖励，署名个人、未署名单位或单位排名第三完成单位及以后或成果与主要完成人从事专业无关的获奖成果不予奖励。

第三条　科技论文、著作

（一）科技论文（全文）按照SCI类和北大中文核心期刊要目收录分不同档次奖励。

1. 发表在SCI类期刊上的论文，按照科技期刊最新公布的影响因子进行奖励。影响因子小于5的SCI论文，奖励金额为（1+影响因子）×3 000元；影响因子大于等于5且小于10的SCI论文，奖励金额为（1+影响因子）×5 000元；影响因子大于等于10的SCI论文，奖励金额为（1+影响因子）×8 000元。

2. 发表在国家中文核心期刊上的研究论文（综述除外），按照中文核心期刊要目总览（北大版）奖励：学科排名前5%期刊论文奖励金额1 500元/篇；学科排名前5%~25%期刊论文奖励金额1 000元/篇；学科排名25%以后期刊论文和《中国草食动物科学》《中兽医医药杂志》发表论文奖励金额300元/篇。

3. 管理方面的论文奖励按照以上相应期刊类别予以奖励。科技论文及著作的内容必须与作者所从事的专业具有高度相关性，否则不予奖励。

4. 奖励范围仅限于署名我所为第一完成单位并第一作者。农业农村部兽用药物创制重点实验室、农业农村部动物毛皮及制品质量监督检验测试中心（兰州）、农业农村部兰州畜产品质量安全风险评估实验室、农业农村部兰州黄土高原生态环境重点野外科学观测试验站、甘肃省新兽药工程重点实验室、甘肃省牦牛繁育工程重点实验室、甘肃省中兽药工程技术研究中心、中国农业科学院羊育种工程技术研究中心等所属的科研人员发表论文必须注明对应平台名称，否则不予奖励。

（二）由研究所专家作为第一撰写人正式出版的著作（论文集除外），按照专著、编著和译著（字数超过20万字）三个级别给予奖励：专著（大于20万字）1.5万元，编著（大于20万字）0.8万元，译著（大于20万字）0.5万元，字数少于20万（含20万）字的专著、编著、译著和科普性著作奖励0.3万元。由研究所专家作为第一完成人正式出版的音像制品，根据播放时长，大于等于30分钟的奖励0.5万元，小于30分钟的不予奖励。

出版费由课题或研究所支付的著作及音像制品，奖励金额按照以上标准的50%执行。同一书名或同一音像制品的不同分册（卷）认定为一部著作或一套制品。

第四条　科技成果转化

专利、新兽药证书等科技成果转让资金的 60% 用于奖励课题组，35% 用于研究所基本支出，5% 用于奖励推动科技成果转化的相关管理人员。

第五条　新兽药证书、草畜新品种、专利、新标准

（一）国家新兽药证书，一类兽药证书奖励 15 万元，二类兽药证书奖励 8 万元，三类新兽药证书奖励 4 万元、四类兽药证书奖励 2 万元，五类兽药、饲料添加剂证书及诊断试剂证书奖励 1 万元。我所作为第二完成单位获得国家一类、二类新兽药证书的按照相应的级别和档次给予 40% 的奖励。

（二）国家级家畜新品种证书每项奖励 15 万元，国家级牧草育成新品种证书奖励 10 万元，国家级引进、驯化或地方育成新品种证书奖励 6 万元；省级家畜新品种证书每项奖励 5 万元，牧草育成新品种证书奖励 3 万元，国家审定遗传资源、省级引进、驯化或地方新品种证书奖励 1 万元。我所作为第二完成单位获得国家级草、畜新品种证书的按照相应的级别和档次给予 40% 的奖励。国家级家畜新品系证书按相应级别的 50% 奖励。

（三）国外专利授权证书奖励 2 万元，国家发明专利授权证书奖励 1 万元，其他类型的专利授权证书、软件著作权奖励 0.1 万元。

（四）制定并颁布的国家标准奖励 1 万元，行业标准 0.5 万元，地方标准 0.3 万元。

第六条　研究生导师津贴

研究生导师津贴按照导师所培养学生（第一导师）的数量给予相应的津贴。标准为：每培养 1 名硕士研究生，导师津贴为 300 元/月；每培养 1 名博士后、博士研究生，导师津贴为 500 元/月。可以累积计算。

第七条　文明处室、文明班组、文明职工

在研究所年度考核及文明处室、文明班组、文明职工评选活动中，获文明处室、文明班组、文明职工及年度考核优秀者称号的，给予一次性奖励。标准如下：文明处室 3 000 元，文明班组 1 500 元，文明职工 400 元，年度考核优秀 200 元。

第八条　先进集体和个人

获各级政府奖励的集体和个人，给予一次性奖励。

获奖集体奖励标准为：国家级 8 000 元，省部级 5 000 元，院厅级 3 000 元，研究所级 1 000 元，县区级 500 元。

获奖个人奖励标准为：国家级 2 000 元，省部级 1 000 元，院厅级 500 元，研究所级 300 元，县区级 200 元。

第九条　宣传报道

中央领导批示、中办和国办刊物采用稿件每篇 1 000 元；部领导批示和部办公厅刊物采用稿件每篇 500 元；农业农村部网站采用稿件每篇 400 元；院简报和院政务信息报送采用稿件每篇 200 元；院网、院报采用稿件：院网要闻或院报头版，每篇 200 元；院网、院报其他栏目，每篇 100 元；研究所中文网、英文网采用稿件每篇 50 元；其他省部级媒体发表稿件，头版奖励 300 元，其他版奖励 150 元。以上奖励以最高额度执行，不重复奖励。由办公室统计造册，经所领导审批后发放。

第十条　奖励实施

科技管理处、党办人事处、办公室按照本办法对涉及奖励的内容进行统计核对，并予以公示，提请所长办公会议通过后予以奖励。本办法所指奖励奖金均为税前金额，奖金纳税事宜，由奖金获得者负责。

第十一条　本办法经 2018 年 8 月 7 日所务会议通过，自 2019 年 1 月 1 日起实施。原《中国农业科学院兰州畜牧与兽药研究所奖励办法》（农科牧药办〔2017〕80 号）同时废止。

第十二条 本办法由科技管理处、党办人事处、办公室解释。

二十四、中国农业科学院兰州畜牧与兽药研究所科研项目间接经费管理办法

（农科牧药办〔2018〕61号）

为规范研究所科研项目间接经费管理，提高间接费用使用效益，调动科研人员创新积极性，根据国务院《关于改进加强中央财政科研项目和资金管理的若干意见》（国发〔2014〕11号）、国家自然科学基金委员会《国家自然科学基金资助项目资金管理办法》（财教〔2015〕15号）、中共中央办公厅、国务院办公厅《关于进一步完善中央财政科研项目资金管理等政策的若干意见》（中办发〔2016〕50号）及《中国农业科学院科研项目间接费用管理办法》（农科院科〔2017〕62号）等文件精神，结合研究所实际，特制定本办法。

第一条 本办法所指的科研项目是指源于中央或地方财政资金支持的实行间接费用管理的科研项目。

第二条 本办法所指间接经费是指研究所在组织实施项目过程中发生的无法在直接费用中列支的相关费用，主要用于科研人员的绩效支出，研究所为了项目研究提供的现有仪器设备及房屋、水、电、气、暖等科研条件支撑费用，以及有关管理费用的补助支出。

第三条 间接费用根据国家科研经费相关规定，按不超过项目直接费用扣除设备购置费后的一定比例核定，并实行总额控制。

第四条 科研项目间接经费由研究所统一管理使用，专款专用，预算不得调整。

第五条 项目立项后，由科技管理处根据项目合同（任务书）和预算批复，确认间接经费管理的科研项目及间接经费额度。

第六条 研究所科研项目间接经费主要分为以下两部分进行管理：

（一）研究所公共管理费用和课题组相关管理费用支出：该费用主要用于研究所为组织管理项目而发生的管理费用支出和公摊部分的水、电、暖等支出，课题组使用研究所房屋、现有仪器发生的资源占用性支出和课题研究过程中发生的水、电、暖、网络通信等消耗性支出，以及其他无法在直接费用中列支的费用。费用支出严格执行研究所财务审批制度。

（二）绩效支出：在项目间接经费预算内，由条财处和科技管理处共同按照任务书规定额度进行提取。若在间接经费预算内无明确规定，可按总额的60%进行提取。主要用于科研人员绩效奖励支出。

第七条 间接费用的提取

（一）研究所作为项目（课题）主持单位的科研项目，间接费用应按留所经费提取。

（二）研究所作为子课题（参加）单位的科研项目，间接费用应按子课题（参加）单位经费占总经费的比例核定提取；如子课题任务书有明确约定间接费用额度的，以任务书为准。

第八条 课题组绩效支出须按照《研究所科研人员岗位业绩考核办法》进行绩效考核评价，主要考评内容为绩效目标完成情况及成效。

第九条 课题组绩效分配方案由项目负责人根据项目参加人员科研实绩制定。

第十条 绩效支出发放对象为参与实际项目研究工作，并对项目总体目标做出贡献的课题组成员。

第十一条 绩效支出以当年实际到账经费为依据，按项目执行年度发放，执行期最后一个年度的绩效经费需在项目通过验收后发放。年度绩效经费的计算方法为：年度绩效经费＝项目总绩效经费×年度到账经费/预算批复总经费。

第十二条 研究所将结合课题组科研人员的实绩，公开、公正安排绩效支出，体现科研人员价值，充分发挥绩效支出的激励作用。

第十三条　项目执行期间存在以下情形之一的，不得对其发放绩效经费。

（一）未按要求及时报送项目相关材料，包括项目任务书（合同书）、经费预算书、年度进展报告、中期总结报告、结题报告、验收报告及其他相关文件等。

（二）在项目执行过程中，对项目负责人、参加人员、经费预算、研究目标、研究内容等重要事项的调整未按要求提前报批。

（三）无正当理由，项目未按合同进度执行，或未按期落实上级主管部门提出的整改要求等。

（四）违反国家法律法规、存在弄虚作假、学术不端等行为。

对于以上情形，绩效经费如已发放的，研究所有权追回。

第十四条　本办法实施过程中，与国家修订或新出台的相关管理规定不一致的，按国家及上级部门有关规定执行。

第十五条　本办法自 2018 年 8 月 7 日所务会讨论通过之日起施行，由条财处和科技管理处负责解释。

二十五、中国农业科学院兰州畜牧与兽药研究所内部控制基本制度

（农科牧药办〔2018〕61 号）

第一章　总　则

第一条　为保障研究所科技创新事业健康发展，发挥好内部控制制度体系在现代院所建设中的重要支撑作用，有效防控廉政风险及财务风险，根据《行政事业单位内部控制规范（试行）》（财会〔2012〕21 号）和《财政部关于全面推进行政事业单位内部控制建设的指导意见》（财会〔2015〕24 号）等有关规定，结合我所实际，制定本制度。

第二条　本制度所称内部控制是指研究所为实现控制目标，将所有经济活动按业务流程进行风险评估和分析，制定、完善和有效实施一系列管理制度和管控措施，对经济活动风险进行防范和控制。

第三条　本制度适用于中国农业科学院兰州畜牧与兽药研究所。

第四条　内部控制目标主要包括：通过制定权责一致、制衡有效、运行顺畅、管理科学的内部控制体系，规范单位内部经济和业务活动，强化内部权力运行制约，保证单位经济活动合法合规、科研经费使用高效、资产安全和保值增值、财务信息真实完整，防范舞弊和预防腐败，提高单位内部治理水平，促进我所现代农业科研所建设。

第五条　建立与实施内部控制，应当遵循以下原则。

（一）全面性原则。内部控制贯穿单位经济活动的决策、执行和监督全过程，覆盖单位所有岗位和人员，实现对经济活动的全面控制。

（二）重要性原则。在全面控制的基础上，内部控制应当关注单位重要经济活动和经济活动的重大风险。

（三）制衡性原则。按照分事行权、分岗设权、分级授权的要求，内部控制应当在单位内部的部门管理、职责分工、业务流程等方面形成相互制约和相互监督。

（四）适应性原则。内部控制应当符合国家有关规定和单位的实际情况，并随着外部环境的变化、单位经济活动的调整及管理要求的提高，不断改进和完善。

（五）有效性原则。内部控制应当保障单位内部权力规范有序、科学高效运行，实现单位内部控制目标。

第六条　所内部控制制度体系包括以下内容。

（一）指导全所内部控制建设的基本制度，即本制度。

（二）根据本制度和研究所工作特点，重点针对财务预决算、收支业务、科研项目管理、建设项目管理、采购管理、资产管理、"三公经费"支出、会议培训支出、合同管理等经济活动风险，进行识别、评估、分级（分重大风险和一般风险两级）、应对、监测和报告全过程管理，制定的专项管理办法。

（三）根据国家有关规定、本制度和专项管理办法，在查找研究所经济活动风险并定级、完善工作流程、界定各环节各岗位责任基础上，制定研究所内部控制规程。

第二章　内部控制方法

第七条　不相容岗位（职责）分离控制。不相容岗位（职责）是指如果由一个人担任，既可能发生且又可能掩盖错误和舞弊行为的岗位。

（一）各部门应全面系统分析、梳理经济活动中所涉及的不相容岗位，合理设置内部控制关键岗位，实施相应的分离措施，明确划分职责权限，形成相互制约、相互监督的工作机制。

（二）实行清晰的决策、执行、监督机构或岗位设置，对各机构与岗位依职定岗，分岗设权，建立和实施相对独立的报告制度，体现权责明确、相互制约的原则。

（三）关键岗位应明确资格条件，建立人员 A/B 角制度，实行定期轮岗制度；不具备轮岗条件的岗位采用专项审计等控制措施。

第八条　内部授权控制

（一）建立与单位职能、业务活动相适应的内部授权管理体系，明确各岗位办理业务的权限范围、审批程序和相关责任。各岗位人员应当在授权范围内开展工作。

（二）执行"三重一大"事项集体决策制度和内部授权管理制度。

第九条　规范流程控制。通过梳理规范各类经济活动业务流程，将内控管理贯穿于业务流程全过程，对流程执行进行监督、评价和优化，构建业务过程控制自我完善机制。

第十条　归口管理。根据研究所实际情况，优化内设机构，科学配置职能，构建权责一致、协调配合、运转高效的职能体系，对经济活动实行统一管理，强化责任落实。

第十一条　预算全过程控制。强化对经济活动的预算约束，重点加强预算编制、执行、监督的流程分级、制度建设和模块化管理，使预算管理贯穿于单位经济活动全过程。

第十二条　财务审核把关控制。财务部门依据国家及研究所有关规章制度，对经济活动支出事项及财务资料进行审核把关，强化对经济活动的财务控制能力。

第十三条　科研财务助理制度。设立科研团队财务助理，协助团队负责人做好科研经费管理工作，强化团队内部经费使用制约监督，提高科研经费管理效率。

第十四条　资产安全保护控制。建立资产日常管理制度和定期清查机制，采取资产记录、实物保管、定期盘点、账实核对等措施，确保资产安全完整。

第十五条　信息系统管理控制。将内部控制管控措施嵌入信息化管理系统，借助信息化手段实现组织架构、业务流程及岗位职责的固化管理，最大程度减少人为操纵因素。

第十六条　信息公开制度。建立健全经济活动信息内部公开制度，根据国家有关规定和单位实际情况，合理确定信息内部公开内容、范围、方式和程序，强化对单位经济活动的监督。

第十七条　内部审计监督。建立健全内部审计制度，发挥内部审计监督作用，运用系统、规范的方法，审查经济活动的合法合规性，评价内部控制的有效性。

第三章 内部控制主要内容

第一节 财务预决算内部控制

第十八条 加强预算工作领导。在单位负责人领导下，建立由财务部门牵头，科管、人事、资产、政府采购管理等部门参与的预算编制协调机制，明确职责，强化全口径预算管理。

第十九条 规范预算编制流程。结合事业发展需要，采取"自下而上"方式进行预算编制。年度预算应由单位领导班子集体决策，确保预算编制程序规范、方法科学、内容完整、数据翔实。项目预算应经评审通过后列入部门预算项目库管理。

第二十条 年度预算批复后，各单位应当按照事权与财权一致的原则，进行预算指标分解，细化年度预算支出方案。

第二十一条 强化预算刚性约束。建立健全预算支出责任制度，明确支出内部审批权限、程序、责任和相关控制措施。加强预算执行动态监控，实行预算安排与进度挂钩制度，确保预算执行高效与安全。

第二十二条 严格预算调整管理程序。预算一经批准，一般不得擅自调整。对确需调整的预算事项，应当按照规定程序办理。

第二十三条 财务决算应当按照国家财务会计制度和上级部门规定编制，做到财务决算账表一致、数据真实、完整准确，由单位领导班子集体审议通过。以创新工程等重点项目为对象，逐步实施财政拨款项目绩效评价机制。

第二十四条 年度财务预决算应在一定范围内，以适当方式实行信息公开。

第二节 收支业务内部控制

第二十五条 组织收入必须遵守国家政策规定，各项收入应当全部纳入单位预算，由财务部门统一管理与核算。严禁设立小金库，严禁设立账外账，严禁公款私存。

第二十六条 各项支出应当全部纳入单位预算。按照国家有关规定，建立健全支出内部管理制度，确定研究所经济活动的各项支出标准。按照支出业务类型，明确支出部门、职能部门、单位领导等各关键岗位的职责权限，确保各类支出的真实性、合规性。

第二十七条 严格执行现金管理规定。凡属公务卡强制结算目录规定的支出，应当使用公务卡结算。对设备费、大宗材料费和测试化验加工费、劳务费、专家咨询费等支出，一般应当通过银行转账结算。

第二十八条 建立健全货币资金管理岗位责任制。按照不相容岗位相互分离原则，合理设置岗位，不得由一人办理货币资金业务的全过程。

第二十九条 严格大额收支管理。收支规模达到一定金额的事项，应当根据业务性质签订合同，作为财务收支管理的依据。大额支出事项应由领导班子集体决策。

第三十条 加强各类票据管理与审核，确保票据来源合法、内容真实、使用正确。不得违反规定转让、出借、代开、虚开票据，不得擅自扩大票据适用范围，不得使用虚假票据。

第三节 建设项目管理内部控制

第三十一条 建立健全建设项目管理制度。严格执行国家有关规定，坚持"谁建设、谁负责"

原则，落实法人责任制、招投标制、工程监理制和合同制等管理制度，规范项目全过程管理。

第三十二条 加强项目规划与申报管理。结合研究所事业发展需要，充分论证、科学编制项目建设规划，建立项目储备库。项目规划与申请立项应由研究所领导班子集体研究决定。

第三十三条 规范项目招投标管理。完善招投标工作流程，明确建设、纪检、财务等部门职责，重点审查工程标段划分、设备标分包以及招标文件商务标和技术标的公平性、公正性、合理性，评标办法的公正性，合同专用条款的风险性，工程量清单和招标控制价的准确性，防止肢解工程规避招标、量身定制排斥潜在投标人等行为。建立工程量清单和招标控制价复核与纠错机制，避免清单错漏、工程量不准确、特征描述错误造成的造价失真、不平衡报价、投资失控、结算纠纷等风险。

第三十四条 项目的勘察、设计、招标代理、施工、监理、仪器设备采购等活动应当依法依规订立合同，采用规范的合同文本。加强合同文本的审查，防止合同中擅自改变招标和投标文件实质性内容。

第三十五条 加强项目概算投资控制。严格项目投资变更决策程序，规范工程变更决策与签证流程，重大变更事项应组织专家论证，然后履行单位内部决策程序，并按规定报上级部门批准。

第三十六条 规范项目资金管理。项目资金应当按照下达的投资计划和预算专款专用，严禁截留、挪用和超批复内容使用资金。财务部门应当加强与项目实施部门的沟通，严格价款支付审核。

第三十七条 完善工程结算审核制度。工程结算审核应由单位审计监督部门委托有资质的社会中介机构进行。项目实施部门应当严格审查施工单位送审资料的真实性和完整性，协助做好工程结算审核工作。

第三十八条 规范项目竣工财务决算。财务部门应当及时清理项目账务与资金结算情况，按规定编制项目竣工财务决算。单位审计监督部门委托有资质的社会中介机构进行财务决算审计，出具审计报告。

第三十九条 加强项目竣工验收与交付管理。项目完成后，项目实施部门应及时组织竣工验收和项目初验，向上级部门申请项目验收。通过验收的项目，项目实施部门应按规定及时办理资产交付使用手续。

第四十条 加强项目档案管理。做好项目前期阶段相关材料的收集、整理、分类、归档工作，实施、验收确保资料完整。项目验收后应及时移交档案管理部门。

第四节 采购管理内部控制

第四十一条 建立健全采购内部管理制度。明确单位采购管理、监督、实施、使用、验收等部门职责权限，形成相互协调、相互制约的工作机制。

第四十二条 加强采购预算与计划管理。建立预算编制、资产管理、采购管理等部门的沟通协调机制，科学编报年度采购预算与采购计划。未经批准，不得无预算、无计划采购。

第四十三条 规范采购方式管理。根据采购内容、金额等合理确定采购方式，严格履行审核审批程序。不得将采购内容化整为零，规避政府采购。

第四十四条 加强试剂耗材采购管理。以院网线上采购平台建设为基础，实行试剂耗材线上采购，实现采购过程的公开、透明与市场充分竞争。确需线下采购的，应严格执行研究所审核审批制度。

第四十五条 强化采购文件审核把关责任。重点审查采购标项划分与相关技术指标的合理性、评标办法的公正性、付款方式的合规性，防止舞弊行为，确保采购工作规范、高效。

第四十六条 加强采购验收管理。管理部门、使用部门派专人负责采购验收工作，建立健全物资出入库台账和领用登记制度。危险化学品严格按照国家有关规定实施采购与管理。

第五节　资产管理内部控制

第四十七条　建立健全国有资产管理制度。国有资产包括流动资产、固定资产、无形资产和对外投资等。各部门应当加强国有资产的综合管理，确保国有资产安全完整，实现国有资产保值增值。

第四十八条　加强资产配置管理。建立资产配置计划申报与审核审批制度，严格实行配置条件、配置标准、经费预算的审核，不得超标准、无预算配置。

第四十九条　建立资产验收登记制度。按照"管、采、验"岗位分离原则，规范资产验收流程，大型或批量资产应由研究所资产管理部门参与验收，及时办理资产登记入账。

第五十条　加强资产出租出借管理。资产出租出借应当严格按规定履行审批程序，收入纳入单位预算，按合同管理。房产出租原则上实行公开竞价招租，租期一般不得超过5年。

第五十一条　加强对外投资管理。对外投资应当严格履行审批程序，建立健全对外投资权益维护与风险管理制度。不得利用财政性资金对外投资，不得进行任何形式的金融风险投资与对外担保。

第五十二条　规范资产处置管理。资产处置应当严格履行审批程序，遵循公开、公平原则，按规定方式进行处置。任何部门和个人不得擅自处置国有资产。

第五十三条　建立资产管理问责机制。强化资产管理责任意识，明确研究所内部资产管理、使用、保管等部门责任，定期开展资产清查盘点，落实责任追究制度，确保国有资产安全与完整。

第六节　"三公经费"支出内部控制

第五十四条　规范完善公务接待制度。公务接待应当坚持有利公务、务实节俭、严格标准等原则。公务活动中，派出单位应加强计划管理，严格控制外出时间、内容、路线、频率、人员数量。接待单位应严格遵守相关规定，严禁超标准、超范围列支接待费用。

第五十五条　加强公务用车管理。建立公务用车内部管理制度。公务车辆配置、更新必须严格履行审批手续，按规定标准配置。公务车辆应集中管理、统一调度，严禁公车私用。加强费用支出管理，强化内部审核，严格执行政府采购规定。社会车辆租赁由单位实行统一管理。

第五十六条　加强因公出国（境）经费支出管理。严格按照批准的团组人员、天数、路线、经费预算及开支标准核销，不得核销与出访任务无关和计划外的开支，不得核销虚假费用单据。

第五十七条　加强"三公经费"支出管理。从紧控制和严格审查"三公经费"支出，不得超预算支出。支出信息应当在一定范围内以适当方式进行公开。

第七节　会议培训支出内部控制

第五十八条　建立健全会议培训管理制度。举办会议培训应当坚持厉行节约、反对浪费、规范简朴、务实高效的原则，结合研究所业务特点和工作需要，制定会议培训年度计划，严格控制数量规模。

第五十九条　严格执行会议培训计划。年度会议培训计划应按规定程序批准，一经批准，原则上不得调整。未经批准，不得调高会议培训规格，不得计划外举办会议培训。

第六十条　加强会议培训支出管理。严格执行会议培训费用支出范围与标准，不得安排宴请。会议培训应当按规定在定点饭店、单位内部宾馆或会议室举办，不得安排在国家禁止的风景名胜区。

第六十一条 执行会议培训公示和报告制度。会议培训的名称、主要内容、参会人数、经费开支等情况应当在单位内部公示（涉密会议除外），执行年度报告制度。

第八节　合同管理内部控制

第六十二条 建立健全合同管理制度。明确合同的授权审批和签署权限，重大经济合同应由研究所领导班子集体决策，法律关系比较复杂的合同还应当出具法律顾问意见书。未经授权严禁以单位名义对外签订合同。

第六十三条 实行合同归口管理。根据研究所规定，所有经济业务发生额超过10000元（含10000元）的必须签订合同，报销时提供合同原件。由条财处按原始单据长期保存。

第六十四条 加强合同履行和纠纷管理。由条财处与使用部门同时签订的合同，条财处、使用部门要实时跟踪、检查合同履行情况。发生纠纷的，应当在规定时效内按照合同约定依法妥善解决。未按合同约定履行管理责任造成损失的，依法追究相关部门和人员的责任。

第九节　其他事项内部控制

第六十五条 劳务费是指支付给没有工资性收入的相关工作人员以及临时聘用人员的劳动报酬。劳务费不得发放给本单位在职在编职工、没有提供实质性劳务活动的人员、对相关业务负有管理权责的人员，以及因履行本人岗位职责而提供劳务活动的其他工作人员。

第六十六条 专家咨询费是指因工作需要支付给临时聘请咨询专家的费用。各部门负责人及职能部门工作人员因履行本人岗位职责而参与咨询性活动的，不得领取专家咨询费。

第六十七条 加强专家咨询费等报酬性费用支出管理。依据国家及院有关规定，制定单位内部具体管理办法，明确专家咨询费、劳务费等报酬性费用的发放对象、发放依据、支出标准、经费来源、审批流程等。

第四章　附　则

第六十八条 本制度由条件建设与财务处负责解释。

第六十九条 本制度自2018年8月7日所务会通过之日起施行。

二十六、中国农业科学院兰州畜牧与兽药研究所财务管理办法

（农科牧药办〔2018〕61号）

第一章　总　则

第一条 为了进一步加强研究所财务管理，健全财务制度，从源头上预防腐败，促进党风廉政建设和研究所经济有序健康发展，根据《中华人民共和国预算法》《中华人民共和国会计法》《中华人民共和国政府采购法》和财政部《行政单位财务规则》《事业单位财务规则》等有关法律、法规规定，并结合研究所实际制定本办法，

第二条 研究所财务管理包括：预算管理、收入管理、支出管理、采购管理、资产管理、往来

资金结算管理、现金及银行存款管理、财务监督和财务机构等管理。

第二章　预算管理

第三条　研究所应当按照上级管理部门规定编制年度部门预算，报上级部门按法定程序审核、报批。部门预算由收入预算、支出预算组成。

第四条　研究所依法取得的各项收入，包括：财政拨款、上级补助收入、附属单位上缴收入、其他收入等必须列入收入预算，不得隐瞒或少列，研究所取得的各项收入（包括实物），要据实及时入账，不得隐瞒，更不得另设账户或私设"小金库"。

第五条　按规定纳入财政专户或财政预算内管理的预算外资金，要按规定实行收支两条线管理，并及时缴入国库或财政专户，不得滞留在单位坐支、挪用。

第六条　研究所编制的支出预算，应当保证研究所履行基本职能所需要的人员经费和公用经费，对其他弹性支出和专项支出应当严格控制。

支出预算包括：人员支出、日常公用支出、对个人和家庭的补助支出、专项支出。人员支出预算的编制必须严格按照国家政策规定和标准，逐项核定，没有政策规定的项目，不得列入预算。日常公用支出预算的编制应本着节约、从俭的原则编报。对个人和家庭的补助支出预算的编制应严格按照国家政策规定和标准，逐项核定。专项支出预算的编制应紧密结合本单位当年主要职责任务、工作目标及事业发展设想，本着实事求是、从严从紧的原则按序安排支出事项。

第七条　对财政下达的预算，单位应结合工作实际制定用款计划和项目支出计划。预算一经确立和批复，原则上不予调整（根据有关规定允许在科目之间调整，但不得突破总额）。确需调整应上报上级部门审批。

第八条　应加强对财政预算安排的项目资金和上级补助资金的管理，建立健全项目的申报、论证、实施、评审及验收制度，保证项目的顺利实施。专项资金应实行项目管理，专款专用，不得虚列项目支出，不得截留、挤占、挪用、浪费、套取转移专项资金，不得进行二次分配。应建立专项资金绩效考核评价制度，提高资金使用效益。

第九条　建立健全支出内部控制制度和内部稽核、审批、审查制度，完善内部支出管理，强化内部约束，不断降低单位运行成本。各项支出应当符合国家的现行规定，不得擅自提高补贴标准，不得巧立名目、变相扩大个人补贴范围；不得随意提高差旅费、会议费等报销标准；不得追求奢华超财力购买或配备高档办公设备和其他设施。

第三章　采购管理

第十条　研究所的货物购置、工程（含维修）和服务项目，应当按照《政府采购法》规定实行政府采购。

第十一条　研究所采购管理部门、物品需求部门在进行政府采购活动时，应当符合采购价格低于市场平均价格、采购效率更高、采购质量优良和服务良好的要求。

第十二条　研究所采购管理部门、物品需求部门工作人员在政府采购工作中不得有下列行为。

（一）擅自提高政府采购标准。

（二）以不合理的条件对供应商实行差别待遇或者歧视待遇。

（三）在招标采购过程中与投标人进行协商谈判。

（四）中标、成交通知书发出后不与中标、成交供应商签订采购合同。

（五）与供应商恶意串通。

（六）在采购过程中接受贿赂或者获取其他不正当利益。

（七）开标前泄露标底。

（八）隐匿、销毁应当保存的采购文件，或变造采购文件。

（九）其他违反政府采购规定的行为。

第四章　结算管理

第十三条　研究所开立银行结算账户，应经财政部驻甘肃监察专员办同意后，按照人民币银行结算账户管理规定到银行办理开户手续。

第十四条　研究所不得有下列违反人民币银行结算账户管理规定的行为。

（一）擅自多头开设银行结算账户。

（二）将单位款项以个人名义在金融机构存储。

（三）出租、出借银行账户。

第十五条　对外支付的劳务费、专家咨询费、讲课费、试剂耗材购置费、印刷费、工程款、暂（预）付款等，应当符合《人民币银行结算账户管理办法》和《现金管理暂行条例》的规定，要求实行银行转账、汇兑、网银等形式结算，不得以现金支付。

第十六条　对原使用现金结算的小额商品和服务支出，采用公务卡刷卡结算；出差人员在外使用现金支付费用的，应由财务人员将报销金额归还到出差人员的公务卡里的，不得使用现金结算。

第十七条　应加强银行存款和现金的管理，单位取得的各项货币收入应及时入账，并按规定及时转存开户银行账户，超过库存限额的现金应及时存入银行。银行存款和现金应由专人负责登记"银行存款日记账""现金日记账"，并定期与单位"总分类账"、开户银行核对余额，确保资金完整。"银行存款日记账""现金日记账，与"总分类账"应分别由出纳、会计管理和登记，不得由一人兼管。

第十八条　研究所所有资金不允许公款私存或以存折储蓄方式管理。

第十九条　应切实加强往来资金的管理。借入资金、暂收、暂存、代收、代扣、代缴款项应及时核对、清理、清算、解交，避免跨年度结算或长期挂账，影响资金的合理流转。预（暂）付、个人因公临时借款等都应及时核对、清理，在规定的期限内报账、销账、缴回余款，避免跨年度结算或长期挂账。严禁公款私借，严禁以各种理由套取大额现金长期占用不报账、不销账、不缴回余款等逃避监管的情形。

第二十条　应建立和完善授权审批制度。资金划转、结算（支付）事项应明确责任、划分权限实行分档审批、重大资金划转、结算（支付）事项，应通过领导集体研究决定，避免资金管理权限过于集中，严格按研究所"三重一大"的管理办法执行。

第五章　资产管理

第二十一条　资产是指研究所占有或使用的能以货币计量的经济资源，包括流动资产（含：现金、各种存款、往来款项、材料、燃料、包装物和低值易耗品等）、固定资产、无形资产和对外投资等。必须依法管理使用国有资产，要完善资产管理制度，维护资产的安全和完整，提高资产使用效益。

第二十二条　应加强对材料、燃料、包装物和低值易耗品的管理，建立领用存账、健全其内部购置、保管、领用等项管理制度，对存货进行定期或者不定期的清查盘点，保证账实相符。

第二十三条　固定资产应实行分类管理。固定资产一般可划分为房屋和建筑物、专用设备、通用设备、文物和陈列品、图书、其他固定资产等类型。应按照固定资产的固定性、移动性等特点，制定各类固定资产管理制度，及时进行明细核算，不得隐匿、截留、挪用固定资产。应建立固定资产实物登记卡，详细记载固定资产的购建、使用、出租、投资、调拨、出让、报废、维修等情况，明确保管（使用）人的责任，保证固定资产完整，防止固定资产流失。

第二十四条　固定资产不允许公物私用或无偿交由与研究所无关的经营单位使用。

第二十五条　不得随意处置固定资产。固定资产的调拨、捐赠、报废、变卖、转让等，应当经过中介机构评估或鉴定，报上级主管部门批准。固定资产的变价收入应当及时上缴国库专户。

第二十六条　在维持研究所事业正常发展的前提下，按照国家有关政策规定，将非经营性资产转为经营性资产投资的，应当进行申报和评估，并报经上级主管部门审核后报财政部门批准。投资取得的各项收入全部纳入单位预算管理。任何单位不得将国家财政拨款、上级补助和维持事业正常发展的资产转作经营性使用。

第二十七条　应当定期或者不定期地对资产进行账务清理、对实物进行清查盘点。年度终了前应当进行一次全面清查盘点。

第二十八条　因机构改革或其他原因发生划转、撤销或合并时，应当对单位资产进行清算。清算工作应当在主管部门、财政部门、审计部门的监督指导下，对单位的财产、债权、债务等进行全面清理，编制财产目录和债权、债务清单，提出财产作价依据和债权、债务处理办法，做好国有资产的移交、接收、调拨、划转和管理工作，防止国有资产流失。

第六章　财务机构

第二十九条　按照规定设置财务会计机构、配备会计人员，负责对研究所的经济活动进行统一管理和核算。从事会计工作的人员，必须取得会计从业资格证书。担任单位会计机构负责人（会计主要人员）的，除取得会计从业资格证书外，还应当具备会计师以上岗位专业技术职务资格或者从事会计工作三年以上经历。

第三十条　会计机构中的会计、出纳人员，必须分设，银行印鉴必须分管。不得以任何理由发生会计、出纳一人兼，银行印鉴一人管的现象。

第三十一条　按照规定设置会计账簿，根据实际发生的业务事项进行会计核算，填制会计凭证，登记会计账簿，编制财务会计报告。负责人对本单位的财务会计工作和会计资料的真实性、完整性依法负责。

第三十二条　任何人不得有下列违反会计管理规定的行为。

（一）授意、指使、强令会计机构、会计人员、变造会计凭证、会计账簿和其他会计资料，提供虚假财务会计报告；向不同的会计资料使用者提供编制依据不一致的财务会计报告。

（二）明知是虚假会计资料仍授意、指使、强令会计机构、会计人员报销支出事项，提供虚假会计记录和其他会计资料。

（三）另立账户，私设会计账簿，转移资金。

（四）未按照规定填制、取得原始凭证或者填制、取得原始凭证不符合规定。

（五）以未经审核的会计凭证为依据登记会计账簿或者登记会计账簿不符合规定。

（六）随意变更会计处理方法。

（七）未按照规定建立并实施单位内部会计监督制度。

（八）拒绝依法实施的监督或者不如实提供有关会计信息资料。

（九）隐匿或者故意销毁依法应当保存的会计凭证、会计账簿、财务会计信息资料。

（十）随意将财政性资金出借他人，为小团体或个人牟取利益。

（十一）其他违反会计管理规定的行为。

第三十三条 财务会计人员工作调动或者离职，必须与接管人员办理交接手续，在交接手续未办清以前不得调动或离职。财务会计机构负责人和财会主管人员办理交接手续，由单位负责人监交，必要时上级单位可派人会同监交。一般财务会计人员办理交接手续，可由财务会计机构负责人监交。财务会计人员短期离职，应由单位负责人指定专人临时接替。

第七章 财务监督

第三十四条 应依据《预算法》《会计法》《会计基础工作规范》等法规建立健全财务、会计监督体系。单位负责人对财务、会计监督工作负领导责任。会计机构、会计人员对本单位的经济活动依法进行财务监督。

第三十五条 财务监督是指单位根据国家有关法律、法规和财务规章制度，对本单位及下级单位的财务活动进行审核、检查的行为。内容一般包括：预算的编制和执行、收入和支出的范围及标准、专用基金的提取和使用、资产管理措施落实、往来款项的发生和清算、财务会计报告真实性、准确性、完整性等。

第三十六条 预算编制和执行的监督。应建立健全预算编制、申报、审查程序。单位预算的编制应当符合党和国家的方针、政策、规章制度和单位事业的发展计划，应当坚持"量入为出、量力而行、有保有压、收支平衡"的原则。单位对各项支出是否真实可靠，各项收入是否全部纳入预算，有无漏编、重编，预算是否严格按照批准的项目执行，有无随意调整预算或变更项目等行为事项进行监督。

第三十七条 研究所收入的监督。收入是指研究所依法取得的非偿还性资金，包括财政预算拨款收入，预算外资金收入以及其他合法收入。这部分资金涉及政策性强，应加强监督，其监督的主要内容如下。

（一）单位收入是否全部纳入单位预算，统一核算、统一管理。

（二）对于按规定应上缴国家的收入和纳入财政专户管理的资金，是否及时、足额上缴，有无拖欠、挪用、截留坐支等情况。

（三）单位预算外收入与经营收入是否划清，对经营、服务性收入是否按规定依法纳税。

第三十八条 单位支出的监督。支出是指科学事业单位为开展业务活动所发生的资金耗费。支出管理是科学事业单位财务管理和监督的重点。其监督的主要内容是：

（一）各项支出是否精打细算，厉行节约、讲求经济、实效、有无进一步压缩的可能。

（二）各项支出是否按照国家规定的用途、开支范围、开支标准使用；支出结构是否合理，有无互相攀比、违反规定超额、超标准开会、配备豪华交通工具、办公设备及其他设施。

（三）基建或项目支出与事业经费支出的界限是否划清，有无基建或项目支出挤占单位经费，或单位经费有无列入基建或项目支出的现象。应由个人负担的支出，有无由单位经费负担的现象。是否划清单位经费支出与经营支出的界限，有无将应由经费列支的项目列入经营支出或将经营支出项目列入单位经费支出的现象。

（四）专用基金的提取，是否依据国家统一规定或财政部门规定执行；各项专用基金是否按照规定的用途和范围使用。

第三十九条 资产监督即对资产管理要求和措施的落实情况进行检查督促，包括以下内容。

（一）是否按国家规定的现金使用范围使用现金；库存现金是否超过限额，有无随意借支、非法挪用、白条抵库的现象；有无违反现金管理规定，坐支现金、私设小金库的情况。

（二）各种应收及预付款项是否及时清理、结算；有无本单位资金被其他单位长期大量占用的现象。

（三）对各项负债是否及时组织清理，按时进行结算，有无本单位无故拖欠外单位资金的现象，应缴款项是否按国家规定及时、足额地上缴，有无故意拖欠、截留和坐支的现象。

（四）各项存货是否完整无缺，各种材料有无超定额储备、积压浪费的现象；存货和固定资产的购进、验收、入库、领发、登记手续是否齐全，制度是否健全，有无管理不善、使用不当、大材小用、公物私用、损失浪费，甚至被盗的情况。

（五）存货和固定资产是否做到账账相符、账实相符；是否存在有账无物、有物无账等问题；固定资产有无长期闲置形成浪费问题；有无未按规定报废、转让单位资产的问题发生。

（六）对外投资是否符合国家有关政策；有无对外投资影响到本单位完成正常的事业计划的现象；以实物无形资产对外投资时，评估的价值是否正确。

第四十条　应建立健全内部监控、财务公示等制度，对发生的经济事项进行事前、事中、事后监督、审查。单位的财务执行情况，应在一定的范围、时期内公示，接受群众监督。

第四十一条　应自觉接受审计、财政部门的检查和监督。

第四十二条　根据有关规定单位领导（一把手）工作调动或者离职，必须经同级审计部门进行任期审计。

第八章　附　则

第四十三条　本办法由条件建设与财务处负责解释。

第四十四条　本办法自 2018 年 8 月 7 日所务会通过施行。原《中国农业科学院兰州畜牧与兽药研究所财务管理办法》（农科牧药办〔2005〕59）同时废止。

二十七、中国农业科学院兰州畜牧与兽药研究所国有资产管理办法

（农科牧药办〔2018〕61 号）

第一章　总　则

第一条　为了加强研究所国有资产管理，维护国有资产的安全和完整，防止国有资产流失，提高资产使用效益，保障我所科研事业稳步发展，根据财政部、科技部印发的《科学事业单位财务制度》（财教〔2012〕502 号）、《中央级事业单位国有资产管理暂行办法》（财教〔2008〕13 号）和《农业部部属事业单位国有资产管理暂行办法》（农财发〔2010〕102 号）、《中国农业科学院国有资产管理办法》（农科院财〔2011〕47 号）等规定，特制定本办法。

第二条　本所资产管理的主要任务是：建立健全资产管理制度，保证资产安全和完整；合理配备并有效利用资产，提高资产使用效益。

第三条　资产的管理和使用应坚持统一政策、统一领导、分级管理、责任到人、物尽其用的原则。

第二章　资产的范围、分类与计价

第四条　资产指本所占有并使用的，能以货币计量的各种经济资源的总和。包括按照国家政策规定运用本所资产组织收入形成的资产以及接受捐赠和其他经法律确认为研究所所有的资产。其表现形式为：流动资产、固定资产、无形资产、对外投资、在建工程等。

第五条 流动资产指可以在一年以内变现或者耗用的资产，现金、各种存款、库存材料、暂付款、应收款项、预付款和存货。

第六条 对外投资指利用货币资金、实物、无形资产等向其他单位的投资。

第七条 固定资产是指使用期限超过一年，单位价值在 1000 元以上（其中：专用设备单位价值在 1500 元以上），并在使用过程中基本保持原有物质形态的资产，或单位价值虽不足规定标准，但使用年限在一年以上，批量价值在 5 万元（含）以上，且单件物品的名称、规格、型号相同的大批同类物资。

第八条 无形资产是指不具有实物形态而能为本所提供某种权益的资产，包括专利权、商标权、著作权、土地使用权、非专利技术、名称权以及其他财产权利。

第九条 本所资产的增加、减少按《科学事业单位会计制度》的规定计价。

第十条 已经入账的固定资产，除发生下列情况外，不得任意变动其价值。

（一）根据国家规定对固定资产价值重新估价。

（二）增加补充设备或改良装置，将固定资产的一部分拆除。

（三）根据实际价值调整原来的暂估价值。

（四）发现原固定资产记账有误。

第三章　资产管理机构职责

第十一条 条件建设与财务处是负责本所资产监督管理的职能机构，其主要职责是：

（一）认真贯彻国家、农业农村部、中国农业科学院及有关国有资产管理的政策法规，负责制定我所国有资产管理具体办法，并组织实施和监督检查。

（二）负责资产的账、卡管理工作，根据各部门需求统计资产数据，调取卡片。

（三）负责资产信息系统管理工作

资产信息系统包括资产配置、资产使用、资产处置、收益管理、资产清查、资产统计、资产评估、产权登记等模块。我所现在使用最多的是资产配置模块，具体操作如下：

根据原始发票输入每项资产的分类编码、名称、型号、价值、取得方式、价值类型、采购组织形式、采购方式、制造厂商、国别、用途分类、管理部门、管理人、存放地点、使用方向、发票号、凭证号、经费来源、预算类型，然后输出卡片以及资产标签，由使用部门粘贴标签。

年终根据财务凭证号，再调出每张卡片将财务凭证号输入。根据财务资产账核对资产信息系统资产账，做到账账相符，打印资产账。

每年根据上级要求编制信息系统报表，以及生成数据、连线上报，要做好数据备份工作。

（四）负责国有资产配置计划年度报表的编制工作；负责国有资产年度报表的编制工作；负责国有资产保值增值报表编制工作。

（五）负责组织资产清查和编报清查报表以及上报工作。

（六）负责资产的内部调剂、调拨、报损、报废等审批工作和办理报批手续。

根据各部门提出的报废资产名单，由我所资产报废专家组鉴定后，上报所办公会审批，批量或单价在 50 万元以下的设备报上级部门备案，50 万元以上报上级部门审批，审批后，根据规定要求进入资产处置交易平台处置报废资产，处置收入根据规定上缴国库专户，纳入统一预算管理。

（七）负责资产的验收入库等日常管理工作。

（八）对各部门的资产使用和管理进行指导和监督。

（九）负责研究所经所领导及办公会同意对外投资、出租、出借，无形资产处置等资产上报所需材料的准备工作。

除对外投资一次性审批外，根据上级管理规定，对外出租、出借应按签署合同期限报上级部门审批，要提交如下材料：

1. 出租、出借事项的书面申请。就申报材料的完整性、决策过程的合规性、项目实施的可行性提出意见；

2. 拟出租、出借资产的权属证明复印件（加盖单位公章）；

3. 能够证明拟出租、出借资产价值的有效凭证，如购货发票、工程决算副本、记账凭证、固定资产卡片等复印件（加盖单位公章）；

4. 出租、出借的可行性分析报告；

5. 研究所同意利用国有资产出租、出借的领导班子会议决议；

6. 事业单位法人证书复印件；

7. 其他材料。

第十二条　各部门应指派兼职资产管理人员，负责各部门资产的日常使用管理工作。具体职责如下。

（一）执行本所资产管理的各项办法、规定。

（二）负责本部门资产的账、卡、物管理，协助资产管理部门对资产进行清查等工作。

（三）做好各类资产的日常使用、维护、保管等管理工作，杜绝闲置，合理调剂，提高资产使用效益，提出资产处置意见。

（四）协助资产管理部门对报废资产进行处理。

（五）及时向本所资产管理部门报告资产使用情况。

（六）负责本部门大型仪器设备等资产的共享共用平台建设工作。

第四章　资产配置

第十三条　资产配置是指根据各职能部门的需要，按照国家有关法律、行政法规和规章制度规定的程序，通过购置或者调剂等方式配备资产的行为。

第十四条　资产配置应当符合以下条件。

（一）现有资产无法满足本部门履行职能的需要。

（二）难以与其他部门共享、共用相关资产。

（三）难以通过市场购买服务方式实现，或者采取市场购买服务方式成本过高。

第十五条　资产配置应当符合规定的配置标准；没有规定配置标准的，应当从严控制，合理配置。能通过部门内部调剂方式配置的，原则上不重新购置。

第十六条　对于各部门长期闲置、低效运转或者超标准配置的资产，可根据工作需要进行调剂。凡占有与使用本所资产的部门，资产闲置超过两年时间（含两年），本所资产管理部门有权进行调剂处置。

第十七条　各部门申请购置规定范围内及规定限额以上资产的，须履行如下程序。

（一）各部门对拟新购置资产的品目、数量和所需经费提请所领导批准。购置金额在5万元以上的设备，单位领导班子应根据本单位资产的存量、使用及其绩效情况集体研究并同意。

（二）资产管理部门根据单位资产存量状况、使用情况、人员编制和有关资产配置标准等进行审核。

（三）各部门对拟新购置资产的品目、数量和所需经费纳入单位预算，按照预算批复配置资产。

第十八条　购置纳入政府采购范围的资产，应当按照政府采购管理的有关规定实施采购，优先采购国产、节能、环保、自主创新产品。

第十九条 各部门对购置、接受捐赠、无偿划拨（接受调剂）、基建移交（包括自建）、自行研制等方式配置的资产，应及时验收、登记。财务部门应根据资产的相关凭证或文件及时登记入账。

对没有原始价值凭证的资产，可根据竣工财务决算资料、委托中介机构进行资产评估等方式确定资产价值。盘盈资产按照本款履行入账手续。

第五章 资产日常使用

第二十条 所属各部门无论采用何种预算管理形式购置（含捐赠）的固定资产均属于本所资产，均应到资产管理部门办理验收、登记、建账手续。

第二十一条 各部门应把好固定资产购置关，要提前编制购置计划，做好购置论证，避免重复、盲目购置。固定资产购置按本所有关物资采购管理规定执行。

第二十二条 固定资产购置完成后，资产管理部门、使用部门应及时组织验收，验收合格后及时办理入库手续，验收不合格，不得办理结算手续，不得登记入账。

第二十三条 建立健全固定资产登记、建档制度。

所属各部门凡因购置、建造、改良、受赠、报损、调拨和划转等活动引起的固定资产数量和价值量的增减，必须到资产管理部门办理固定资产增减手续。

第二十四条 建立健全固定资产账务管理制度。资产管理部门设固定资产资金总账、分类账、明细账，使用部门保存好固定资产卡片；资产管理部门与所属各部门应定期或不定期协同核对账、卡、物及粘贴标签情况，保证账账、账卡、账物相符。

第二十五条 建立健全固定资产保管、维护和使用考核制度。各部门应落实各项防护措施，对大型精密贵重仪器设备要设专人负责，并制定相应操作规程，精心维护、定期检修，制定绩效考评制度，提高资产使用效率。

第二十六条 建立健全固定资产损失赔偿制度。各部门对造成固定资产损坏、丢失的直接责任人，应追究其相关责任，对丢失的固定资产按照评估值赔偿损失。

第二十七条 各部门应建立健全资产移交制度，凡属下列情况之一，必须办理好资产移交手续。

（一）机构合并、分开等调整相关单位，按"先办理交接手续后进行调整"的原则，由资产管理部门会同相关部门进行现场财产清查登记。

（二）各部门资产管理人员离岗时，要实行严格的交接手续，经部门负责人审批同意，并报研究所资产管理部门备案后方可离岗。

（三）固定资产的使用或借用人员调离、退休或离岗1年以上的，须交清所领用、借用的固定资产，经资产管理部门管理人员签字，方可办理离所或离岗手续。

第六章 资产的评估管理

第二十八条 本所资产的评估范围包括：固定资产、流动资产、无形资产和其他资产。

第二十九条 有下列情形之一的资产，应当进行资产评估。

（一）资产投资、拍卖、转让、置换。

（二）依照国家有关规定需要进行资产评估的其他情形。

第三十条 资产评估前须由相关部门向资产管理部门提交资产评估立项申请书及相关文件资

料，报资产管理部门审查，由资产管理部门按国家有关规定组织办理资产评估的立项审批、评估、确认等手续。

第七章　资产处置

第三十一条　资产的处置，是指对资产进行产权转移及产权注销的一种行为。包括无偿调拨、转让、变卖、置换、投资、租赁、捐赠、报损、报废等。

第三十二条　资产的处置应参照国家有关政策，根据处置权限规定办理报批手续，并按要求根据不同处置方式，分别进行评估、技术鉴定以及公开招投标、拍卖等。未经批准不得随意处置资产。

第三十三条　固定资产处置申报程序。

（一）使用部门提出申请并填写固定资产处置申请表，如需申请处置车辆、房屋的，还需提供以下材料。

1. 申请处置车辆时，必须提交车辆行驶证复印件，其中，按规定已经报废回收的，必须提交《报废汽车回收证明》复印件；

2. 申请处置房屋建筑物时，必须提交《房屋所有权证》复印件；

3. 因建设项目而准备拆除房屋建筑物的，必须逐项说明原因，并出具建设项目批文、城市规划文件、规划设计图纸等复印件。

（二）由使用部门或由本所有关人员组织技术鉴定。

（三）根据不同审批权限，分别上报中国农业科学院以及上级资产管理部门审批后予以处置。

（四）经本所办公会议、上级资产管理部门同意处置的资产，由使用部门与本所资产管理部门共同组织人员进行残体处置；使用部门在没有经过资产管理部门同意的情况下，不得擅自处置已报废资产。

第三十四条　本所固定资产的处置权限。

（一）一次性处置单台（件）价值或批量价值在50万元及以下的资产，由使用部门组织鉴定，报所领导及所长办公会批准，资产管理部门审定后予以处置，处置文件必须报中国农业科学院财务局备案。

（二）一次性处置单台（件）价值或批量价值在50万元以上的资产时，由使用部门与本所资产管理部门组织鉴定，报所领导及所长办公会批准，上报中国农业科学院审批后予以处置。

第三十五条　资产报废处置统一由研究所资产管理部门组织。收回残值上缴本所财务，并按《科学事业单位会计制度》的规定进行账务处理。

第八章　资产监督管理

第三十六条　本所资产管理部门对资产的使用情况有权进行监督，发现问题及时处理。

第三十七条　资产监督的主要内容。

（一）各项资产管理制度的建立及执行情况。

（二）本所占有资产是否登记齐全，账实相符，统计数字是否真实、完整、准确。

（三）对本所占有资产是否做到合理、有效、节约使用。

（四）资产处置是否按规定程序办理审批手续。

（五）对外投资的资产是否做到保值增值，其收益是否纳入单位预算管理。

（六）本所资产是否遭到侵犯、损害。

（七）其他需要监督的内容。

第九章 附 则

第三十八条 本办法由条件建设与财务处负责解释。

第三十九条 本办法自 2018 年 8 月 7 日所务会通过之日起执行。原《中国农业科学院兰州畜牧与兽药研究所国有资产管理办法》（农科牧药办〔2005〕59 号）同时废止。

二十八、中国农业科学院兰州畜牧与兽药研究所政府采购实施细则

（农科牧药办〔2018〕61 号）

第一章 总 则

第一条 为了加强经费支出管理，提高资金使用效益，维护研究所利益，进一步规范研究所物品采购行为，遵照国家及上级有关规定，结合研究所实际情况，制定本办法。

第二条 本办法不针对本所基本建设项目的采购和修缮购置项目的采购。

第三条 本办法所称采购系指我所下属各部门使用研究所管理的各类资金，以购买、委托或雇佣等方式获取物品和服务的行为。

第四条 条件建设与财务处负责研究所的具体采购及其管理和监督工作，采购工作应遵循公开、公正、效益优先和诚实信用的原则，

在主管所长的领导下，在经费预算控制额度内，履行下列职责。

（一）审核各部门申报的采购计划。

（二）编制年度采购计划。

（三）确认采购项目的报价清单及相关资料。

（四）组织全程采购工作。

（五）监督采购行为。

（六）处理采购中的投诉事项。

（七）办理其他有关事宜。

第五条 条件建设与财务处为研究所采购管理职能部门和具体办事机构，负责组织实施，物资需求部门有责任、有义务参与有关主要环节，协助完成采购工作。

第二章 采购申报

第六条 各部门要认真编制采购预算，在规定时限内，编制下年度预算，并要将该财政年度细化的采购项目及资金预算列出。由条财处汇总上报院财务局审批，我所严格按照审批的预算进行采购。

第七条 各部门根据上级批复的采购预算编制采购计划，属于《政府采购目录及标准》的物品，使用部门在每年年初按季、年向条财处提出全年采购计划；属于招标采购的物品，使用部门应在前季度月末向条财处提出下季度采购计划；属于其他物品的使用部门于每季度末 20 日前向条财处提请下季度采购计划；采购计划中所列物品应标明规格、型号、产地或技术指标以及经费出处等信息，并由使用部门负责人、分管处室领导、分管所长或所长审批后交条财处，由条财处批示给各部门实施采购。拟采购由事业费支付的物品，条财处处长、分管所领导必须签署意见；拟采购由科

研经费支付的物品，使用部门负责人在申请单上签字，科技管理处处长必须签署意见，金额超过 10 万元者，还需主管所长签字，否则不予受理。

第八条 国家的政策原则上不提倡采购进口设备，若因工作需要确实采购进口设备，使用资金又为财政性资金时，条财处会同使用部门按照国家有关文件精神进行报批后再采购，拟采购属于国家政策免税的进口物品时，提交采购计划的部门，应一并提供相关科学研究项目的合同书，以便办理免税事宜，提高采购的工作效率。

第三章 采购执行

第九条 采购以条财处集中统一计划采购为主，需要部门采购为辅，尽可能减少计划外和临时性采购。采购方式有公开招标、邀请招标、竞争性谈判、单一来源采购、询价、内部招标及其他采购方式。

第十条 凡列入《政府采购目录及标准》的物品，按每年度财政部下达的文件执行。

凡使用财政性资金以及与财政性资金相配套的其他资金进行采购的，单项或批量超过 50 万元的物品采购时，原则上采用公开招标的方式进行采购，使用部门应负责编写招标文件的技术指标（技术指标的编写不应有特指厂家和品牌，最少有三家生产厂家能满足技术指标），由经手人、处室负责人、主管所领导、所长审核后，条财处委托具有政府采购招标甲级资质、信誉好的招标代理机构进行公开招标。

具有下列情况之一，采用单一来源采购：

（一）所采购物品只能从特定供应商处采购，或供应商拥有专有权，且无其他合适替代品的。

（二）原采购物品的后续维修、零配件供应、更换或扩充，必须向原供应商采购的。

（三）因急需不能用其他方式采购。

属于单一来源物品的采购，使用部门填写《单一来源采购申请表》，详细阐明原因，由分管处室领导、分管所长及所长审批后交条件财务处（条财处），由条财处、使用部门在保证质量的基础上和供应商或厂家商定合理的价格进行采购，报账时附《单一来源采购申请表》以便负责和备查。

第十一条 使用非财政性资金，采购金额单项或批量不超过 50 万元（含 50 万元）的物资，所里组织内部招标。所里成立所物资采购招标领导小组。物资采购招标领导小组的成员是：所领导、纪委领导、条财处处长、科技管理处处长、条财处资产管理员。根据采购物资的特殊性（技术参数）要求，组建所物资采购评标专家库。物资采购招评标专家库的成员是：招标领导小组成员、创新团队首席、物资使用部门人员和仪器设备方面的专家，必要时可外聘专家。每次招标时由条财处根据招标内容，从专家库中聘请评标专家。

采购金额小，品种多的零星采购，条财处应本着节约、公正、公开、透明的方式进行采购，并及时完成采购任务。

第四章 采购结算

第十二条 属于政府采购中心协议供货和定点采购项目的结算，严格按照中央国家机关政府采购中心规定的程序办理。

第十三条 借款。需提前付款的物品，采购人员填写借款单，并附物品采购合同，经条财处处长、科技管理处、所长签字后到财务办理借款手续。

第十四条 付款、报销。固定资产的报账按所里制定的固定资产管理办法执行；非固定资产物品的报账，报销单应由部门负责人、主管处室领导签字后报主管所领导签字审批，并经验货员办理出入库手续后方可到条财处办理付款、报销事宜。

第五章 附 则

第十五条 本细则在执行中与国家法律法规及上级规定冲突时，以国家的法律法规及上级的规定为准。

第十六条 本细则由条件建设与财务处负责解释。

第十七条 自 2018 年 8 月 7 日所务会通过之日起施行。原《中国农业科学院兰州畜牧与兽药研究所政府采购制度暂行规定》（农科牧药办〔2010〕93 号）同时废止。

中国农业科学院兰州畜牧与兽药研究所物品采购计划申请表

需用部门：　　　　　　　　　　　　　　　　　　　　　　　　　　　　（　　年　　月　　日）

序号	品名	规格	单位	数量	参考单价	总金额	供货时间	经费出处	参考厂家或供应商

需用部门负责人（签字）：　　　　　　　　　主管部门（签字）：

主管所领导（签字）：

中国农业科学院兰州畜牧与兽药研究所物品采购计划汇总表

（　　年　　月　　日）

序号	品名	规格	单位	数量	参考或确定价	总金额	厂家或供货商（联系电话）	供货时间	需用单位	经费出处

经办人：　　　　　　　　部门负责人：　　　　　　　　条财处审批：

主管所长审批：

中国农业科学院兰州畜牧与兽药研究所单一来源物品采购申请表

需用部门：　　　　　　　　　　　申报日期：

序号	品名	规格	单位	数量	单价	总金额	供货时间	经费出处及经费性质	生产厂家及供应商
单一来源采购原因									

需用单位领导意见： 签字： 日期：	科技处领导意见： 签字： 日期：	条财处领导意见： 签字： 日期：	主管所领导意见： 签字： 日期：

注：1. 经费来源为：（1）事业费；（2）专项费；（3）事业基金；（4）专项基金。

　　2. 支出预算为采购项目预计支出总金额。

二十九、中国农业科学院兰州畜牧与兽药研究所科研物资采购管理办法

（农科牧药办〔2018〕61号）

第一章　总　则

第一条　为切实履行中央关于加强科研经费监管和科研管理"放、管、服"相关文件精神。规范我所科研实验物资采购程序及方式、出入库制度及采购合同管理等工作。简化采购流程，提高管理效率，完善风险防控措施，结合我所实际，制定本办法。

第二条　本办法所指实验物资包括实验试剂、实验耗材、仪器设备、办公用品、仪器设备（非公开招标限额内）、农资农机等有形商品及技术服务等无形商品。不包括剧毒类危险化学品、易制爆危险化学品、易制毒物危险化学品等国家明令禁止在互联网销售的产品。

第二章　采购管理主体及原则

第三条　科研人员为采购主体。部门/团队（课题）负责人，科技管理处负责人，条件建设与财务处负责人负责采购审批。条件建设与财务处为全所实验物资采购管理的主管部门，各团队指定专人负责出入库管理。

第四条 科研实验物资采购严格遵守以下基本原则：勤俭节约、按需采购，现用现买，杜绝浪费。

第五条 科研物资采购须遵循"线上采购是常态、线下采购是例外，采购信息全留痕"的原则。通过中国农科物资采购平台（以下简称"平台"）（网址 www.caasbuy.com）系统采购。

第三章　采购流程及审批管理

第六条 确定采购、审批、出入库人员。

采购主管部门条件建设与财务处牵头确定研究所采购审批及出入库管理流程及人员。收集并在"平台"设置采购审批、验货流程及人员账号。条件建设与财务处须设置"平台管理员"一名。

第七条 采购审批权限。

（一）单笔订单金额低于3万元（含3万元）时，由团队首席，科技管理处，条件建设与财务处负责人审核。

（二）单笔订单金额高于3万元并低于10万元（含10万元）时，由团队首席，科技管理处，条件建设与财务处负责人审核通过后由分管副所长审核。

（三）订单金额高于10万元时，由团队首席，科技管理处，条件建设与财务处负责人，分管副所长审核通过后再由所长审核。

第八条 采购流程。

1. 我所采购审批使用全流程线上操作，具体流程如下（流程图见附图）；
2. 采购员在平台选择所需商品并发起订单；
3. 团队首席审核并通过或退回订单；
4. 科技管理处，条件建设与财务处负责人审核并通过或退回订单；
5. 主管副所长审核并通过或退回订单；
6. 所长审核并通过或退回订单；
7. 供应商确认订单并发货；
8. 验货员验货通过或退货。

第九条 验货管理。

采购实验物资到货后，采购人员、验货人员按照研究所实验物资验收准则（附件1）负责验货，验货合格后在平台完成验货流程。

验货中对于实验物资有异议的，采购人员、验货人员可进行在线退换货。

已在平台验货通过后，需要退换货的产品，须由采购人员书面说明退货原因，验货人，供应商，采购人员签章，所财务盖章认可，采购主管部门备案后，可线下退货。同时将上述材料复印件提交至平台客服留档。

第十条 线下采购管理。

（一）对于"平台"无法采购到的实验物资，可做线下采购。

（二）线下采购均须填写《科研物资线下采购申请单》（附件2），经采购主管部门复核后，按财务报销额度权限，经不同层级负责人审核后，办理采购手续。

（三）采购主管部门应按月将线下采购订单明细汇存档，并提供《线下采购明细单》（附件3）至平台管理方，以协助其对平台的管理。

（四）线下采购完成后，按"第八条"完成验货手续。

第十一条 危险化学品和易制毒物化学品采购。

（一）危险化学品和易制毒物化学品采购由研究所条件建设与财务处统一采购管理。采购及使用须严格按照国家《危险化学品管理条例》《易制毒化学品管理条例》及相关法律法规执行。

（二）采购此类产品须以部门为单位填写《危险化学品、易制毒化学品采购申请表》（附件4），提交条件建设与财务处，由条件建设与财务处专管员按季度集中采购。危险化学品目录——剧毒类、易制毒化学品目录——1类、易制爆化学品及其他国家法律法规规定不适宜通过互联网购买的化学品不得在平台采购。

（三）条件建设与财务处采购危险化学品及易制毒化学品时须主动查阅供应商资质，严禁向无资质供应商采购。管制类化学品须提前取得相关部门审批及通过政府管理部门指定的采购渠道进行采购。

第十二条 线上或线下单批或单件科研物资采购金额在1万元以上的（含1万元），应同供应商签订采购合同，并报条件建设与财务处。采购合同可使用"平台"提供的模板合同。

第四章 附 则

第十三条 本办法如与国家法律法规规定相抵触，按国家法律法规规定执行。如与所内其他与采购相关管理规定不一致，按本办法执行。

第十四条 本办法由条件建设与财务处、科技管理处负责解释。

第十五条 本办法自2018年8月7日所务会通过之日起施行。原《中国农业科学院兰州畜牧与兽药研究所科研实验材料用品采购管理暂行规定》（农科牧药办〔2008〕47号）同时废止。

附图

平台采购流程

```
    采购员挑选产品
        下订单
          │
          ▼
    课题组长/团队首席
        审批
       ┌──┴──┐
       ▼      ▼
  科研管理处审批  条件建设与财务处审批
       └──┬──┘
          ▼
      单位领导审批
          │
          ▼
     供应商确认订单
          │
          ▼
      供应商发货
          │
          ▼
      课题组验货
          │
          ▼
      采购流程结束
```

附件1

科研物资采购验收准则

采购物品外包装需注明商品名称、货号、规格、生产厂家、生产日期和保质期等信息，外观无破损，出厂合格检验证章齐全。主要验收事项包括以下内容。

一、检查供应商是否是合格供应商。

二、检查货品信息（包括名称、品牌、规格、数量、采购人、采购部门等）与发货单及平台订单信息是否一致。

三、检查物品的包装、外观、标识、标签是否符合外包装标志说明；特殊包装（例如独立防潮包装）是否完整有效。

四、物品的有效期、出厂合格检验证章是否有效合理；对于有特殊质量要求的物品（例如标准品等），质量保证书是否符合要求。

五、对于特许经营物品（例如易制毒化学品等）供应商，是否具备特许经营资质。

六、对于不符合质量要求或使用方特定需求的物品，应进行退货处理；对于不影响物品质量，但存在瑕疵（例如外包装破损等）的物品，经征询使用方意见后进行处置。

附件2

科研物资线下采购申请单

申请部门：

线下采购原因：							
产品名称	品牌	规格型号	数量	单位	单价（元）	供应商	平台最低单价（元）
申请购买人签字： 年 月 日				课题组长/主管意见（签字）： 年 月 日			
条件建设与财务处主管人员意见（签字）： 年 月 日				分管所领导意见（签字） 年 月 日			

验货人：　　　　　　　　验货日期：　年　月　日

收货人：　　　　　　　　收货日期：　年　月　日

附件 3

线下采购明细单

单位名称：

序号	产品名称	品牌	规格型号	数量	单位	供应商	线上产品填写	
							线下采购单价	平台最低单价

附件 4

危险化学品、易制毒化学品采购申请表

申请部门：

采购用途：									
产品名称及 CAS 号	品牌	规格型号	数量	单位	单价（元）	供应商	供应商联系方式	所属类型*	特殊要求

申请购买人签字： 　　　　年　月　日	课题组长/主管意见（签字）： 　　　　年　月　日
条件建设与财务处主管人员意见： 　　　　年　月　日	分管所领导意见（签字） 　　　　年　月　日

验货人：　　　　　　　验货日期：　　　年　月　日

收货人：　　　　　　　收货日期：　　　年　月　日

注：* 所属类型指1：属于危险化学品中的普通、易制爆、剧毒类；

　　　　　　2：易制毒化学品中的 I ~ III 类。

三十、中国农业科学院兰州畜牧与兽药研究所"红旗党支部"创建工作实施方案

（农科牧药党〔2018〕14号）

根据《中共中国农业科学院党组关于印发〈中国农业科学院"红旗党支部"创建行动方案〉的通知》（农科院党组发〔2018〕14号）精神，结合研究所实际，制定"红旗党支部"创建工作实施方案。

第一章　总体思路

以习近平新时代中国特色社会主义思想为指导，深入贯彻落实党的十九大精神。按照新时代党的建设总要求，加强基层组织建设。突出政治功能，以提升组织力为重点，开展"红旗党支部"创建工作，推动全面从严治党向基层延伸，推进"两学一做"学习教育常态化制度化，努力把基层党组织建设成为宣传党的主张、贯彻党的决定、领导基层治理、团结动员群众、推动改革发展的坚强战斗堡垒，全面提升研究所党的建设工作水平。

第二章　目标任务

通过开展"红旗党支部"创建工作，进一步找准发挥党支部作用的切入点和着力点，切实把党的路线方针政策和决策部署落实到支部，切实把从严教育管理监督党员落实到支部，切实把加强思想政治工作和群众工作落实到支部。进一步加强党支部建设，提升党员活动的保障性、党内生活的严肃性、党建工作的实效性，使党支部在工作机制上有新规范、工作活力上有新提升、服务发展上有新成效。进一步激发党员群众干事创业的积极性，凝聚改革共识，汇聚发展力量，为研究所全面实施科技创新工程、加快现代农业科研院所建设提供强大的政治保障、组织保障和思想保障。

第三章　创建标准

（一）加强政治建设。把党的政治建设摆在首位，坚决维护习近平总书记党中央的核心和全党的核心地位，坚决维护以习近平总书记为核心的党中央权威和集中统一领导。引导全体党员牢固树立政治意识、大局意识、核心意识、看齐意识。坚决贯彻党中央、国务院关于"三农"工作的方针政策，坚决执行部院党组各项决策部署。

（二）强化理论武装。坚持用习近平新时代中国特色社会主义思想武装头脑、指导实践、推动工作。抓紧抓实抓好党支部集中学习教育和经常性学习教育，坚持全覆盖、重创新、求实效，紧密结合农业科研工作实际，持续推进"两学一做"学习教育常态化制度化。

（三）支部作用发挥充分。按照符合党章规定、遵循科研规律、便于开展工作的原则，坚持把党支部建在创新团队、研究室（中心）、职能处室等业务单元上，实现党的组织和党的工作全覆盖。支部班子坚强有力，支部书记履行第一责任人职责，支部委员履行"一岗双责"，纪检小组和纪检委员认真履行职责。坚持民主集中制原则。党支部切实发挥战斗堡垒作用，严格履行教育党员、管理党员、监督党员和组织群众、宣传群众、凝聚群众、服务群众职责，真正成为服务群众、推动发展、促进和谐的坚强集体。

（四）组织生活认真规范。自觉学习贯彻党章党规，严守政治纪律和政治规矩，严格执行《关于新形势下党内政治生活的若干准则》，严格落实"三会一课"、谈心谈话、民主评议党员等组织生活制度，创新开展主题党日活动。《党支部工作手册》记录规范、内容翔实。

（五）支部活动严肃活泼。结合研究所实际，积极探索支部建设新思路，不断丰富党支部的工作形式和内容。鼓励党员利用"两微一端"等现代信息技术手段开展理论学习活动，创新主题实

践活动方式方法，增强党组织活动的开放性、灵活性和有效性。通过共建支部、亮明党员身份等多种形式拓展服务"三农"的途径、了解政策的渠道，强化党员党性锻炼。

（六）支部工作成效显著。坚持走在前，作表率，党支部围绕中心、服务大局事迹突出，党员切实发挥先锋模范作用，各项工作成绩显著。党建工作规范化、科学化水平明显提升，党支部建设质量不断提高。

第四章 工作重点

（一）总结提炼完善支部工作法。坚持党建工作与业务工作两融合原则，总结提炼研究所党支部工作的好经验好做法，形成特点鲜明、可操作、可坚持、严肃规范、科学高效的支部工作法。推广运用践行支部工作法，充分发挥先进典型在建设服务型党组织中的引领带头作用，不断创新服务改革、服务"三农"、服务科研、服务党员、服务群众的方式方法。

（二）培育党员教育实践基地。充分挖掘研究所试验基地（台站）、合作单位资源，培育一批引导党员群众牢固树立创新意识、奋斗精神的党员教育实践基地，努力把这些基地打造成为加强党性锻炼的重要场所、培养党员意识的重要阵地、学习党的知识的重要课堂，教育党员不忘科技报国的初心，担当起科技支撑乡村振兴战略、实施畜牧兽医产业事业发展的历史使命。

（三）完善党支部工作制度。贯彻落实新时代党的建设总要求，坚持思想建党和制度治党同向发力，根据院直属机关党委有关加强基层党组织政治建设、党支部工作和党员教育管理工作等制度，结合研究所实际，适时制定务实管用的相关工作制度。

（四）打造优秀干部队伍。引导干部队伍增强创新意识、提高创新能力，立足科研本职，不忘初心，努力奉献，围绕"顶天立地"大成果、大产出这一目标开展科学研究工作，努力培养锻炼一支懂农业、爱农村、爱农民，热爱科研、执着科研、服务科研、献身科研的畜牧兽医科研队伍，努力为农业供给侧结构性改革、农业现代化发展和美丽生态乡村建设贡献力量。

（五）培育积极向上文化。大力开展创新文化建设，践行社会主义核心价值观，传承弘扬农科精神，营造崇尚创新、宽容失败的良好氛围，不断激发党支部和党员干部内生动力、增强创新活力。引导党员群众自觉培养高尚科学精神和职业道德情操，自觉抵制学术不端行为，自觉向科学高峰攀登。通过营造良好的文化氛围，把党支部建设成为关爱党员、服务群众的"大家庭"。

第五章 工作要求

（一）加强组织领导。研究所"红旗党支部"创建工作在所党委领导下，由所党建工作领导小组（成员为所党委班子成员）组织实施。所党委根据"红旗党支部"实施方案，结合标准党支部创建，统筹开展考核工作。所党建工作领导小组办公室（党办人事处），具体负责"红旗党支部"创建工作的安排部署和检查考核。

（二）坚持服务中心工作导向。坚持把党的工作与科研工作、事业发展紧密结合起来，坚持同步规划、同步推进。各党支部要树立以人为本、以研为本，服务科研、服务职工的理念，正确处理好"红旗党支部"创建工作与各项中心工作任务的关系，做到两手抓、两融合、两提高。

（三）强化工作落实。各党支部要站在全面从严治党的高度，将"红旗党支部"创建工作纳入党建工作整体安排，与"两学一做"学习教育常态化制度化结合起来，与即将开展的"不忘初心、牢记使命"主题教育、全国正在开展的"脱贫攻坚作风建设年"活动以及全省"三纠三促"专项行动结合起来，认真抓好工作落实。要广泛宣传"红旗党支部"先进事迹或支部工作法，充分调动党员参与的积极性，用身边的典型引导党员干部干事创业，营造全体党员共抓党建的浓厚氛围。

第七部分　大事记

● 1月3日，杨志强所长主持召开研究所2017年度部门暨中层干部考核会议，各部门负责人汇报了年度工作情况，同时对各部门及中层干部进行投票考评。

● 1月8—9日，杨振刚副书记赴临潭县新城镇开展精准扶贫帮扶工作。

● 1月10日，研究所被中国农业科学院评为"2017年度平安建设优秀单位"，办公室赵朝忠主任荣获"2017年度平安建设先进个人"。

● 1月10日，杨志强所长主持召开研究所2017年度考核会议，研究确定年度考核优秀人员，评选出文明处室2个、文明班组5个、文明职工5名，并推荐院级文明职工2名。

● 1月15—19日，孙研书记参加第一期农业部司处级干部学习贯彻党的十九大精神轮训班。

● 1月16日，研究所召开2017年度领导班子暨一报告两评议大会。杨志强所长主持召开一报告两评议会议，所班子及班子成员向中层以上干部、中级及以上职称人员作了述职报告，参会人员对所班子及班子成员进行了考核测评。

● 1月17日，杨志强所长、中兽医研究室严作廷副主任会见匈牙利奥拓教授，了解工作情况，并就下一步合作交换了意见。

● 1月24日，研究所完成中国藏兽医药数据库等4个业务系统纳入农业部政务信息资源整合平台共享数据迁移对接。

● 1月28日至2月2日，杨志强所长参加第三期农业部司处级干部学习贯彻党的十九大精神轮训班。

● 1月29日至2月1日，研究所机关第一党支部、兽医党支部、机关第二党支部、草业党支部、兽药党支部、基地党支部等七个党支部召开支部党建述职考核大会，党委书记孙研、副书记杨振刚、研究所党建述职领导考核小组成员及各支部党员参加了会议。

● 2月1日，研究所党委召开2017年度党建述职评议考核会议，会议表彰了"两学一做学习教育"优秀论文，孙研书记代表所党委向全体党员报告了2017年研究所党建工作，对党员进行了民主测评，与会党员对研究所2017年党建工作进行了民主测评。

● 2月4日，杨志强所长参加了甘肃省畜牧协会第三届理事会暨全省畜牧业产业化发展论坛。会上，杨志强所长被聘为理事会首席专家。

● 2月6日，孙研书记主持召开2017年度领导班子民主生活会，杨志强所长代表所领导班子作对照检查，中共兰州市委组织部党员管理处处长来永峰、中国农业科学院监察局一处处长解小慧到会指导。

● 2月7日，孙研书记主持召开专题会议，安排部署向OIE申报国际传统兽医药学协作中心相关事宜。

● 2月7日，研究所召开离退休职工工作通报暨2018年迎新春团拜会，杨志强所长通报了研究所2017年工作进展，孙研书记主持会议，研究所领导班子其他成员、职能部门负责人及离退休职工参加了会议。

● 2月8日，研究所领导班子成员分别带队走访慰问离休干部、退休老领导、老党员。各党支部书记分别带队走访慰问高龄职工、困难职工、困难职工遗属。共计走访慰问39人。

● 2月12日，孙研书记主持召开研究所安全生产会议，会议传达学习了中国农业科学院关于做好2018年近期安全生产有关工作的通知，通报了中央纪律监察局公开曝光的违反八项规定的典型案例。会议还通报了研究所安全检查结果，安排了春节安全大检查工作，部署了2018年春节假期放假值班等相关事宜。

● 2月24日，孙研书记、张继瑜副所长赴北京参加中国农业科学院2018年全面从严治党工作会议，研究所其他所领导、中层干部、党支部书记在所参加视频会议。

● 3月12日，杨振刚副书记参加甘肃省纪委四室召开的中央在甘单位纪委负责人会议。

● 3月17日，杨志强所长参加由兰州大学主持召开的深度参与兰州白银自主创新区建设研讨会，研究所将作为成员单位参加兰州白银自主创新示范区建设。

● 3月21日，孙研书记主持召开研究所四届七次职工代表大会主席团会议。会上，杨振刚副书记汇报了四届七次职代会筹备情况、会议日程及安排等情况。会议通报了孙研书记、李建喜副所长在研究所工会委员会被提名同意增选为主席团成员的情况。会议通过了主席团成员。主席团成员杨志强、孙研、张继瑜、阎萍、杨振刚、李建喜、苏鹏及职代会小组长赵朝忠、高雅琴、荔霞参加了会议。

● 3月27日，中国先锋医药控股有限公司业务发展部总监刘雪峰、经理孟庆青和甘肃片区经理张绍臻一行3人来所洽谈科技合作。

● 3月28日至4月2日，孙研书记和李建喜副所长赴四川考察成都中牧药业有限公司和羌山农牧科技股份有限公司。

● 4月2日，李建喜副所长赴北京参加"十三五"重点研发计划申报答辩会。

● 4月8日，香港大学李嘉诚医学院生物医学学院，慧贤慈善基金黄建东教授、林秋彬博士、张宝中博士一行3人来所进行了交流访问。双方就奶牛乳房炎疫苗的研发和临床评价进行了研究讨论，并达成了初步合作意向。

● 4月8—10日，孙研书记赴北京参加农业农村部第36期司局级领导干部进修班。

● 4月10—13日，研究所组织专家对庆阳市肉羊产业现状及技术需求进行调研。

● 4月12日，杨志强所长和办公室赵朝忠主任在甘肃省农牧厅参加农业农村部联系县特色农业扶贫工作座谈会。

● 4月19日，山东德州神牛药业有限公司刘在青董事长和肖建森副总经理来研究所洽谈科技合作。

● 4月26日，浙江汇能制药工程有限公司陈贵才董事长一行5人来所进行了交流访问。

● 5月4日，张掖市山丹县天泽农牧科技开发有限公司刘金生总经理一行来所洽谈科技合作。

● 5月8日，兰州市科协副主席谭生龙等来所考察，推荐研究所所史陈列室、盛彤笙先生铜像、中兽医药陈列馆和牧草标本室申报兰州市青少年科普教育基地。

● 5月8—9日，宁夏农林科学院动物科学研究所梁小军副所长、办公室王建东主任、黄新玲助理研究员一行来所就学科建设、合作研究等开展调研交流。

● 5月15日，中国农业科学院西部中心筹备组组长刘君璞来所调研，并参观大洼山综合实验基地。

● 5月15日，甘肃省庆阳市环县包奇军副县长、庆阳市农业科学院张春义院长和施海娜助理畜牧师一行3人来所开展科技交流合作。

● 5月16日，甘肃省科技厅傅小锋副厅长、基础处成于处长及天津市科委金双龙处长、南开大学药学院杨诚院长、河北工业大学工业研究院王新院长一行 11 人来所就兽药研发、平台共享、人才培养等进行合作交流。

● 5月22日，兰州市科技局社发处满继新处长和张娟副主任来所就 2018 年兰州市科技计划项目进行前期考察。

● 5月22日，巴基斯坦农业研究理事会约瑟夫扎夫来所考察学习，阎萍副所长、李建喜副所长和丁学智副研究员参加会议。

● 6月8日，研究所培育的黄花矶松、中天1号紫花苜蓿通过国家草品种审定。

● 6月9日，研究所组织全所职工开展研究所一带一路健康养殖学术研讨会暨建所 60 周年系列活动之一的建所 60 周年全家福集体拍照。

● 6月11—14日，张继瑜副所长、李建喜副所长、科技管理处曾玉峰副处长及中兽医（兽医）研究室王胜义副研究员先后赴安徽奥力欣生物科技有限公司和山东德州神牛药业有限公司洽谈技术合作及成果转让事宜。

● 6月22—23日，李建喜研究员、兽药室梁剑平研究员赴北京参加中兽药抗生素替代品研究与应用协同创新项目启动会。

● 7月3—4日，杨振刚副书记、办公室陈化琦副主任赴临潭县新城镇南门河村、肖家沟村、羊房村开展脱贫攻坚工作。

● 7月4日，研究所邀请英国布斯坦大学宋中枢博士来所，进行有关新药开发和机理研究方面的学术交流。

● 7月4日，张继瑜副所长组织召开研究生科研道德和安全教育会。曾玉峰副处长及全体研究生参加会议。

● 7月5日，研究所邀请美国食品药品监督管理局兽药中心高级微生物专家严思壮博士作了"美国兽用抗菌素耐药管理进展及抗菌素药残与食品安全"的学术报告。

● 7月17日，研究所邀请法国南特大学熊雁琼博士来所作"Mechanism of Persistent Methicillin-Resistant Staphylococcus aureus（MRSA）Endovascular Infection"的学术报告。

● 7月18日，中国农业科学院财务局张世安副局长来所督导预算执行进度。杨志强所长及条件建设与财务处巩亚东副处长参加了会议。

● 7月19日，经中共内蒙古自治区委员会、中国农业科学院党组同意，杨振刚副书记挂职，巴彦淖尔市副市长为期一年。

● 8月3日，党委书记孙研主持召开理论学习中心组 2018 年第三次（扩大）学习会议。

● 8月7日，杨志强所长主持召开所长办公会议，会议讨论通过研究所"一带一路"健康养殖学术研讨会暨建所 60 周年表彰大会实施方案，安排部署各部门工作。

● 8月10日，北川羌族自治县县委书记赖俊、四川省羌山农牧科技股份有限公司董事长张鑫燚一行6人来所就共建联合实验室和无抗养殖项目执行进展进行座谈。

● 8月16日，研究所获批 2018 年度国家自然科学基金项目6项。

● 8月17日，农业农村部科技教育司廖西元司长和综合处张凯副调研员来所调研座谈。

● 8月30日，江西高胜动物保健品有限公司董事长谭俊荣、徐春光总经理和北京亿如科技有限公司董事长张宁一行来所洽谈合作。

● 9月2日，孙研书记主持召开研究所班子会议，会议通报了中国农科院 2017 年巡视研究所整改意见，杨志强所长、张继瑜副所长、阎萍副所长、李建喜副所长、党办人事处荔霞副处长参加会议。

● 9月5日，研究所组织召开科技创新工程全面推进期团队中期评估会。

● 9月10日，苏丹畜牧兽医司司长哈桑来所调研，李建喜副所长、科技管理处曾玉峰副处长、兽药研究所梁剑平副主任参加了会议。

● 9月14日，中国农科院灌溉所陆建中书记、成果转化处翟国亮处长、冯俊杰副研究员一行来所调研。

● 9月17日，中国农业科学院直属机关党委书记王晓举、副书记赵红梅等一行5人对研究所党建工作情况进行调研。

● 9月25日，孙研书记主持召开党委会议，研究决定在原工会主席（工会法人）刘永明退休期间，由工会副主席杨振刚同志担任工会法人，负责工会工作。

● 9月27日，内蒙古华天制药有限公司郭蔚斌总经理一行2人来所开展兽医兽药研发交流，张继瑜副所长、李建喜副所长、兽医兽药科研骨干及科技处负责人参加座谈会。

● 10月9日，张掖山丹润牧饲草公司刘德希来所洽谈合作，并与研究所签署战略合作协议。

● 10月13—15日，杨志强所长、孙研书记、李建喜副所长和曾玉峰副处长先后赴深圳易瑞生物、中山大学眼科中心、广东省农业科学院动物卫生研究所、华南农业大学兽医学院等单位就联合申报项目、技术合作、产品转化、人才引进、共建平台、研究生培养等进行深入交流。

● 10月23日，内蒙古瑞普大地生物药业有限公司牛苏雅拉达来总经理一行来所洽谈合作。

● 10月31日，党委书记孙研主持召开专题会议，会议通过研究所中层干部选拔任用方案，并报院人事局审定。

● 11月6—8日，孙研书记陪同中国农业科学院张合成书记赴甘肃省武威市调研，并签订院市合作协议。

● 11月18—22日，李建喜副所长一行2人赴香港大学开展学术交流和访问。

● 11月20日，新疆畜牧科学院伊尔兰研究员来所与杨志强所长就中国—哈萨克斯坦农业科技合作事宜进行前期接洽。

● 11月26—27日，孙研书记、李建喜副所长、兽药研究室李剑勇副主任一行4人赴北京硕腾研发中心开展业务交流。

● 11月29日至12月10日，副所长李建喜研究员、辛蕊华副研究员一行5人赴荷兰瓦赫宁根大学、比利时列日大学和意大利墨西拿大学进行学术交流。

● 11月30日，安徽省畜牧兽医局董卫星局长来所调研，就中兽医产业发展与研究所进行座谈交流会。

● 12月5日，山东省畜牧兽医局饲料兽药处高捍东处长一行7人来所调研。

● 12月13日，甘肃省张世珍副省长到中国农业科学院考察并洽谈合作，杨志强所长参加合作交流会。

● 12月13日，中国兽药协会中兽药产业推进委员会第二十三次会议暨中兽药产业发展战略研讨会在研究所召开。

● 12月14—16日，杨志强所长、阎萍副所长赴青海省西宁市参加阿什旦牦牛品种审定会议。

● 12月19日，中共兰州市委宣传部机关专职副书记李泰柱、组织处处长刘世才、宣传部干部高小芳一行来所，就支部共建座谈交流。

● 12月28日，"十二五"科技支撑计划课题"新型动物专用化学药物的创制及产业化关键技术研究年度总结会"在江苏常州召开。项目主持人张继瑜副所长、科技管理处曾玉峰副处长及课题相关人员参加会议。

第八部分　职工名册

一、在职职工名册

见表 8-1。

表 8-1　在职职工名册

序号	姓名	性别	出生年月	工作时间	政治面貌	学位	现任职务	专业技术职务	所在处室	备注
1	孙 研	男	1973.01	1996.07	党员	硕士	书记	畜牧师		党委委员 新入职
2	张继瑜	男	1967.12	1991.07	党员	博士	副所长	研究员		党委委员 纪委书记
3	阎 萍	女	1963.06	1984.10	党员	博士	副所长	研究员		党委委员
4	杨振刚	男	1967.09	1991.07	党员	学士	副书记	研究员		党委委员
5	李建喜	男	1971.10	1995.06	无党派	博士	副所长	研究员		
6	梁剑平	男	1962.05	1985.10	九三	博士	副主任	研究员	兽药室	
7	时永杰	男	1961.11	1982.08	党员	学士		研究员	其他	
8	杨博辉	男	1964.10	1986.07	民盟	博士		研究员	畜牧室	
9	李剑勇	男	1971.12	1995.06	党员	博士	副主任	研究员	兽药室	
10	李宏胜	男	1964.10	1987.07	九三	博士		研究员	中兽医	
11	高雅琴	女	1964.04	1986.08	党员	学士	主任	研究员	畜牧室	
12	蒲万霞	女	1964.09	1985.07	九三	博士		研究员	兽药室	
13	赵四喜	男	1961.10	1983.08	九三	学士		编审	编辑部	
14	严作廷	男	1962.08	1986.07	九三	博士	副主任	研究员	中兽医	
15	罗超应	男	1960.01	1982.08	党员	学士		研究员	中兽医	
16	王学智	男	1969.07	1995.06	党员	博士	处长	研究员	科技处	
17	潘 虎	男	1962.10	1983.08	党员	学士	副主任	研究员	中兽医	
18	梁春年	男	1973.12	1997.07	党员	博士	副主任	研究员	畜牧室	
19	周绪正	男	1971.07	1994.06		学士		研究员	兽药室	
20	魏云霞	女	1965.07	1987.07	九三	博士		编审	编辑部	
21	杨世柱	男	1962.03	1983.07	党员	硕士	副处长	副研	基地处	
22	孙晓萍	女	1962.11	1983.08	九三	学士		副研	畜牧室	

（续表）

序号	姓名	性别	出生年月	工作时间	政治面貌	学位	现任职务	专业技术职务	所在处室	备注
23	赵朝忠	男	1964.02	1984.07	党员	大学	主任	副研	办公室	
24	李新圃	女	1962.05	1983.08	民盟	博士		副研	中兽医	
25	罗永江	男	1966.09	1991.07	九三	学士		副研	中兽医	
26	杜天庆	男	1963.12	1989.11	民盟	硕士		副研	畜牧室	
27	李锦华	男	1963.08	1985.07	党员	博士	副主任	副研	草饲室	
28	罗金印	男	1969.07	1992.10		学士		副研	基地处	
29	牛建荣	男	1968.01	1992.10	党员	硕士		副研	其他	
30	陈炅然	女	1968.10	1991.10	党员	博士		副研	其他	
31	吴培星	男	1962.11	1985.05	党员	博士		副研	中兽医	
32	张继勤	男	1971.11	1994.07	党员	大学	副主任	副研	后勤	
33	程富胜	男	1971.08	1996.07	党员	博士		副研	兽药室	
34	苗小楼	男	1972.04	1996.07		学士		副研	中兽医	
35	程胜利	男	1971.03	1997.07	民盟	博士		副研	编辑部	
36	苏鹏	男	1963.04	1984.07	党员	大学	主任	副研	后勤	
37	李锦宇	男	1973.10	1997.07	党员	学士		副研	中兽医	
38	王晓力	女	1965.07	1987.12	党员	大学		副研	草饲室	
39	王玲	女	1969.10	1998.09		硕士		副研	兽药室	
40	董鹏程	男	1975.01	1999.11	党员	博士	副处长	副研	基地处	
41	李世宏	男	1974.05	1999.07	党员	学士		副研	兽药室	
42	陈化琦	男	1976.10	1999.07	党员	学士	副主任	副研	办公室	
43	郭宪	男	1978.02	2003.07	党员	博士		副研	畜牧室	
44	尚若锋	男	1974.10	1999.04	党员	博士		副研	兽药室	
45	孔繁矼	男	1959.07	1976.06		大专		副研	项目办	
46	陆金萍	女	1972.06	1996.07	党员	学士		副研	编辑部	
47	荔霞	女	1977.10	2000.09	党员	硕士	副处长	副研	党办人事处	
48	吴晓睿	女	1974.03	1992.12	党员	大学	副主科	副研	党办人事处	
49	田福平	男	1976.09	2004.07	党员	博士		副研	草饲室	
50	郭天芬	女	1974.06	1997.11	民盟	学士		副研	畜牧室	
51	曾玉峰	男	1979.07	2005.06	党员	博士	副处长	副研	科技处	
52	丁学智	男	1979.03	2010.07		博士		副研	畜牧室	
53	王旭荣	女	1980.04	2008.06		博士		副研	编辑部	
54	王宏博	男	1977.06	2005.06	党员	博士		副研	畜牧室	
55	刘建斌	男	1977.09	2005.06		博士		副研	畜牧室	
56	肖玉萍	女	1979.11	2005.07	党员	硕士		副编审	编辑部	

（续表）

序号	姓名	性别	出生年月	工作时间	政治面貌	学位	现任职务	专业技术职务	所在处室	备注
57	王东升	男	1979.09	2005.06	九三	硕士		副研	中兽医	
58	魏小娟	女	1976.12	2004.07	党员	硕士		副研	兽药室	
59	路远	女	1980.03	2006.06	党员	硕士		副研	草饲室	
60	裴杰	男	1979.09	2006.06		博士		副研	畜牧室	
61	王胜义	男	1981.01	2010.07	党员	硕士		副研	中兽医	
62	李冰	女	1981.05	2008.06	党员	硕士		副研	兽药室	
63	辛蕊华	女	1981.01	2008.06		硕士		副研	兽药室	
64	岳耀敬	男	1980.10	2008.07	党员	博士		副研	畜牧室	
65	王华东	男	1979.04	2005.07		硕士		副编审	编辑部	
66	牛春娥	女	1968.10	1989.12	民盟	硕士		高级实验师	畜牧室	
67	王昉	女	1975.07	1996.06	党员	大学		高级会计师	条财处	
68	王学红	女	1975.12	1999.07	九三	硕士		高级实验师	兽药室	
69	李维红	女	1978.08	2005.06	党员	博士		高级实验师	畜牧室	
70	王瑜	男	1974.11	1997.09	党员	硕士	处长助理	高级农艺师	基地处	
71	杨保平	男	1964.09	1984.07		学士		助研	编辑部	
72	韩福杰	男	1962.12	1987.07	九三	学士		助研	其他	
73	吕嘉文	男	1978.08	2001.08		硕士		助研	科技处	
74	张怀山	男	1969.04	1991.12		博士		助研	基地处	
75	周磊	男	1979.05	2006.08	党员	硕士		助研	科技处	
76	郭志廷	男	1979.09	2007.05		硕士		助研	兽药室	
77	刘宇	男	1981.08	2007.06		硕士		助研	兽药室	
78	杨红善	男	1981.09	2007.06	党员	博士		助研	草饲室	
79	包鹏甲	男	1980.09	2007.06	党员	硕士		助研	畜牧室	
80	焦增华	女	1978.11	2004.09		硕士		助研	兽药室	
81	郭文柱	男	1980.04	2007.11	党员	硕士		助研	兽药室	
82	张茜	女	1980.11	2008.06	党员	博士		助研	草饲室	
83	张凯	男	1982.10	2008.06	党员	博士		助研	中兽医	
84	杨亚军	男	1982.09	2008.04	党员	硕士		助研	兽药室	
85	师音	女	1983.03	2008.03	党员	硕士		助研	科技处	
86	张世栋	男	1983.05	2008.07	党员	硕士		助研	中兽医	
87	张小甫	男	1981.11	2008.07	党员	硕士		助研	办公室	
88	王春梅	女	1981.11	2008.06		硕士		助研	草饲室	
89	褚敏	女	1982.12	2008.07	党员	博士		助研	畜牧室	
90	陈靖	男	1982.10	2008.06	党员	硕士		助研	条财处	

（续表）

序号	姓名	性别	出生年月	工作时间	政治面貌	学位	现任职务	专业技术职务	所在处室	备注
91	李宠华	女	1972.05	2010.07	党员	硕士		助研	条财处	
92	席斌	男	1981.04	2004.07	党员	硕士		助研	畜牧室	
93	张景艳	女	1980.12	2009.06		硕士		助研	中兽医	
94	王贵波	男	1982.08	2009.07	党员	硕士		助研	中兽医	
95	邓海平	男	1983.10	2009.06	党员	硕士		助研	条财处	
96	秦哲	女	1983.03	2012.07	党员	博士		助研	兽药室	
97	李誉	男	1982.12	2004.08		大学		助研	后勤	
98	汪晓斌	男	1975.09	2005.06		大专		助研	基地处	
99	郝宝成	男	1983.02	2010.06		硕士		助研	兽药室	
100	刘希望	男	1986.05	2010.07	党员	硕士		助研	兽药室	
101	胡宇	男	1983.09	2010.06	党员	硕士		助研	草饲室	
102	郭婷婷	女	1984.09	2010.07	党员	硕士		助研	畜牧室	
103	尚小飞	男	1986.09	2010.07	党员	硕士		助研	中兽医	
104	熊琳	男	1984.03	2010.07	党员	硕士		助研	畜牧室	
105	杨晓	男	1985.02	2010.07	党员	硕士		助研	科技处	
106	张玉纲	男	1972.01	1995.11	党员	大学	副主科	助研	条财处	
107	符金钟	男	1982.10	2005.06	党员	硕士		助研	办公室	
108	朱新强	男	1985.07	2011.06	党员	硕士		助研	草饲室	
109	杨峰	男	1985.03	2011.06		硕士		助研	中兽医	
110	李润林	男	1982.08	2011.07	党员	硕士		助研	基地处	
111	崔东安	男	1981.03	2014.07	党员	博士		助研	中兽医	
112	袁超	男	1981.04	2014.07	党员	博士		助研	畜牧室	
113	王慧	男	1985.10	2012.07	党员	博士		助研	中兽医	
114	王磊	女	1985.09	2012.07	党员	硕士		助研	中兽医	
115	吴晓云	男	1986.10	2015.07	党员	博士		助研	畜牧室	
116	杨晓玲	女	1987.01	2013.07	党员	硕士		助研	畜牧室	
117	孔晓军	男	1982.12	2013.07	党员	硕士		助研	基地处	
118	贺泂杰	男	1987.10	2013.07	党员	硕士		助研	草饲室	
119	崔光欣	女	1985.10	2016.07	党员	博士		助研	草饲室	
120	段慧荣	女	1987.07	2016.07	党员	博士		助研	草饲室	
121	仇正英	女	1985.01	2016.07	党员	博士		助研	中兽医	
122	杨珍	女	1989.05	2014.07	党员	硕士		助研	兽药室	
123	刘丽娟	女	1988.07	2014.07	党员	硕士		助研	科技处	
124	武小虎	男	1987.03	2017.07	党员	博士		助研	中兽医	

（续表）

序号	姓名	性别	出生年月	工作时间	政治面貌	学位	现任职务	专业技术职务	所在处室	备注
125	张 康	男	1987.06	2015.07		硕士		助研	中兽医	
126	赵 博	女	1985.08	2015.07	预备党员	硕士		助研	党办人事处	
127	冯瑞林	男	1959.06	1976.03		大学		实验师	畜牧室	
128	魏春梅	女	1966.06	1987.07	民盟	中专		实验师	后勤	
129	周学辉	男	1964.10	1987.07	党员	大学		实验师	草饲室	
130	张 顼	女	1964.02	1982.12	党员	高中		实验师	其他	
131	梁丽娜	女	1966.03	1987.08		中专		实验师	畜牧室	
132	樊 堃	男	1961.03	1977.04		高中	主科	实验师	基地处	
133	王建林	男	1965.05	1987.07		中专	副主科	实验师	后勤	
134	赵保蕴	男	1972.05	1990.03	党员	大专		实验师	基地处	
135	巩亚东	男	1961.06	1978.10	党员	大专	副处长	实验师	条财处	
136	李志斌	男	1972.03	1995.07		大专		实验师	后勤	
137	冯 锐	女	1970.07	1994.08		大专	副主科	实验师	条财处	
138	李 伟	男	1963.03	1980.11		中专		畜牧师	基地处	
139	肖 堃	女	1960.08	1977.06	党员	大学		会计师	其他	
140	李 聪	男	1959.10	1977.04		大专		助实师	基地处	
141	刘 隆	男	1959.11	1976.12	党员	高中	主科	助实师	条财处	
142	张 彬	男	1973.11	1995.11		大专		助实师	基地处	
143	赵 雯	女	1975.10	1996.11		大专		助实师	条财处	
144	郝 媛	女	1976.04	2012.07	党员	大学		研实员	条财处	
145	宋玉婷	女	1987.10	2016.07		硕士		研实员	基地处	
146	王玮玮	女	1990.04	2017.07		硕士			兽药室	
147	李春玲	女	1988.02	2018.08	党员	硕士			条财处	新入职
148	郑兰钦	男	1959.07	1976.03	党员	高中	主科		基地处	
149	马安生	男	1960.01	1978.12		高中		技师	后勤	
150	韩 忠	男	1961.10	1978.12		大学		技师	基地处	
151	罗 军	男	1967.12	1982.10	党员	大专		技师	办公室	
152	梁 军	男	1959.12	1977.04		高中		技师	后勤	
153	刘庆平	男	1959.08	1976.03		高中		技师	后勤	
154	陈云峰	男	1961.10	1977.04		高中		技师	条财处	
155	杨宗涛	男	1962.09	1982.02		高中		技师	条财处	
156	郭天幸	男	1961.12	1978.10		高中		技师	后勤	
157	肖 华	男	1963.11	1980.11		高中		技师	基地处	

序号	姓名	性别	出生年月	工作时间	政治面貌	学位	现任职务	专业技术职务	所在处室	备注
158	王蓉城	男	1964.05	1983.10		大专		技师	基地处	
159	徐小鸿	男	1959.07	1976.03		高中		技师	后勤	
160	朱光旭	男	1959.11	1976.03	党员	大专		技师	基地处	
161	黄东平	男	1961.06	1979.12		高中		技师	党办人事处	
162	雷占荣	男	1963.08	1983.04		初中		技师	后勤	
163	毛锦超	男	1964.02	1986.09		高中		技师	基地处	
164	宋青	女	1969.05	1990.08		高中		技师	条财处	
165	张金玉	男	1959.06	1976.04		高中		技师	后勤	
166	路瑞滨	男	1960.05	1982.12		高中		技师	后勤	
167	刘好学	男	1962.06	1982.10		高中		技师	后勤	
168	杨建明	男	1964.06	1979.04		高中		技师	后勤	
169	陈宇农	男	1965.10	1984.10		高中		技师	后勤	
170	康旭	男	1968.01	1984.10		大专		技师	办公室	
171	李志宏	男	1965.08	1986.09		高中		技师	基地处	
172	薛建立	男	1964.04	1981.10		初中		中级工	其他	
173	张岩	男	1970.09	1987.11		中专		中级工	其他	
174	郭健	男	1964.09	1987.07	九三	学士		高级实验师	畜牧室	2018.08去世
175	王小光	男	1965.05	1984.10	党员	大专		技师	后勤	2018.08去世

二、离休职工名册

见表8-2。

表8-2　离休职工名册

序号	姓名	性别	出生年月	参加工作时间	政治面貌	文化程度	原技术职务	离休时间	享受待遇
1	游曼清	男	1922.04	1948.09		大学	副研究员	1985.09	司局级
2	邓诗品	男	1927.03	1948.11		大学	副研究员	1986.05	司局级
3	宗恩泽	男	1924.12	1949.02	党员	大学	副研究员	1985.06	司局级
4	张敬钧	男	1924.01	1949.06		初中	会计师	1987.11	处级
5	余智言	女	1933.12	1949.03		高中	助研	1989.03	处级

三、退休职工名册

见表8-3。

表8-3 退休职工名册

序号	姓名	性别	出生年月	参加工作时间	政治面貌	文化程度	原行政职务	原技术职务	退休时间	享受待遇
1	刁仁杰	男	1927.09	1949.11	党员	大学	副主任	高兽师	1987.12	副处级
2	侯奕昭	女	1931.01	1955.08		大专		实验师	1987.12	
3	李玉梅	女	1926.07	1952.04		初中		会计师	1987.12	
4	刘端庄	女	1932.12	1956.03		初中		实验师	1987.11	
5	瞿自明	男	1930.07	1951.08	党员	大学	副所调	研究员	1996.03	副地级
6	梁洪诚	女	1935.08	1955.08		大专		高实师	1990.03	
7	李雅茹	女	1934.12	1960.06		大学		副研	1990.01	
8	杨玉英	女	1934.04	1951.03	党员	大专	副主任	实验师（高实师资格）	1990.01	副处级
9	景宜兰	女	1934.11	1953.08		中专		实验师	1990.01	
10	肖尽善	男	1930.01	1955.09	九三	大学		高兽师	1990.03	
11	魏斑	男	1930.02	1956.08	党员	研究生		研究员	1990.04	
12	郑长令	男	1934.1	1951.02		高中	主任科员		1994.1	正科级
13	吴绍斌	男	1942.07	1963.1		大专		高实师	2002.08	
14	赵秀英	女	1937.02	1958.1	党员	高中		会计师	1991.08	
15	杨翠琴	女	1938.1	1957.1		初中		实验师	1993.1	
16	王宇一	男	1933.03	1961.08	党员	大学	副处调	副研	1993.03	副处级
17	张翠英	女	1938.03	1960.02		初中	主任科员		1993.03	正科级
18	张科仁	男	1934.01	1956.09	民盟	大学	主任	副研（研究员资格）	1994.01	正处级
19	屈文焕	男	1934.01	1950.01	党员	大专	副主任	兽医师	1994.01	副处级
20	胡贤玉	女	1937.08	1961.08		大学	副处长	副研	1994.03	副处级
21	师泉海	男	1934.08	1959.08	党员	大学	副书记	高兽师	1994.1	副地级
22	刘绪川	男	1934.1	1957.08	党员	大学		研究员	1994.12	
23	王兴亚	男	1934.1	1957.1	党员	大学	主任	研究员	1994.12	正处级
24	李臣海	男	1935.01	1953.03	党员	高小	主任科员		1995.01	正科级
25	董杰	男	1935.02	1952.08		大专		兽医师	1995.02	
26	钟伟熊	男	1935.04	1959.08	党员	大学		研究员	1995.04	
27	王云鲜	女	1940.11	1959.1	九三	大学		高兽师	1995.11	
28	罗敬完	女	1937.12	1963.09	九三	大专		高实师	1996.06	
29	姚拴林	男	1936.07	1964.08		大学		副研	1996.07	

（续表）

序号	姓名	性别	出生年月	参加工作时间	政治面貌	文化程度	原行政职务	原技术职务	退休时间	享受待遇
30	赵志铭	男	1936.11	1960.09	党员	大学		研究员	1996.11	
31	游稚芳	女	1938.06	1960.09	九三	大学		助研（副研资格）	1993.07	
32	王玉春	女	1939.05	1964.08	九三	大学		研究员	1999.05	
33	赵荣材	男	1939.05	1961.08	党员	大学	所长	研究员	2000.06	正地级
34	王道明	男	1928.05	1956.09	九三	大学		助研（副研资格）	1988.12	
35	侯彩芸	女	1935.01	1960.09		大学		副研	1990.02	
36	陈哲忠	男	1930.12	1956.09	民盟	大学	主任	副研（研究员资格）	1991.01	处级
37	陈树繁	男	1931.05	1951.01		大学		副研	1991.06	
38	兰文龄	女	1931.01	1955.08		大学		助研（副研资格）	1987.1	
39	王素兰	女	1937.02	1960.09	九三	大学		副研	1992.03	
40	张德银	男	1933.01	1952.08	党员	中专	副所调	助研	1993.02	副地级
41	孙明经	男	1933.1	1953.05	党员	大学	副所长	副研	1993.11	副地级
42	王正烈	男	1933.11	1956.09	党员	大专		副研	1993.12	副处级
43	刘桂珍	女	1938.11	1962.09		大学		助研	1993.12	
44	李东海	男	1934.01	1959.08		大学	副主任	副研	1994.02	副处级
45	张志学	男	1933.12	1956.09	党员	大专	副所长	副研	1994.01	副所级
46	苏连登	男	1934.12	1963.11	党员	大学		副研	1995.01	
47	同文轩	男	1935.02	1959.09	民革	大学		副研	1995.03	副处级
48	邢锦珊	男	1935.06	1962.07	民盟	研究生	副主任	副研	1995.07	副处级
49	高香莲	女	1940.08	1951.01		中专	主任科员		1995.09	正科级
50	姚树清	男	1936.08	1960.09		大学		研究员	1996.09	
51	张文远	男	1936.1	1965.09	党员	研究生	主任	研究员	1996.11	正处级
52	郭　刚	男	1936.11	1960.09		大学		副研	1996.12	
53	周省善	男	1935.12	1961.04	党员	大学	主任	副研（研究员资格）	1996.01	正处级
54	杜建中	男	1937.1	1957.08	党员	大学	主任	研究员	1997.1	正处级
55	王宝理	男	1937.1	1957.08	党员	大专	副站长	高畜师	1997.1	副处级
56	张隆山	男	1937.07	1963.09	党员	大学	主任	研究员	1997.07	正处级
57	弋振华	男	1937.01	1959.05	党员	中专	主任	高兽师	1997.01	正处级
58	李世平	女	1943.07	1966.09	民盟	大专		助研	1997.12	
59	唐宜昭	男	1938.09	1962.02	党员	大学		副研	1998.01	

（续表）

序号	姓名	性别	出生年月	参加工作时间	政治面貌	文化程度	原行政职务	原技术职务	退休时间	享受待遇
60	张礼华	女	1939.12	1963.09	党员	大学	主任	研究员	1998.02	正处级
61	曹廷弼	男	1938.03	1963.09	党员	大学	主任	副研	1998.03	正处级
62	张遵道	男	1937.11	1961.05	党员	大学	副所长	研究员	1998.06	副地级
63	卢月香	女	1943.01	1967.08		大学		高实师	1998.07	
64	熊三友	男	1938.08	1963.08	党员	大学		研究员	1998.08	正处级
65	马呈图	男	1938.1	1963.07		大学		研究员	1998.1	
66	苏 普	女	1938.12	1963.08	党员	大学	主任	研究员	1998.12	正处级
67	裴秀珍	女	1944.04	1964.02		高中	主任科员	会计师	1999.04	正科级
68	张 俊	男	1939.08	1964.12		初中		经济师	1999.08	
69	陈国英	女	1944.11	1964.12		高中		馆员	1999.1	
70	雷 鸣	男	1939.12	1963.08	党员	大学	副书记	高农师	2000.01	副地级
71	董明显	男	1939.12	1962.08	九三	大学		副研	2000.01	
72	魏秀霞	女	1950.1	1978.09		中专		实验师	2000.01	
73	陆仲磷	男	1940.03	1959.08	党员	大学	副所长	研究员	2000.06	副地级
74	王素华	女	1945.08	1964.04	党员	初中			2000.05	正处级
75	康承伦	男	1940.03	1966.09	党员	研究生		研究员	2000.04	
76	石 兰	女	1946.05	1965.12		高中	主任科员	会计师	2000.07	正科级
77	夏文江	男	1936.09	1959.08	民盟	大学	主任	研究员	2000.07	正处级
78	吴丽英	女	1946.09	1965.11	党员	高中	副科长	会计师	2001.1	正科级
79	王毓文	女	1946.09	1964.09	党员	高中	主科	实验师	2001.1	正科级
80	赵振民	男	1942.09	1965.08	民盟	大学		副研	2002.1	
81	张东弧	男	1942.09	1959.09	党员	研究生	主任	研究员	2002.1	正处级
82	王利智	男	1942.1	1965.09	九三	大学	主任	研究员	2002.11	正处级
83	侯 勇	女	1947.12	1966.09	九三	中专	副主席	会计师	2003.01	副处级
84	周宗田	女	1948.02	1977.01		中专		实验师	2003.04	
85	徐忠赞	男	1943.12	1967.09	民盟	大学		研究员	2004.01	
86	李 宏	女	1946.02	1967.08		研究生		副研	2004.01	
87	马希文	男	1944.02	1969.09	党员	大学	站长	高级兽医师	2004.03	正处级
88	秦如意	男	1944.03	1966.09	党员	大学	副主任	副研	2004.04	副处级
89	刘秀琴	女	1949.12	1968.07		大专	主任科员	实验师	2005.01	正科级
90	蔡东峰	男	1945.12	1968.12	党员	大学	主任	高级兽医师	2006.01	正处级
91	王槐田	男	1946.01	1970.08	党员	大学	处长	研究员	2006.01	正处级
92	苏美芳	女	1951.04	1968.11		初中	主任科员		2006.04	正科级
93	戚秀莲	女	1951.06	1972.01		中专	主任科员	助理会计师	2006.06	正科级

（续表）

序号	姓名	性别	出生年月	参加工作时间	政治面貌	文化程度	原行政职务	原技术职务	退休时间	享受待遇
94	高　芳	女	1951.06	1968.11	民盟	大普		高级实验师	2006.06	
95	张菊瑞	女	1951.12	1968.12	党员	中专	副处		2006.12	副处级
96	杨晋生	男	1947.02	1968.12		中专	主任科员		2007.02	正科级
97	孟聚诚	男	1948.01	1968.06	九三	大学		研究员	2008.01	
98	刘文秀	女	1953.03	1973.08	党员	大普		副研究员	2008.03	
99	丰友林	女	1953.02	1977.01	党员	大普		副编审	2008.02	
100	刘国才	男	1948.04	1964.1	党员	初中	副处		2008.04	副处级
101	梁纪兰	女	1954.01	1974.08		大学		研究员	2009.02	
102	庞振岭	男	1949.08	1969.01		初中	主任科员	实验师	2009.09	
103	王建中	男	1949.1	1969.12	党员	中专	主任	实验师	2009.1	正处级
104	郭　凯	男	1949.09	1976.01		中专	主任科员	助理实验师	2009.09	正科级
105	赵青云	女	1955.07	1976.1	九三	中专		实验师	2010.07	
106	蒋忠喜	男	1950.08	1968.11	党员	大专	主任		2010.09	正处级
107	苗小林	女	1955.1	1974.03	党员	高中		实验师	2010.1	
108	李广林	男	1950.12	1969.06	党员	大普		高级实验师	2010.12	
109	胡振英	女	1956.01	1973.1	九三	大普		高级实验师	2011.01	
110	崔　颖	女	1956.1	1973.11	九三	大学		副研究员	2011.1	
111	白学仁	男	1952.06	1968.07	党员	大专	处长		2012.06	正处级
112	党　萍	女	1957.1	1974.06		大普		高级实验师	2012.1	
113	张志常	男	1953.05	1976.1	党员	中专		助理研究员	2013.05	
114	杨耀光	男	1953.07	1982.02	党员	大学	副所长	研究员	2013.07	
115	袁志俊	男	1953.08	1969.12	党员	大专	处长		2013.08	正处级
116	白花金	女	1958.09	1981.08	民盟	中专		实验师	2013.09	
117	李金善	男	1953.11	1974.12	党员	高中		实验师	2013.11	
118	常玉兰	女	1958.12	1976.03		高中		实验师	2013.12	
119	齐志明	男	1954.02	1978.1		大普		副研究员	2014.02	
120	王成义	男	1954.06	1978.09	党员	大普	处长	高级畜牧师	2014.06	正处级
121	宋　瑛	女	1959.06	1976.03	党员	高中	主任科员	助理实验师	2014.06	
122	常　城	男	1954.07	1970.04		大专		高级实验师	2014.07	
123	张　玲	女	1959.11	1976.03		大专		实验师	2014.11	
124	华兰英	女	1959.11	1976.03		高中		馆员	2014.11	
125	焦　硕	男	1955.06	1976.1	九三	大学		副研究员	2015.06	
126	关红梅	女	1960.09	1976.03	九三	大学		助理研究员	2015.09	
127	贾永红	女	1960.1	1977.03	党员	大学		实验师	2015.1	

（续表）

序号	姓名	性别	出生年月	参加工作时间	政治面貌	文化程度	原行政职务	原技术职务	退休时间	享受待遇
128	张书诺	男	1956.02	1980.12		大专		高级实验师	2016.02	
129	常根柱	男	1956.03	1974.12	党员	大普		研究员	2016.03	
130	谢家声	男	1956.06	1974.12	党员	大专		高级实验师	2016.06	
131	孟嘉仁	男	1956.10	1980.12		中专		实验师	2016.10	
132	游昉	男	1956.12	1974.05	党员	高中	主任科员	会计师	2016.12	
133	朱新书	男	1957.06	1983.08	党员	大学		副研究员	2017.06	
134	张梅	女	1962.10	1979.08		中专		实验师	2017.10	
135	钱春元	女	1962.11	1979.11	党员	中专		馆员	2017.11	
136	张凌	女	1962.12	1977.01	党员	大学		经济师	2017.12	正处级
137	刘永明	男	1957.05	1980.12	党员	大学	党委书记	三级研究员	2018.01	所级
138	牛晓荣	男	1958.02	1975.05	党员	大专	主任科员	高级实验师	2018.02	
139	朱海峰	男	1958.02	1975.03		大学		助理研究员	2018.02	
140	王贵兰	女	1963.03	1986.07		大学		助理研究员	2018.03	
141	戴凤菊	女	1963.1	1986.08	党员	大学	副主科	实验师	2018.1	
142	郑继方	男	1958.12	1983.08		大学		三级研究员	2018.12	
143	杨志强	男	1957.12	1982.02	党员	大学	所长	二级研究员	2018.12	所级
144	脱玉琴	女	1939.07	1961.05		初中			1989.06	
145	张东仙	女	1940.04	1959.01		高小			1990.06	
146	崔连堂	男	1930.05	1949.09		初小			1990.06	
147	刘定保	男	1940.12	1960.04		高中		高级工	1984.10	
148	李菊芬	女	1936.1	1955.04		初中		高级工	1988.01	
149	雷紫霞	女	1941.02	1963.09		高中		高级工	1989.02	
150	朱家兰	女	1923.09	1959.01		高中		高级工	1982.10	
151	吕凤英	女	1947.04	1959	党员	初小		高级工	1997.05	
152	刘天会	男	1952.06	1969.01		小学		高级工	1998.02	
153	郑贺英	女	1949.02	1976.1		小学		中级工	1999.03	
154	耿爱琴	女	1949.1	1965.08		高小		高级工	1999.08	
155	付玉环	女	1951.1	1970.1		初中		高级工	2000.09	
156	朱元良	男	1943.12	1960.08		高小		技师	2004.01	
157	王金福	男	1946.01	1964.09		初中		高级工	2006.01	
158	刘振义	男	1948.09	1968.01		高小		高级工	2008.09	
159	孙小兰	女	1959.12	1977.04		高中		高级工	2009.12	
160	陈静	女	1960.01	1976.03		高中		高级工	2010.01	
161	刘庆华	女	1960.09	1977.04		高中		高级工	2010.09	

（续表）

序号	姓名	性别	出生年月	参加工作时间	政治面貌	文化程度	原行政职务	原技术职务	退休时间	享受待遇
162	杜长岭	男	1951.01	1970.08		初中		高级工	2011.01	
163	陈维平	男	1951.06	1968.11		高中		高级工	2011.06	
164	张惠霞	女	1961.06	1979.12		高中		高级工	2011.06	
165	刘世祥	男	1953.09	1970.09		高中		技师	2013.09	
166	代学义	男	1954.03	1970.11		初中		技师	2014.03	
167	翟钟伟	男	1954.10	1970.12		初中		技师	2014.10	
168	方　卫	男	1954.10	1972.12		初中		技师	2014.10	
169	白本新	男	1955.1	1973.12		高中		技师	2015.10	
170	杨克文	男	1957.03	1974.12		高中		技师	2017.03	
171	柴长礼	男	1957.04	1975.03		高中		技师	2017.04	
172	屈建民	男	1958.02	1975.03		高中		技师	2018.02	
173	周新明	男	1958.04	1976.03		高中		技师	2018.04	

四、各部门人员名册

见表8-4。

表8-4　各部门人员名册

部门	工作人员
所领导（5人）	孙　研　张继瑜　阎　萍　杨振刚　李建喜
办公室（6人）	赵朝忠　陈化琦　符金钟　张小甫　罗　军　康　旭
科技处（15人）	王学智　曾玉峰　周　磊　师　音　刘丽娟　杨　晓　吕嘉文　魏云霞　赵四喜　杨保平　肖玉萍　王华东　程胜利　陆金萍　王旭荣（编辑部（8人））
党办人事处（4人）	荔　霞　吴晓睿　黄东平　赵　博
条件建设与财务处（15人）	巩亚东　王　昉　张玉纲　陈　靖　宋　青　李宠华　郝　媛　邓海平　冯　锐　赵　雯　刘　隆　杨宗涛　孔繁砸　陈云峰　李春玲
草业饲料室（13人）	李锦华　周学辉　王春梅　路　远　田福平　王晓力　张　茜　杨红善　朱新强　胡　宇　贺洞杰　崔光欣　段慧荣
基地管理处（21人）	杨世柱　董鹏程　王　瑜　肖　华　朱光旭　王蓉城　毛锦超　李志宏　郑兰钦　李　聪　李　伟　李润林　赵保蕴　汪晓斌　樊　墅　张　彬　宋玉婷　韩　忠　张怀山　孔晓军　罗金印
畜牧研究室（质检中心）（23人）	高雅琴　梁春年　杨博辉　冯瑞林　孙晓萍　褚　敏　王宏博　丁学智　郭　宪　岳耀敬　刘建斌　裴　杰　包鹏甲　郭婷婷　杜天庆　牛春娥　郭天芬　李维红　席　斌　熊　琳　杨晓玲　袁　超　吴晓云
兽药研究室（21人）	梁剑平　李剑勇　程富胜　王　玲　郭文柱　郝宝成　蒲万霞　魏小娟　尚若峰　周绪正　郭志廷　刘　宇　杨亚军　李　冰　王学红　刘希望　杨　珍　李世宏　秦　哲　焦增华　王玮玮
中兽医（兽医）研究室（24人）	严作廷　潘　虎　罗超应　李宏胜　李新圃　李锦宇　吴培星　苗小楼　张世栋　王东升　辛蕊华　罗永江　张景艳　张　凯　尚小飞　王贵波　王胜义　杨　峰　王　慧　王　磊　崔东安　张　康　仇正英　武小虎
后勤服务中心中心（17）	苏　鹏　张继勤　陈宇农　梁　军　马安生　雷占荣　张金玉　刘好学　刘庆平　徐小鸿　杨建明　路瑞滨　李　誉　魏春梅　郭天幸　王建林　李志斌
其他（9人）	韩福杰　薛建立　张　项　梁丽娜　张　岩　陈炅然　肖　堃　时永杰　牛建荣

五、离职职工名册

见表8-5。

表8-5　离职职工名册

序号	姓名	性别	出生年月	参加工作时间	党群关系	学历	学位	行政职务	专业技术职务	所在处室	备注
1	董书伟	男	1980.09	2007.07	党员	研究生	博士		助理研究员	中兽医（兽医）研究室	2018.08调离